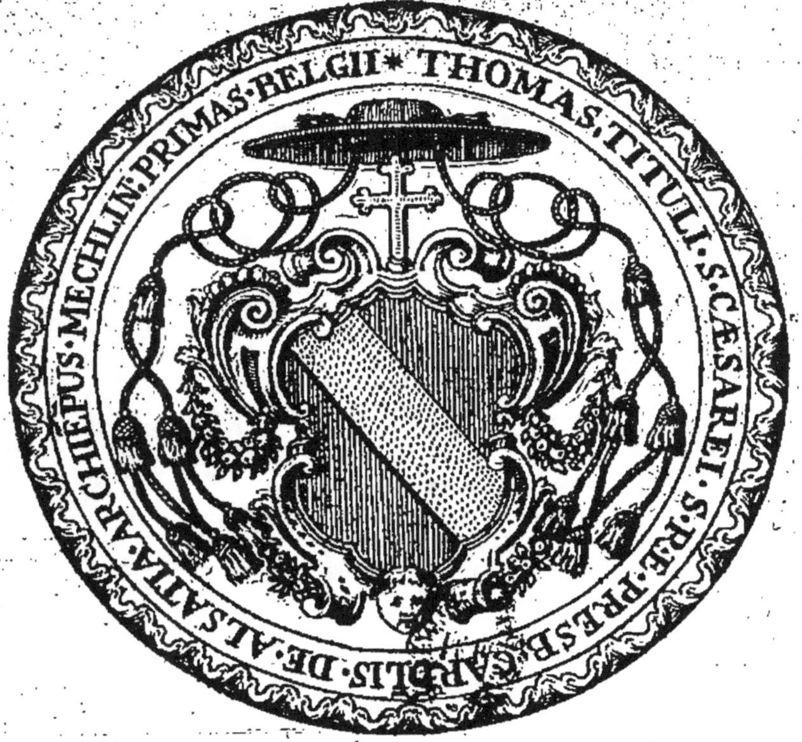
THOMAS·TITULI·S·CÆSAREI·S·R·E·PRESB·CARDLIS·DE·ALSATIA·ARCHIEPUS·MECHILIN·PRIMAS·BELGII

R

T. 3987.
A

# LES
# OEUVRES
## DU
# COSMOPOLITE,

*Divisez en trois Traitez.*

Dans lesquels sont clairement expliquez les trois Principes des Philosophes Chymiques, Sel, Soûfre & Mercure.

# COSMOPOLITE
## OU
## NOUVELLE LUMIERE
### CHYMIQUE,

Pour servir d'éclaircissement aux trois Principes de la Nature, exactement décrits dans les trois Traitez suivans.

Le I. traite *du Mercure.*
Le II. *Du Soûfre.*
& Le III. *Du vray Sel des Philosophes.*

*DERNIERE EDITION,*
Revûë & augmentée
## DES LETTRES
### PHILOSOPHIQUES
### DU MESME AUTEUR.

A PARIS,
Chez LAURENT D'HOURY, ruë S. Jacques,
devant la Fontaine S. Severin, au S. Esprit.

M. DC. XCI.
*Avec Privilege du Roy.*

# PREFACE.

A tous les Inquisiteurs de l'Art Chymique, vrais Enfans d'Hermés.

### SALUT.

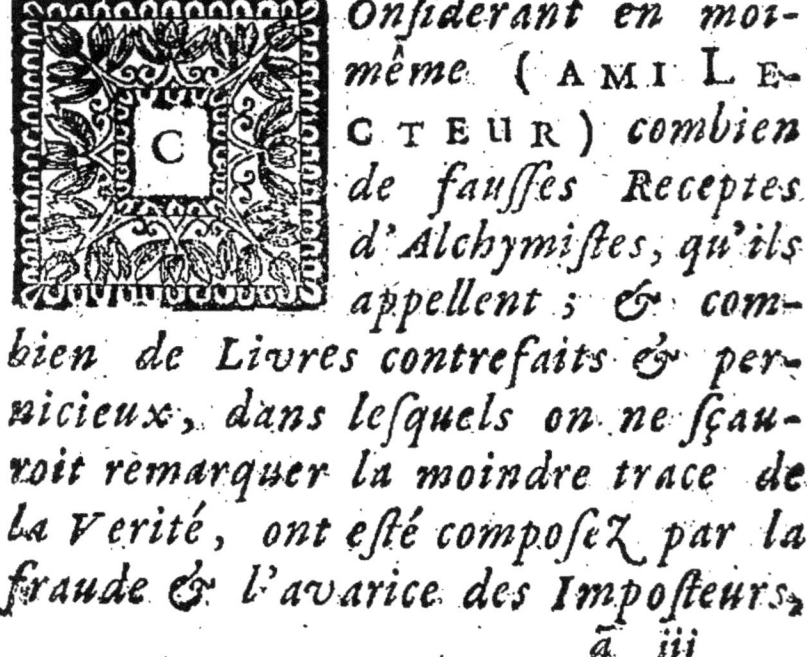

Onsiderant en moi-même (AMI LECTEUR) combien de fausses Receptes d'Alchymistes, qu'ils appellent; & combien de Livres contrefaits & pernicieux, dans lesquels on ne sçauroit remarquer la moindre trace de la Verité, ont esté composez par la fraude & l'avarice des Imposteurs,

# PREFACE.

*dont la lecture a trompé & trompe encore tous les jours les veritables Inquisiteurs des Arts & des secrets les plus cachez de la Nature. I'ai crû que je ne pouvois rien faire de plus utile & de plus profitable, que de communiquer aux vrais Fils & Heritiers de la Science, le talent qu'il a plû au Pere des Lumieres me confier : afin de donner à connoître à la Posterité, que Dieu a octroyé cette benediction singuliere, & ce trésor Philosophique à quelques signalez personnages, non seulement dans les siécles passez, mais encore à quelques-uns de nôtre tems. Plusieurs raisons m'ont obligé à ne pas publier mon nom, parce que je ne recherche point d'estre loüé & estimé, & que je n'ai autre dessein que de rendre office aux Amateurs de la Philosophie. Ie laisse librement ce vain desir de gloire à ceux qui aiment mieux paroître sçavans, que de l'estre en effet. Ce que j'écris en*

# PREFACE.

peu de paroles, a esté confirmé par l'experience manuelle que j'en ai faite, avec la grace du Tres-haut, afin d'exhorter ceux qui ont déja posé les premiers & réels fondemens de cette loüable Science, à ne pas abandonner l'exercice & la pratique des belles choses, & les garentir par ce moyen de la méchante & frauduleuse troupe de Charlatans & vendeurs de fumée, ausquels rien n'est si doux que de tromper. Ce ne sont point des songes, ( comme parle le vulgaire ignorant;) ce ne sont point de vaines fictions de quelques Hommes oisifs, comme veulent les fols & insensez, qui se mocquent de cét Art: C'est la pure Verité Philosophique, dont je suis passionné Sectateur, que je veux vous découvrir, & que je n'ai pû ni dû vous cacher, ni passer sous silence, parce que ce seroit refuser l'appui & le secours qui est dû à la vraye Science Chymique indignement décriée ; & qui pour cette raison, ap-

# PREFACE.

prehende extrémement de paroître en public dans ce siecle malheureux & pervers, où le vice marche de pair avec la vertu, à cause de l'ingratitude & de la perfidie des Hommes, & des maledictions qu'on vomit sans cesse contre les Philosophes. Ie pourrois rapporter plusieurs Auteurs renommez pour témoins incontestables de la certitude de cette Science. Mais les choses que nous voyons sensiblement, & dont nous sommes convaincus par nôtre propre experience, n'ont pas besoin d'autres preuves. Il n'y a pas long-tems, & j'en parle comme sçavant, que plusieurs personnes de grande & petite condition, ont vû cette Diane toute nuë. Et quoi qu'il se trouve quelques personnes, qui par envie, ou par malice, ou par la crainte qu'ils ont que leurs impostures ne soient découvertes, crient incessamment que par un certain artifice, qu'ils couvrent sous une vaine ostentation de paroles fas-

# PREFACE.

tueuses & ampoullées, l'on peut extraire l'ame de l'Or, & la rendre à un autre Corps : ce qu'ils entreprennent temerairement, & non sans grande perte de tems, de labeur & d'argent. Que les Enfans d'Hermés sçachent & tiennent pour certain, que cette extraction d'ame (pour parler en leurs termes) soit de l'Or, soit de la Lune, par quelque voye Sophistique vulgaire qu'elle se fasse, n'est autre chose qu'une pure fantaisie & une vaine persuasion. Ce que plusieurs ne veulent pas croire, mais qu'ils seront enfin contraints d'avoüer à leur dommage, lorsqu'ils en feront l'experience, seule & unique Maîtresse de la Verité. Au contraire je puis asseurer avec raison, que celui qui pourra par voye Philosophique, sans fraude & sans déguisement, teindre réellement le moindre métal du monde, soit avec profit, ou sans profit, en couleur de Sol ou de Lune, demeurant & résistant à toute sorte

# PREFACE.

d'examens requis & néceſſaires, aura toutes les portes de la Nature ouvertes, pour rechercher d'autres plus hauts & plus excellens ſecrets, & même les acquerir avec la grace & la benediction de Dieu. Au reſte, j'offre aux Enfans de la Science ces preſens Traitez, que je n'ai écrits que ſur ma propre experience, afin qu'en étudiant & mettant leur application & toute la force de leur eſprit, à la recherche des Operations cachées de la Nature, ils puiſſent par là découvrir & connoître la verité des choſes, & la Nature même, en laquelle ſeule connoiſſance conſiſte toute la perfection de ce ſaint Art Philoſophique, pourveu qu'on y procede par le chemin Royal que la Nature nous a preſcrit en toutes ſes actions & Operations. C'eſt pourquoi je veux ici avertir le Lecteur, qu'il ne juge point de mes écrits ſelon l'écorce & le ſens exterieur des paroles, mais plûtôt par la force de la Nature,

# PRÉFACE.

de peur qu'en aprés il ne déplore son tems, son travail & son bien vainement dépensez. Qu'il considere que c'est la science des Sages, & non pas la science des fols & des ignorans; & que l'intention des Philosophes est toute autre, que ne la peuvent comprendre tous ces glorieux Thrasons, tous ces lettrez mocqueurs, tous ces Hommes vicieux & pervers, qui ne se pouvans mettre en réputation par leurs propres vertus, tâchent de se rendre illustres par leurs crimes, & par leur calomnie & impostures contre les gens d'honneur. Fuyez tous ces vagabonds & ignorans souffleurs, qui ont déja presque trompé tout le monde, avec leurs blanchissemens & rubifications, non sans grande diffamation & ignominie de cette noble Science. Les personnes de cette farine ne seront jamais admis dans les plus secrets mystéres de ce saint Art : parce que c'est un don de Dieu, auquel on ne

# PREFACE.

peut parvenir que par la seule grace du Tres-haut, qui ne manque pas ou d'illuminer l'esprit de celui qui la lui demande avec une humilité constante & religieuse, ou de la lui communiquer par une démonstration oculaire d'un Maître fidéle & expert. C'est pourquoi Dieu refuse à bon droit la revelation de ces secrets à ceux qu'il en trouve indignes, & qui sont éloignez de sa grace.

Au surplus, je prie instamment les Enfans de l'Art, qu'ils prennent en bonne part l'envie que j'ai de leur rendre service ; & lorsqu'ils auront fait que ce qui est occulte devienne manifeste, & que suivant la volonté de Dieu par leur travail constant & assidu, ils auront atteint le port desiré des Philosophes, ils excluent de la connoissance de cét Art (à l'exemple des Sages) tous ceux qui en sont indignes. Qu'ils se souviennent de la charité qu'ils doivent à leur prochain pauvre &

# PREFACE.

incommodé, & qui vivra en la crainte de Dieu; qu'ils le fassent sans aucune vaine oſtentation; & qu'en reconnoiſſance de ce don ſpecial, dont ils n'abuſeront pas, ils chantent ſans ceſſe & en leur particulier, & dans l'interieur de leur cœur, des loüanges à Dieu Toutpuiſſant, tres-bon & tres-grand.

La Simplicité eſt le vrai ſceau de la Verité.

*Extrait du Privilége du Roy.*

PAr grace & Privilége du Roy, donné à S. Germain en Laye le 5e Decembre 1681. Signé, JUNQUIERES: Il est permis à LAURENT D'HOURY, Marchand Libraire à Paris, de faire imprimer un Livre intitulé: *Les Oeuvres du Cosmopolite*, pendant le tems de quinze années consecutives, à commencer du jour qu'il sera achevé d'imprimer pour la premiere fois: Et deffenses sont faites à tous autres de l'imprimer, vendre ni distribuer, sans le consentement de l'Exposant, ou de ses ayans cause, à peine de confiscation des Exemplaires contrefaits, trois mille livres d'amende, & de tous dépens, dommages & interests, ainsi qu'il est plus au long porté par ledit Privilége.

*Registré sur le Livre de la Communauté des Imprimeurs & Libraires de Paris, le 23e Decembre 1681. Signé,* ANGOT, *Syndic.*

Achevé d'imprimer pour la premiere fois en vertu du present Privilége, le dixiéme Juillet 1691.

# TRAITÉ
## DE LA
## NATURE
## EN GENERAL.

### CHAPITRE I.

*Ce que c'est que la Nature, & quels doivent être ceux qui la recherchent.*

Lusieurs Hommes sages & tres-doctes ont avant plusieurs Siécles, & même avant le Deluge (selon le témoignage d'Hermes) écrit beaucoup de préceptes touchant la maniere de trouver la Pierre des Philosophes, & nous en ont laissé tant d'Ecrits, que si

A

la Nature n'operoit tous les jours devant nos yeux des effets si surprenans, que nous ne pouvons absolument les nier, je croi qu'il ne se trouveroit personne qui estimât qu'il y eût veritablement une Nature, veu qu'au tems passez il ne fut jamais tant d'Inventeurs de choses, ni tant d'inventions qu'il s'en voit aujourd'hui. Aussi nos Predecesseurs sans s'amuser à ces vaines recherches, ne consideroient autre chose que la Nature & sa possibilité ; c'est-à-dire, ce qu'il étoit possible de faire. Et bien qu'ils ayent demeuré seulement en cette voye simple de la Nature, ils ont neanmoins trouvé tant de choses, qu'à peine pourrions-nous les imaginer avec toutes nos subtilitez & toute cette multitude d'inventions. Ce qui se fait à cause que la Nature & la generation ordinaire des choses qui croissent sur la Terre, nous semble trop simple & de trop peu d'effet pour y appliquer nôtre esprit, qui ne s'exerce cependant qu'à imaginer des choses subtiles, qui loin d'être connuës, à peine se peuvent faire, ou du moins tres-difficilement. C'est pourquoi il ne faut pas s'étonner s'il arrive que nous inventions plus aisément quelques vaines subtilitez, & telles qu'à la verité les vrais Philosophes n'eussent pû presque imaginer, plûtôt que de parvenir à leur intention, & au vrai cours de la Nature. Mais quoi! telle est l'humeur naturelle des Hommes de ce siécle, telle est leur inclination, de negliger ce qu'ils sçavent, & de rechercher toûjours quelque chose de nouveau, & sur tout les esprits des Hommes ausquels la Nature est sujette.

Vous verrez, par exemple, qu'un Artisan qui aura atteint la perfection de son Art, cherchera d'autres choses, ou qu'il en abusera, ou même qu'il le laissera là tout-à-fait. Ainsi la genereuse Nature agit toûjours sans relâche, jusqu'à son Iliade, c'est-à-dire, jusqu'à son dernier terme, & puis elle cesse : car dés le commencement il lui a été accordé qu'elle pourroit s'ameliorer dans son cours, & qu'elle parviendroit enfin à un repos solide & entier, auquel pour cét effet elle tend de tout son pouvoir, se réjoüissant de sa fin, comme les fourmies se réjoüissent de leur vieillesse, qui leur donne des aîles à la fin de leurs jours. De même nos esprits ont poussé si avant, principalement dans l'Art Philosophique & dans la pratique de la Pierre, que nous sommes presque parvenus jusqu'à l'Iliade; c'est-à-dire, jusqu'au dernier but. Car les Philosophes de ce tems ont trouvé tant de subtilitez, qu'il est presque impossible d'en trouver de plus grandes; & ils different autant de l'Art des anciens Philosophes, que l'Horlogerie est differente de la simple Serrurerie. En effet, quoique le Serrurier & l'Horlogeur manient tous deux le Fer, & qu'ils soient maîtres tous deux dans leur Art, l'un néanmoins ignore l'artifice de l'autre.

Pour moi je m'asseure que si Hermes, Geber & Lulle, tous subtils & tous profonds Philosophes qu'ils pouvoient être, revenoient maintenant au monde, ils ne seroient pas tenus par ceux d'aujourd'hui à grande peine pour des Philosophes, mais plûtôt pour des Disciples, tant nôtre présomption est grande. Sans doute qu'aussi ces bons & doctes Personnages ignoroient tant d'inutiles distillations qui sont usitées aujourd'hui, tant de circulations, tant de calcinations, & tant de vaines Operations que nos Modernes ont inventées, lesquels n'ayans pas bien entendu le sens des Ecrits de ces Anciens, resteront encore long-tems à rechercher une chose seulement ; c'est de sçavoir la Pierre des Philosophes, ou la teinture Physique, que les Anciens ont sçû faire. Enfin il nous arrive au contraire, qu'en la cherchant où elle n'est pas, nous rencontrons autre chose ; mais n'étoit que tel est l'instinct naturel de l'homme, & que la Nature n'usât en ceci de son droit, à peine nous fourvoyerions-nous maintenant.

Pour retourner donc à nôtre propos, j'ai promis en ce premier Traité d'expliquer la Nature, afin que nos vaines imaginations ne nous détournent point de la vraye & simple voye. Je dis donc que la Nature est *une, vraye, simple, entiere en son être*, & que Dieu l'a faite devant tous les Siécles, & lui a enclos un certain esprit universel. Il faut sçavoir néanmoins que le terme de la Nature est Dieu, comme il en est le principe; car toute chose finit toûjours en ce, en quoi elle a pris son être & son commencement. J'ai dit qu'elle est *unique*, & que c'est par elle que Dieu a fait tout ce qu'il a fait ; non que je die qu'il ne peut rien faire sans elle ( car c'est lui qui l'a faite, & il est Tout-Puissant ) mais il lui a plû ainsi, & il l'a fait. Toutes choses

A iij

proviennent de cette seule & unique Nature, & il n'y a rien en tout le monde, hors la Nature. Que si quelquefois nous voyons arriver des avortons, c'est la faute ou du lieu, ou de l'artisan, & non pas de la Nature. Or cette Nature est principalement divisée en quatre regions ou lieux, où elle fait tout ce qui se voit, & tout ce qui est caché ; car sans doute toutes choses sont plûtôt à l'ombre & cachées, que veritablement elles n'apparoissent. Elle se change au mâle & à la femelle ; elle est comparée au Mercure, parce qu'elle se joint à divers lieux ; & selon les lieux de la Terre, bons ou mauvais, elle produit chaque chose : bien qu'à la verité il n'y ait point de mauvais lieux en Terre, comme il nous semble. Il y a quatre qualitez élementaires en toutes choses, lesquelles ne sont jamais d'accord, car l'une excede toûjours l'autre.

Il est donc à remarquer que la Nature n'est point visible, bien qu'elle agisse sans cesse ; car ce n'est qu'un esprit volatil, qui fait son office dans les corps, & qui a son siege & son lieu en la Volonté divine. En cét endroit elle ne nous sert d'autre chose, sinon que nous sçachions connoître les lieux d'icelle, & principalement ceux qui lui sont plus proches & plus convenables ; c'est-à-dire, afin que nous sçachions conjoindre les choses ensemble selon la Nature, de peur de conjoindre le bois à l'homme, ou le bœuf ou quelqu'autre bête avec le métal : mais au contraire, qu'un semblable agisse sur son semblable, car alors la Nature ne manquera pas de faire son office. Or le lieu de la Nature n'est ailleurs qu'en la volonté de Dieu, comme nous avons déja dit ci-devant.

Les Scrutateurs de la Nature doivent être tels qu'est la Nature même ; c'est-à-dire, vrais, simples, patiens, constans, &c. mais ce qui est le principal point, pieux, craignans Dieu, & ne nuisans aucunement à leur prochain. Puis après, qu'ils considerent exactement, si ce qu'ils se proposent est selon la Nature, s'il est possible & faisable ; & cela qu'ils l'apprennent par des exemples apparens & sensibles ; à sçavoir, avec quoi toute chose se fait, comment, & avec quel vaisseau. Car si tu veux simplement faire quelque chose comme fait la Nature, fui-là ; mais si tu veux faire quelque chose de plus excellent que la Nature ne

A iiij

fait, regarde en quoi, & par quoi elle s'ameliore, & tu trouveras que c'est toûjours avec son semblable. Si tu veux, par exemple, étendre la vertu intrinseque de quelque métal plus outre que la Nature, ( ce qui est nôtre intention ) il te faut prendre la Nature métallique, & ce encore au mâle & en la femelle, autrement tu ne feras rien. Car si tu pense faire un métal d'une herbe, tu travailleras en vain : de même que d'un chien ou de quelqu'autre bête, tu ne sçaurois produire un arbre.

## CHAPITRE II.

### De l'operation de la Nature en nôtre proposition & semence.

J'AY dit ci-dessus que la Nature est unique, vraye, & par tout apparente, continuë; qu'elle est connuë par les choses qu'elle produit, comme bois, herbes, &c. Je vous ai dit aussi que le Scrutateur d'icelle doit être de même; c'est-à-dire, veritable, simple, patient, constant, & qu'il n'applique son esprit qu'à une chose seulement. Il faut maintenant parler de l'action de la Nature.

Vous remarquerez que tout ainsi que la Nature est en la volonté de Dieu, & que Dieu l'a creée & l'a mise en toute imagination ; de même la Nature s'est faite une semence dans les élemens procedante de sa volonté. Il est vrai qu'elle est unique, & toutefois elle produit choses diverses ; mais néanmoins elle ne produit rien sans sperme. Car la Nature fait tout ce que veut le sperme, & elle n'est que comme l'instrument de quelque artisan. Le sperme donc de chaque chose est meilleur & plus utile à l'artiste, que la Nature même : car par la Nature seule vous ne ferez non plus sans sperme, qu'un Orfévre pourroit faire sans feu, sans or ou sans argent, ou le Laboureur sans grain. Ayez donc cette semence ou sperme, & la Nature sera prête de faire son devoir, soit à mal, soit à bien. Elle agit sur le sperme comme Dieu sur le franc-arbitre de l'homme. Et c'est une grande merveille de voir que la Nature obéïsse à la semence, toutefois sans y être forcée, mais de sa propre volonté. De même Dieu accorde à l'homme tout ce qu'il veut, non qu'il y soit forcé, mais de son bon & libre vouloir. C'est pourquoi il a donné à l'homme le liberal arbitre, soit au bien, soit au mal. Le sperme donc c'est l'Elixir ou la quinte-essence de chaque chose, ou bien encore la plus parfaite & la plus accomplie décoction & digestion de chaque chose, ou le baûme de Soûfre, qui est la même chose que l'humide radical dans les métaux. Nous pourrions à la verité faire ici un grand & ample discours de ce sperme ; mais nous ne voulons tendre à autre chose qu'à ce que nous nous sommes proposé en cét Art. Les quatre Elemens engendrent le sperme par la volonté de Dieu, & par l'imagination de la Nature : car tout ainsi que le sperme de l'homme a son centre ou receptacle convenable dans les reins ; de même les quatre Elemens, par un mouvement infatigable & perpetuel, (chacun selon sa qualité) jettent leur sperme au centre de la Terre, où il est digeré, & par le mouvement poussé dehors. Quant au centre de la Terre, c'est un certain lieu vuide, où rien ne peut reposer. Les quatre Elemens jettent leurs qualitez en l'excentre (s'il faut ainsi parler) ou à la marge & circonference du centre; comme l'homme jette sa semence dans la matrice de la femme, dans laquelle il ne demeure rien de la semence : mais aprés que la matrice en a pris une deuë portion, elle jette le reste dehors. De même arrive-il au centre de la Terre, que la force Magnetique ou Aymantine de la partie de quelque lieu, attire à soi ce qui lui est propre pour engendrer quelque chose, & le reste elle le pousse dehors pour en faire des pierres & autres excremens. Car toutes choses prennent leur origine de cette fontaine, & rien ne naît en tout le monde que par l'arrosement de ses ruisseaux. Par exemple, que l'on mette sur une table bien unie un vaisseau plein d'eau, qui soit placé au milieu de cette table, & qu'on pose à l'entour plusieurs choses & diverses couleurs, & entr'autres qu'il y ait du sel, & que chaque chose soit mise separément : puis aprés que l'ou verse l'eau au milieu, vous la verrez couler deçà & delà ; vous verrez, dis-je, que ce ruisseau-ci venant à rencontrer la couleur rouge, deviendra rouge pareillement ; & que celui-là passant par le sel, deviendra salé, & ainsi des autres : car il est certain que l'eau ne change point les lieux, mais la diversité des lieux change l'eau. De même la semence ou sperme jetté par les quatre Elemens au centre de la Terre, passe par divers lieux; en sorte que chaque chose naît selon la diversité des lieux : s'il parvient à un lieu où il rencontre la terre & l'eau pure, il se fait une chose pure. La semence & le sperme de toutes choses est unique, & néanmoins il engendre diverses choses, comme il appert par l'exemple suivant. La semence de l'homme est une semence noble, creée seulement pour la generation de l'homme ; cependant si l'homme en abuse, (ce qui est en son liberal arbitre) il en naît un avorton ou un monstre. Car si contre les deffenses que Dieu a faites à l'homme, il s'accouploit avec une vache, ou quelqu'autre bête, cét animal concevroit facilement la semence de l'homme, parce que la Nature n'est qu'une ; & alors il ne naîtroit pas un homme, mais une bête & un monstre, à cause que la semence ne trouve pas le lieu qui lui est convenable. Ainsi par cette inhumaine & detestable commixtion, ou *mélange* des hommes avec les bêtes, il naîtroit diverses sortes d'animaux semblables aux hommes : Car il arrive infailliblement que si le sperme entre au centre, il naît ce qu'il en doit naître ; mais si-tôt qu'il est venu en un lieu certain & qui le conçoit, alors il ne change plus de forme. Toutefois tant que le sperme est dans le centre, il se peut aussi-tôt créer de lui un arbre qu'un métal, une herbe qu'une pierre, & une chose enfin plus pure que l'autre, selon la pureté des lieux. Mais il nous faut dire maintenant en quelle façon les Elemens engendrent cette semence.

Il faut bien remarquer qu'il y a quatre Elemens, deux desquels sont graves ou pesans, & deux autres legers ; deux secs & deux humides, toutefois l'un extrémement sec, & l'autre extrémement humide, & en outre sont masculins & feminins. Or chacun d'eux est tres-prompt à produire choses semblables à soi en sa sphere : car ainsi l'a voulu le Tres-Haut. Ces quatre ne reposent jamais ; ils agissent continuellement l'un en l'autre, & chacun pousse de soi & par soi ce qu'il a de plus subtil : tous ont leurs rendez-vous general au centre, & dans le centre est l'Archée serviteur de la Nature, qui venant à mêler ces spermes-là, les jette dehors. Mais vous pourrez voir plus au long dans la conclusion de ces douze Traitez ou *Chapitres*, comment cela se fait.

## CHAPITRE III.

### *De la vraye & premiere matiere des Métaux.*

LA premiere matiere des Métaux est double ; mais néanmoins l'une sans l'autre ne crée point un métal. La premiere & la principale est une humidité de l'air mêlée avec chaleur, & cette humidité a été nommée par les Philosophes *Mercure*, lequel est gouverné par les rayons du Soleil & de la Lune, en nôtre Mer Philosophique. La seconde est la chaleur de la Terre ; c'est-à-dire, une chaleur séche, qu'ils appellent *Soûfre*. Mais parce que tous les vrais Philosophes l'ont caché le plus qu'ils ont pû, nous au contraire l'expliquerons le plus clairement qu'il nous sera possible, & principalement le poids, lequel étant ignoré, toutes choses se détruisent. De là vient que plusieurs d'une bonne chose, ne produisent que des avortons : Car il y en a quelques-uns qui prennent tout le corps pour leur matiere ; c'est-à-dire, pour leur semence ou sperme : les autres n'en prennent qu'un morceau, & tous se détournent du droit chemin. Si quelqu'un, par exemple, étoit assez idiot pour prendre le pied d'un homme, & la main d'une femme, & que de cette commixtion il présumât pouvoir faire un homme, il n'y a personne pour ignorant qu'il fût, qui ne jugeât tres-bien que cela est impossible, puisqu'en chaque corps il y a un centre & un lieu certain où le sperme se repose, & est toûjours comme un point ; c'est-à-dire, qui est comme environ la huit mille deux-centiéme partie du corps, pour petit qu'il soit; voire même en un grain de froment : ce qui ne peut être autrement. Aussi est-ce folie de croire que tout le grain ou tout le corps se convertisse en semence, il n'y en a qu'une petite érincelle ou partie necessaire, laquelle est preservée par son corps de toute excessive chaleur & froideur, &c. Si tu as des oreilles & de l'entendement, prends garde à ce que je te dis, & tu seras assuré contre ceux non-seulement qui ignorent le vrai lieu de la femence, & veulent prendre tout le corps au lieu d'icelle, & qui effayent inutilement de réduire tout le grain en femence ; mais encore contre ceux qui s'amufent à une vaine diffolution des Métaux, s'efforçant de les diffoudre entierement, afin de créer un nouveau métal de leur mutuelle commixtion. Mais fi ces gens confideroient le procedé de la Nature, ils verroient clairement que la chofe va bien autrement : car il n'y a point de métal, fi pur qu'il foit, qui n'ait fes impuretez, l'un toutefois plus ou moins que l'autre.

Toi donc, ami Lecteur, prends garde fur tout au point de la Nature, & tu as affez ; mais tiens toûjours cette maxime pour affurée, qu'il ne faut pas chercher ce point aux Métaux du vulgaire, car il n'eft point en eux ; parce que ces Métaux, principalement l'Or du vulgaire, font morts ; au lieu que les nôtres au contraire font vifs & ayans efprit ; & ce font ceux-là qu'il faut prendre. Car tu dois fçavoir que la vie des Métaux n'eft autre chofe que le feu, lorfqu'ils font encore dans leur mine ; & que la mort des Métaux eft auffi le feu ;

feu ; c'est-à-dire, le feu de fusion. Or la première matière des Métaux est une certaine humidité mêlée avec un air chaud, en forme d'une eau grasse, adherante à chaque chose pour pure ou impure qu'elle soit, en un lieu pourtant plus abondamment qu'en l'autre : ce qui se fait, parce que la Terre est en un endroit plus ouverte & poreuse, & ayant une plus grande force attractive qu'en un autre. Elle provient quelquefois, & paroît au jour de soi-même, mais vêtuë de quelque robe, & principalement aux endroits où elle ne trouve pas à quoi s'attacher. Elle se connoît ainsi, parce que toute chose est composée de trois principes ; mais en la matière des Métaux, elle est unique & sans conjonction, excepté sa robe ou son ombre, c'est-à-dire son soûfre.

## CHAPITRE IV.

*De quelle maniere les Métaux sont engendrez aux entrailles de la Terre.*

LES Métaux sont produits en cette façon. Aprés que les quatre Elemens ont poussé leur force & *leurs vertus* dans le centre de la Terre, l'Archée de la Nature en distillant, les sublime à la superficie par la chaleur d'un mouvement perpetuel ; car la Terre est poreuse, & le vent en distillant par les pores de la Terre, se résout en eau, de laquelle naissent toutes choses. Que les enfans de la Science sçachent donc que le sperme des Métaux n'est point different du sperme de toutes les choses qui sont au monde, lequel n'est qu'une vapeur humide. C'est pourquoi les Alchymistes recherchent en vain la réduction des Métaux en leur premiere matiere, qui n'est autre chose qu'une vapeur. Aussi les Philosophes n'ont point entendu cette premiere matiere, mais seulement la seconde, comme dispute tres-bien Bernard Trevisan, quoi qu'à la verité ce soit un peu obscurément, parce qu'il parle des quatre Elemens : néanmoins il a voulu dire cela, mais il prétendoit parler seulement aux enfans de doctrine. Quant à moi, afin de découvrir plus ouvertement la Theorie, j'ai bien voulu ici avertir tout le monde de laisser là tant de solutions, tant de circulations, tant de calcinations & réiterations, puisque c'est en vain que l'on cherche cela en une chose dure, qui de soi est molle *par tout*. C'est pourquoi ne cherchez plus cette premiere matiere, mais la seconde seulement, laquelle est telle, qu'aussi-tôt qu'elle est conçûë, elle ne peut changer de forme. Que si quelqu'un demande comment est-ce que le métal se peut réduire en cette seconde matiere, je réponds que je suis en cela l'intention des Philosophes ; mais j'y insiste plus que les autres, afin que les enfans de la Science prennent le sens des Auteurs, & non pas les syllabes, & que là où la Nature finit, principalement dans les métalliques qui semblent des corps parfaits devant nos yeux, là il faut que l'art commence.

Mais pour retourner à nôtre propos ( car nous n'entendons pas parler ici seulement de la Pierre ) traitons de la matiere des Métaux. J'ai dit un peu auparavant que toutes choses sont produites d'un air liquide ; c'est-à-dire, d'une vapeur que les Elemens distillent dans les entrailles de la Terre par un continuel mouvement ; & si-tôt que l'Archée l'a reçû, il le sublime par les pores, & le distribuë par sa sagesse à chaque lieu ( comme nous avons déja dit ci-dessus. ) Et ainsi par la varieté des lieux, les choses proviennent & naissent diverses. Il y en a qui estiment que le Saturne a une semence particuliere, que l'Or en a une autre, & ainsi chaque métal ; mais cette opinion est vaine, car il n'y a qu'une unique semence, tant au Saturne, qu'en l'Or, en l'Argent, & au Fer : Mais le lieu de leur naissance a été cause de leur difference, ( si tu m'entends comme il faut ) encore que la Nature a bien plûtôt achevé son œuvre en la procréation de l'Argent, qu'en celle de l'Or, *& ainsi des autres.* Car quand cette vapeur que nous avons dit, est sublimée au centre de la Terre, il est nécessaire qu'elle passe par des lieux ou froids, ou chauds ;

que si elle passe par des lieux chauds &
purs, & où une certaine graisse de soûfre adhere aux parois, alors cette vapeur,
que les Philosophes ont appellé leur
Mercure, s'accommode & se joint à
cette gaisse, laquelle elle sublime aprés
avec soi ; & de ce mélange se fait une
certaine onctuosité, qui laissant le nom
de vapeur, prend le nom de graisse ; &
venant puis aprés à se sublimer en d'autres lieux qui ont été nettoyez par la
vapeur précédente, & où la Terre est
subtile, pure & humide, elle remplit les
pores de cette Terre, & se joint à elle ;
& ainsi il se fait de l'Or. Que si cette
onctuosité ou graisse parvient à des lieux
impurs & froids, c'est là que s'engendre le Saturne ; & si cette Terre est pure,
mais mêlée de soûfre, alors s'engendre
le Venus. Car plus le lieu est pur & net,
plus les Métaux qu'il procrée sont purs.

Il faut aussi remarquer que cette vapeur sort continuellement du centre à la
superficie, & qu'en allant elle purge les
lieux. C'est pourquoi il arrive qu'aujourd'ui il se trouve des mines là où il
y a mille ans qu'il n'y en avoit point :
car cette vapeur par son continuel pro-
grés subtilise toûjours le crud & l'impur,

tirant aussi successivement le pur avec soi. Et voilà comme se fait la réiteration ou circulation de la Nature, laquelle se sublime tant de fois, produisant choses nouvelles, jusqu'à ce que le lieu soit entierement dépuré, lequel plus il est nettoyé, plus il produit des choses riches & tres-belles. Mais en Hyver quand la froideur de l'air vient à resserrer la Terre, cette vapeur onctueuse vient aussi à se congeler, qui aprés au retour du Printems se mêle avec la Terre & l'Eau, & de là se fait la Magnesie, tirant à soi un semblable Mercure de l'air, qui donne vie à toutes choses par les rayons du Soleil, de la Lune, & des Etoilles : Et ainsi sont produites les herbes, les fleurs, & autres choses semblables ; car la Nature ne demeure jamais un moment de tems oisive.

Quant aux Métaux, ils s'engendrent en cette façon. La Terre est purgée par une longue distillation : puis à l'arrivée de cette vapeur onctueuse ou graisse, ils sont procréez, & ne s'engendrent point d'autre maniere, comme quelques-uns estiment vainement, interpretans mal à cét égard les Ecrits des Philosophes.

## CHAPITRE V.

### *De la generation de toutes sortes de Pierres.*

LA matiere des Pierres est la même que celles des autres choses, & selon la pureté des lieux, elles naissent de cette façon. Quand les quatre Elemens distillent leur vapeur au centre de la Terre, l'Archée de la Nature la repousse & la sublime : de sorte que passant par les lieux & par les pores de la Terre, elle attire avec soi toute l'impureté de la Terre, jusqu'à la superficie ; là où étant, elle est puis après congelée par l'air, parce que tout ce que l'air pur engendre, est aussi congelé par l'air crud ; car l'air a ingrez dans l'air, & se joignent l'un l'autre, parce que la Nature s'éjoüit avec Nature : Et ainsi se font les Pierres & les Rochers pierreux, selon la grandeur ou la petitesse des pores de la Terre, lesquels plus ils sont grands, font que le lieu en est mieux purgé ; car une plus grande chaleur & une plus grande quantité d'eau passant par ce soûpirail, la dépuration de la Terre en est plûtôt faite, & par ce moyen les Métaux naissent plus commodément en ces lieux, comme le témoigne l'experience, qui nous apprend qu'il ne faut point chercher l'Or ailleurs qu'aux Montagnes, parce que rarement se trouve-il dans les Campagnes, qui sont des lieux ordinairement humides & marécageux, non pas à cause de cette vapeur que j'ai dit, mais à cause de l'Eau élementaire, laquelle attire à soi ladite vapeur de telle façon, qu'ils ne se peuvent séparer : si bien que le Soleil venant à la digerer, en fait de l'argille, de laquelle usent les Potiers. Mais aux lieux où il y a une grosse arene, ausquels cette vapeur n'est pas conjointe avec la graisse ou le soûfre, comme dans les prez, elle crée des herbes & du foin.

Il y a encore d'autres Pierres précieuses, comme le Diamant, le Rubis, l'Emeraude, le Crisoperas, l'Onix, & l'Escarboucle, lesquelles sont toutes engendrées en cette façon. Quand cette vapeur de Nature se sublime de soi-même sans ce soûfre, ou cette onctuosité que nous avons dit, & qu'elle rencontre un

lieu

lieu d'eau pure de sel, alors se font les Diamans ; & cela dans les lieux les plus froids, ausquels cette graisse ne peut parvenir, parce que si elle y arrivoit, elle empêcheroit cét effet. Car on sçait bien que l'esprit de l'eau se sublime facilement, & avec un peu de chaleur; mais non pas l'huile ou la graisse, qui ne peut s'élever qu'à force de chaleur, & ce en lieux chauds : car encore bien qu'elle procede du centre, il ne lui faut pourtant gueres de froid pour la congeler, & la faire arrêter ; mais la vapeur monte aux lieux propres, & se congele en pierres par petits grains dans l'eau pure.

Mais pour expliquer comment les couleurs se font dans les Pierres précieuses, il faut sçavoir que cela se fait par le moyen du soûfre, en cette maniere. Si la graisse du soûfre est congelée par ce mouvement perpetuel, l'esprit de l'eau puis aprés le digere en passant, & le purifie par la vertu du sel, jusqu'à ce qu'il soit coloré d'une couleur digeste, rouge ou blanche ; laquelle couleur tendant à sa perfection, s'éleve avec cét esprit, parce qu'il est subtilisé par tant de distillations réïterées : l'esprit puis aprés a puissance de pénétrer dans

C

les choses imparfaites ; & ainsi il introduit la couleur, qui se joint puis aprés à cette eau en partie congelée, & remplir ainsi ses pores, & se fixe avec elle d'une fixation inséparable. Car toute eau se congele par la chaleur, si elle est sans esprit ; & si elle est jointe à l'esprit, elle se congele au froid. Mais quiconque sçait congeler l'eau par le chaud, & joindre l'esprit avec elle, certainement il a trouvé une chose mille fois plus précieuse que l'Or, & que toute chose qui soit au monde. Faites donc en sorte que l'esprit se sépare de l'eau, afin qu'il se pourrisse, & que le grain apparoisse : puis aprés en avoir rejetté les feces, réduisez l'esprit en eau, & les faites joindre ensemble ; car cette conjonction engendrera un rameau dissemblable en forme & excellence à ses parens.

## CHAPITRE VI.

*De la seconde matiére, & de la perfection de toutes choses.*

Nous avons traité ci-dessus de la premiere matiére de toutes choses, & comme elles naissent par la Nature sans semence ; c'est-à-dire, comme la Nature reçoit la matiere des Elemens, de laquelle elle engendre la semence : maintenant nous parlerons de la semence, & des choses qui s'engendrent avec semence. Toute chose donc qui a semence est multipliée par icelle, mais il est sans doute que cela ne se fait pas sans l'aide de la Nature : car la semence en un corps n'est autre chose qu'un air congelé, ou une vapeur humide, laquelle si elle n'est resoûte par une vapeur chaude, est *tout-à-fait* inutile.

Que ceux qui recherchent l'art, sçachent donc ce que c'est que semence, afin qu'ils ne cherchent point une chose qui n'est pas : Qu'ils sçachent, dis-je, que la semence est triple, & qu'elle est engendrée des quatre Elemens. La premiere espece de semence est la minerale, dont il s'agit ici : la seconde est la vegetable : & la troisiéme l'animale. La semence minerale est seulement connuë des vrais Philosophes ; la semence vegetable est commune & vulgaire, de même que nous voyons dans les fruits ; & l'animale se connoît par l'imagination. La vegetable nous montre à l'œil comment la Nature l'a crée des quatre Elemens : car il faut sçavoir que l'hyver est cause de putrefaction, parce qu'il congele les esprits vitaux dans les Arbres ; & lorsqu'ils sont resouts par la chaleur du Soleil, (auquel il y a une force magnetique ou aymantine, qui attire à soi toute humidité) alors la chaleur de la Nature, excitée par le mouvement, pousse à la circonference une vapeur d'eau subtile, qui ouvre les pores de l'Arbre, & en fait distiller des gouttes, separant toûjours le pur de l'impur : Néanmoins l'impur précede quelquefois le pur ; le pur se congele en fleurs, l'impur en feüilles ; le gros & épais en écorce, laquelle demeure fixe : mais les feüilles tombent ou par le froid, ou par le chaud, quand les pores de l'Arbre font bouchez ; les fleurs se congelent en une couleur proportionnée à la chaleur, & apportent fruit ou semence. De même que la pomme, en laquelle est le sperme, d'où l'Arbre ne naît pas ; mais dans ce sperme est la semence ou le grain interieurement, duquel l'Arbre naît même sans sperme : car la multiplication ne se fait pas au sperme, mais en la semence ; comme nous voyons clairement que la Nature crée la semence des quatre Elemens, de peur que nous ne fussions occupez à cela inutilement ; car ce qui est crée, n'a pas besoin de Createur. Il suffira en cét endroit d'avoir averti le Lecteur par cét exemple. Retournons maintenant à nôtre propos mineral.

Il faut donc sçavoir que la Nature crée la semence minerale ou métallique dans les entrailles de la Terre ; c'est pourquoi on ne croit pas qu'il y ait une telle semence dans la Nature, à cause qu'elle est invisible. Mais ce n'est pas merveille si les ignorans en doutent ; car puisqu'ils ne peuvent même comprendre ce qui est devant leurs yeux, à grande peine concevroient-ils ce qui est caché & invisible. Et pourtant c'est une chose très-vraye, que ce qui est en haut, est comme ce qui est en bas : & au contraire, ce qui naît en haut, naît d'une même source que ce qui est dessous dans les entrailles de la Terre. Et je vous prie, quelle prérogative auroient les vegetables pardessus les métaux, pour que Dieu eût donné de la semence à ceux-là, & en eût exclus ceux-ci ? Les métaux ne sont-ils pas en aussi grande autorité & consideration envers Dieu, que les Arbres ? Tenons donc pour assuré que rien ne croît sans semence ; car là où il n'y a point de semence, la chose est morte. Il est donc nécessaire que les quatre Elemens créent la semence des métaux, ou qu'ils les produisent sans semence : S'ils sont produits sans semence, ils ne peuvent être parfaits, car toute chose sans semence est imparfaite, eu égard au composé. Qui n'ajoûte point foi à cette verité indubitable, n'est pas digne de rechercher les secrets de la Nature, car rien ne naît au monde sans semence. Les métaux ont en eux vraiment & réellement leur semence ; mais leur generation se fait ainsi.

Les quatre Elemens en la premiere operation de la Nature, distillent par l'artifice de l'Archée dans le centre de la Terre, une vapeur d'eau pondereuse, qui est la semence des métaux, & s'appelle *Mercure*, non pas à cause de son essence, mais à cause de sa fluidité & facile adherance à chaque chose. Il est comparé au Soûfre, à cause de sa chaleur interne ; & aprés la congelation, c'est l'humide radical. Et quoi que le corps des métaux soit procreé du Mercure, (ce qui se doit entendre du Mercure des Philosophes) néanmoins il ne faut point écouter ceux qui estiment que le Mercure vulgaire soit la semence des métaux, & ainsi prennent le corps au lieu de la semence, ne considerant pas que le Mercure vulgaire a aussi-bien en soi sa semence que les autres. L'erreur de tous ces gens-là sera manifeste par l'exemple suivant.

Il est certain que les hommes ont leur semence, en laquelle ils sont multipliez. Le corps de l'homme c'est le Mercure, la semence est cachée dans ce corps ; & eu égard au corps, la quantité de son poids est tres-petite. Qui veut donc engendrer cét homme métallique, il ne faut pas qu'il prenne le Mercure qui est un corps, mais la semence, qui est cette vapeur d'eau congelée. Ainsi les Operateurs vulgaires procedent mal en la regeneration des métaux ; ils dissolvent les corps métalliques, soit Mercure, soit Or, soit Argent, soit Plomb, & les corrodent avec les Eaux-fortes, & autres choses heterogenées & étrangeres, non requises à la vraye science : puis après ils conjoignent ces dissolutions, ignorant ou ne prenant pas garde que des pieces & des morceaux d'un corps, un homme ne peut pas être engendré ; car par ce moyen, la corruption du corps & la destruction de la semence ont précédé. Chaque chose se multiplie au mâle & à la femelle, comme j'ai fait mention au Chapitre de la double Matiere : La disjonction du sexe n'engendre rien, c'est la dûë conjonction, laquelle produit une nouvelle forme. Qui veut donc faire quelque chose de bon, doit prendre les spermes ou semences, non pas les corps entiers.

Prends donc le mâle vif, & la femelle vive, & les conjoints ensemble, afin qu'ils s'imaginent un sperme pour procréer un fruit de leur Nature : car il ne faut point que personne se mette en tête de pouvoir faire la premiere matiere. La premiere matiere de l'homme, c'est la Terre, de laquelle il n'y a homme si hardi qui voulût entreprendre d'en créer un homme ; c'est Dieu seul qui sçait cét artifice : mais la seconde matiere qui est déja creée, si l'homme la sçait mettre dans un lieu convenable, avec l'aide de la Nature, il s'en engendrera facilement la forme, de laquelle elle est semence. L'artiste ne fait rien en ceci, sinon de séparer ce qui est subtil de ce qui est épais, & le mettre dans un vaisseau convenable : car il faut bien considerer que comme une chose se commence, ainsi elle finit; d'un se font deux, & de deux un, & rien plus. Il y a un Dieu, de cét un est engendré le Fils, tellement qu'un en a donné deux, & deux ont donné un saint Esprit, procedant de l'un & de l'autre. Ainsi a été creé le monde, & ainsi sera sa fin. Considerez exactement ces quatre points, & vous y trouverez premierement le Pere, puis le Pere & le Fils, enfin le saint Esprit : Vous y trouverez les quatre Elemens, & quatre Luminaires, deux celestes, deux centriques : Bref, il n'y a rien au monde qui soit autrement qu'il paroît en cette figure, jamais n'a été, & jamais ne sera ; & si je voulois remarquer tous les mysteres qui se pourroient tirer de là, il en naîtroit un grand volume.

Je retourne donc à mon propos, & te dis en verité, mon fils, que d'un tu ne sçaurois faire un, c'est à Dieu seul à qui cela est reservé en propre. Qu'il te suffise que tu puisse de deux en créer un qui te soit utile ; & à cét effet, sçaches que le sperme multiplicatif est la seconde, & non la premiere matiere de tous métaux & de toutes choses : car la premiere matiere des choses est invisible, elle est cachée dans la Nature ou dans les Elemens ; mais la seconde apparoît quelquefois aux Enfans de la Science.

## CHAPITRE VII.

### De la vertu de la seconde Matiere.

MAIS afin que tu puisse plus facilement comprendre quelle est cette seconde Matiere, je te décrirai les vertus qu'elle a, & par lesquelles tu la pourras connoître. Sçaches donc en premier lieu, que la Nature est divisée en trois régnes, desquels il y en a deux dont un chacun peut être lui seul, encore que les deux autres ne fussent pas. Il y a le régne Mineral, Vegetal & Animal. Pour le régne Mineral, il est manifeste qu'il peut subsister de soi-même, encore qu'il n'y eût au monde ni hommes ni arbres. Le Vegetable de même n'a que faire pour son établissement, qu'il y ait au monde ni animaux ni métaux : ces deux sont créez d'un par un. Le troisiéme au contraire prend vie des deux précédens, sans lesquels il ne pourroit être ; & il est plus noble & plus précieux que les deux susdits : De même à cause qu'il est le dernier entr'eux, il domine sur eux, parce que la vertu se finit toûjours au troisiéme, & se multiplie au second. Vois-tu bien au régne Vegetable, la premiere matiere est l'herbe ou l'arbre que tu ne sçaurois créer ; la Nature seule fait cét ouvrage : Dans ce régne la seconde matiere est la semence que tu vois, & c'est en icelle que se multiplie l'herbe ou l'arbre. Au régne Animal, la premiere matiere c'est la bête ou l'homme que tu ne sçaurois créer ; mais la seconde matiere que tu connois est son sperme, auquel il se multiplie. Au régne Mineral, tu ne peux créer un métal ; & si tu t'en vantes, tu es vain & menteur, parce que la Nature a fait cela : Et bien que tu eusses la premiere matiere, selon les Philosophes ; c'est-à-dire, ce sel centrique, toutefois tu ne le sçaurois multiplier sans l'Or : mais la semence vegetable des métaux est connuë seulement des Fils de la Science. Dans les Vegetaux les semences apparoissent exterieurement, & les reins de leur digestion c'est l'air chaud. Dans les Animaux la semence apparoît dedans & dehors ; les reins ou le lieu de sa digestion, sont les reins de l'homme. L'eau qui se trouve dans le centre du cœur des Mineraux, est leur semence ou leur vie ; les reins ou le lieu de la digestion d'icelle, c'est le feu. Le receptacle de la semence des Vegetaux, c'est la terre. Le receptacle de la semence animale, c'est la matrice de la femelle ; & le receptacle enfin de la semence de l'Eau minerale, c'est l'air : Et il est à remarquer que le receptacle de la semence est tel qu'est la congelation des corps : telle la digestion, qu'est la solution : & telle la putrefaction, qu'est la destruction. Or la vertu de chaque semence est de se pouvoir conjoindre à chaque chose de son régne, dautant qu'elle est subtile, & n'est autre chose qu'un air congelé dans l'eau par le moyen de la graisse : Et c'est ainsi qu'elle se connoît, parce qu'elle ne se mêle point naturellement à autre chose quelconque hors de son régne ; elle ne se dissout point, mais se congele ; car elle n'a pas besoin de solution, mais de congélation. Il est donc nécessaire que les pores du corps s'ouvrent, afin que le sperme (au centre duquel est la semence, qui n'est autre chose que de l'air) soit poussé dehors ; lequel quand il rencontre une matrice convenable, se congele, & congele quant & soi ce qu'il trouve de pur, ou impur mêlé avec le pur. Tant qu'il y a de semence au corps, le corps est en vie ; mais quand elle est toute consumée, le corps meurt : car tous corps aprés l'émission de la semence, sont débilitez. Et l'experience nous montre que les hommes les plus adonnez à Venus, sont volontiers les plus débiles, comme les Arbres aprés avoir porté trop de fruits, deviennent aprés stériles. La semence est donc une chose invisible, comme nous avons dit tant de fois ; mais le sperme est visible, & est presque comme une ame vivante, qui ne se trouve point dans les choses mortes. Elle se tire en deux façons ; la premiere se fait doucement, l'autre avec violence. Mais parce qu'en cét endroit nous parlons seulement de la vertu de la semence, je dis que rien ne naît au monde sans semence, & que par la vertu d'icelle toutes choses se font, & sont engendrées. Que tous les Fils de la Science sçachent donc que c'est en vain qu'on cherche de la semence en un Arbre coûpé, il la faut chercher seulement en ceux qui sont verds & entiers.

## CHAPITRE VIII.

*De l'Art, & comme la Nature opere par l'Art en la semence.*

TOUTE semence quelle qu'elle soit est de nulle valeur, si elle n'est mise ou par l'Art, ou par la Nature en une matrice convenable : Et encore que la semence de soi soit plus noble que toute creature, toutefois la matrice est sa vie, laquelle fait pourrir le grain ou le sperme, & cause la congelation du point pur. En outre, par la chaleur de son corps, elle le nourrit & le fait croître; & cela se fait en tous les trois régnes susdits de la Nature, & se fait naturellement par mois, par années, & par succession de tems. Mais subtil est l'artiste, qui peut dans les régnes Mineral & Vegetable trouver quelque accourcissement ou abreviation, non pas au régne Animal. Au Mineral, l'artifice acheve seulement ce que la Nature ne peut parachever, à cause de la crudité de l'air, qui par sa violence a rempli les pores de chaque corps, non dans les entrailles de la Terre, mais en la superficie d'icelle, comme j'ai dit ci-devant dans les Chapitres précédens.

Mais afin qu'on entende plus facilement ces choses, j'ai bien voulu encore ajoûter que les Elemens jettent par un combat reciproque leur semence au centre de la Terre, comme dans leurs reins; & le centre par le mouvement continuel la pousse dans les matrices, lesquelles sont sans nombre; car autant de lieux autant de matrices, l'une toutefois plus pure que l'autre, & ainsi presque à l'infini.

Notez donc qu'une pure matrice engendrera un fruit pur & net en son semblable. Comme par exemple, dans les Animaux, vous avez les matrices des Femmes, des Vaches, des Jumens, des Chiennes, &c. Ainsi au régne Mineral & Vegetal sont les métaux, les pierres, les sels : car en ces deux régnes, les sels principalement sont à considerer, & leurs lieux, selon le plus ou le moins.

## CHAPITRE IX.

*De la commixtion des Métaux, ou de la façon de tirer la semence métallique.*

Nous avons parlé ci-dessus de la Nature, de l'art, du corps, du sperme, & de la semence : venons maintenant à la pratique, à sçavoir comment les métaux se doivent mêler, & quelle est la correspondance qu'ils ont entr'eux. Sçachez donc que la femme est une même chose que l'homme ; car ils naissent tous deux d'une même semence, & dans une même matrice, il n'y a que faute de digestion

digestion en la femme ; & que comme la matrice qui produit le mâle a le sang & le sel plus pur, ainsi la Lune est de même semence que le Soleil, & d'une même matrice : mais en la procreation de la Lune, la matrice a eu plus d'eau que de sang digeste, selon le tems de la Lune celeste. Mais afin que tu te puisse plus facilement imaginer comment les métaux s'assemblent & se joignent ensemble, pour jetter & recevoir la semence, regarde le Ciel & les Spheres des Planettes : Tu vois que Saturne est le plus haut de tous, auquel succede Jupiter, & puis Mars, le Soleil, Venus, Mercure, & enfin la Lune. Considere maintenant que les vertus des Planettes ne montent pas, mais qu'elles décendent : même l'experience nous apprend que le Mars se convertit facilement en Venus, & non le Venus en Mars ; comme plus basse d'une Sphere. Ainsi le Jupiter se transmuë facilement en Mercure, pource que Jupiter est plus haut que Mercure ; celui-là est le second aprés le Firmament, celui-ci le second au dessus de la Terre ; & Saturne le plus haut, la Lune la plus basse ; le Soleil se mêle avec tous, mais il n'est

D

jamais amelioré par les inferieurs. Or tu remarqueras qu'il y a une grande correspondance entre Saturne & la Lune, au milieu desquels est le Soleil ; comme aussi entre Mercure & Jupiter, Mars & Venus, lesquels ont tous le Soleil au milieu. La plûpart des Operateurs sçavent bien comme on transmuë le Fer en Cuivre sans le Soleil, & comme il faut convertir le Jupiter en Mercure ; même il y en a quelques-uns qui du Saturne en font de la Lune : Mais s'ils sçavoient à ces changemens administrer la Nature du Soleil, certes ils trouveroient une chose plus précieuse que tous les tresors du monde. C'est pourquoi je dis qu'il faut sçavoir quels métaux on doit conjoindre ensemble, & desquels la Nature corresponde l'un à l'autre. Il y a un certain métal qui a la puissance du consumer tous les autres ; car il est presque comme leur eau, & presque leur mere : & il n'y a qu'une seule chose qui lui résiste & qui l'ameriore, c'est à sçavoir l'humide radical du Soleil & de la Lune : Mais afin que je te le découvre, c'est *l'Acier*, il s'appelle ainsi : que s'il se joint une fois avec l'Or, il jette sa semence, & est débilité jusqu'à la mort.

Alors l'Acier conçoit, & engendre un fils plus clair que le pere : puis aprés lorsque la semence de ce fils déja né est mise en sa matrice, elle purge, & la rend mille fois plus propre à enfanter de tres-bons fruits. Il y a encore un autre Acier qui est comparé à cetui-ci, lequel est de soi créé de la Nature, & sçait par une admirable force & puissance tirer & extraire des rayons du Soleil, ce que tant d'hommes ont cherché, & qui est le commencement de nôtre œuvre.

## CHAPITRE X.

### *De la generation surnaturelle du fils du Soleil.*

NOus avons traité des choses que la Nature produit, & que Dieu a créés, afin que ceux qui recherchent cette Science, entendissent plus facilement la possibilité de la Nature, & jusqu'où elle peut étendre ses forces. Mais pour ne differer plus longuement, je commencerai à déclarer la maniere & l'art de faire la Pierre des Philosophes. Sçachez donc que la Pierre ou la teinture des Philosophes, n'est autre chose que l'Or extrêmement digeste ; c'est-à-dire, réduit & amené à une suprême digestion. Car l'Or vulgaire est comme l'herbe sans semence, laquelle quand elle vient à meurir, produit de la semence : de même l'Or quand il meurit, pousse dehors sa semence ou sa teinture. Mais quelqu'un demandera pourquoi l'Or, ou quelqu'autre métal, ne produit point de semence ? La raison est, dautant qu'il ne peut se meurir, à cause de la crudité de l'air qui empêche qu'il n'ait une chaleur suffisante ; & en quelques lieux il se trouve de l'Or impur, que la Nature eût bien voulu parfaire ; mais elle en a été empêchée par la crudité de l'air. Par exemple, nous voyons qu'en Pologne les Orangers croissent aussi-bien que les autres Arbres. En Italie & ailleurs où est leur terre naturelle, non seulement ils y croissent, mais encore ils y portent fruits, parce qu'ils ont de la chaleur à suffisance : mais en ces lieux froids, nullement ; car lorsqu'ils devroient meurir, ils cessent à cause du froid ; & ainsi au lieu de pousser, ils en sont empêchez par la crudité de l'air.

C'est pourquoi naturellement ils n'y portent jamais de bons fruits : mais si quelquefois la Nature est aidée doucement & avec industrie, comme de les arroser d'eau tiede, & les tenir en des caves, alors l'art parfait ce que la Nature n'auroit pû faire. Le même entierement arrive aux Métaux : L'or peut apporter fruit & semence, dans laquelle il se peut multiplier par l'industrie d'un habile artiste, qui sçait aider & pousser la Nature ; autrement s'il vouloit l'entreprendre sans la Nature, il erreroit. Car non seulement en cette Science, mais aussi en toutes les autres, nous ne pouvons rien faire qu'aider la Nature, & encor ne la pouvons-nous aider par autre moyen que par le feu, & par la chaleur. Mais parce que cela ne se peut faire, à cause que dans un corps métallique congelé les esprits n'apparoissent point, il faut premierement que le corps soit dissout, & que les pores en soient ouverts, afin que la Nature puisse operer. Or pour sçavoir quelle doit être cette solution ; je veux ici avertir le Lecteur, qu'encore qu'il y ait plusieurs sortes de dissolutions, lesquelles sont toutes inutiles, néanmoins il y en a veritablement de deux sortes, dont l'une seulement est vraye & naturelle, l'autre est violente, sous laquelle toutes les autres sont comprises. La naturelle est telle, qu'il faut que les pores du corps s'ouvrent en nôtre eau, afin que la semence soit poussée dehors cuite & digeste, & puis mise dans sa matrice. Mais nôtre eau, est une eau celeste, qui ne moüille point les mains, non vulgaire, & est presque comme eau de pluye : le corps, c'est l'Or, qui donne la semence ; c'est nôtre Lune ( non pas l'argent vulgaire ) laquelle reçoit la semence. Le tout est puis aprés regi & gouverné par nôtre feu continuel, durant l'espace de sept mois, & quelquefois de dix, jusqu'à ce que nôtre eau en consume trois, & en laisse un, & ce au double : puis aprés elle se nourrit du lait de la Terre, ou de la graisse qui naît és mamelles de la Terre, & est regie & conservée de putrefaction. Et ainsi est engendré cét enfant de la seconde generation.

    Venons maintenant de la Theorie à la Pratique.

## CHAPITRE XI.

*De la pratique & composition de la Pierre ou Teinture physique, selon l'art.*

NOus avons étendu nôtre discours, par tant de Chapitres précédens, en donnant les choses à entendre par des exemples, afin que l'on pût plus facilement comprendre la pratique, laquelle en imitant la Nature, se doit faire en cette façon. Prends de nôtre terre par onze degrez, onze grains, & de nôtre or ( non de l'or vulgaire ) un grain ; de nôtre argent, & non de l'argent vulgaire, deux grains : mais je t'avertis sur tout de ne prendre l'or ni l'argent vulgaires, car ils sont morts, & n'ont aucune vie : prends les nôtres qui sont vifs, puis les mets dans nôtre feu, & il se fera de là une liqueur séche : premierement la terre se resoudra en une eau, qui s'appelle *le Mercure des Philosophes* ; & cette eau resout les corps du Soleil & de la Lune, & les consume, de

façon qu'il n'en demeure que la dixiéme partie, avec une part; & voilà ce qu'on appelle *humide radical métallique*. Puis aprés prends de l'eau de Sel nitre, tirée de nôtre terre, en laquelle est le ruisseau & l'onde vive : si tu sçais caver & foüir dans la fosse naïve & naturelle, prends donc en icelle de l'eau qui soit bien claire, & dans cette eau tu mettras cét humide radical : mets le tout au feu de putrefaction & generation, non toutefois comme tu as fait en la premiere operation : gouverne le tout avec grand artifice & discretion, jusqu'à ce que les couleurs apparoissent comme une queuë de Paon : gouverne bien en digerant toûjours, jusqu'à ce que les couleurs cessent, & qu'en toute ta matiere il n'y ait qu'une seule couleur verte qui apparoisse, & qu'il ne t'ennuye point ; & ainsi des autres : Et quand tu verras au fonds du vaisseau des cendres de couleur brune, & l'eau comme rouge, ouvre ton vaisseau ; alors moüille une plume, & en oingts un morceau de fer : s'il teint, aye soudain de l'eau, de laquelle nous parlerons tantôt, & y mets autant de cette eau, qu'il y a entré d'air crud: cuits le tout derechef avec le même
feu

feu que dessus, jusqu'à ce qu'il teigne.

L'experience que j'en ai fait est venuë jusqu'à ce point, je ne puis que cela, je n'ai rien trouvé davantage. Mais cette eau que je dis, doit être le menstruë du monde tiré de la Sphére de la Lune, tant de fois rectifié qu'il puisse calciner le Soleil. Je t'ai voulu découvrir ici tout ; & si quelquefois tu entends mon intention, non mes paroles, ou les syllabes, je t'ai revelé tout, principalement au premier & second œuvre.

Mais il nous reste encore quelque chose à dire touchant le feu. Le premier feu, ou le feu de la premiere operation, est le feu d'un degré continuel, qui environne la matiere. Le second est un feu naturel, qui digere la matiere & la fige. Je te dis la verité, que je t'ai découvert le regime du feu, si tu entens la Nature.

Il nous faut aussi parler du vaisseau. Le vaisseau doit être celui de la Nature, & deux suffisent. Le vaisseau du premier œuvre doit être rond, & au second œuvre un peu moins ; il doit être de verre en forme de fiole ou d'œuf. Mais en tout & par tout sçache que le feu de la Nature est unique, & que s'il y a de la diversité, la distance des lieux en est cause.

E

Le vaisseau de la Nature pareillement est unique ; mais nous nous servons de deux pour abreger. La matiere est aussi une, mais de deux substances. Si donc tu appliques ton esprit pour produire quelques choses, regarde premierement celles qui sont déja creées : car si tu ne peux venir à bout de celles-ci qui sont ordinairement devant tes yeux, à grand'peine viendras-tu à bout de celles qui sont encore à naître, & que tu desires produire : je dis produire, car il faut que tu sçache que tu ne sçaurois rien créer, & que c'est le propre de Dieu seul : Mais de faire que les choses qui sont occultes & cachées à l'ombre deviennent apparentes, de les rendre évidentes, & leur ôter leur ombre, cela est quelquefois permis aux Philosophes qui ont de l'intelligence, & Dieu le leur accorde par le ministere de la Nature.

Considere un peu, je te prie, en toi-même la simple eau de la nuée. Qui est-ce qui croiroit qu'elle contient en soi toutes les choses qui sont au monde, les pierres dures, les sels, l'air, la terre, le feu, veu qu'en évidence elle n'apparoît autre chose qu'une simple eau ? Que dirai-je de la Terre, qui contient en soi l'eau, le feu, l'air, les sels, & n'apparoît néanmoins que terre? O admirable Nature! qui sçait par le moyen de l'eau produire les fruits admirables en la Terre, & leur donner & entretenir la vie par le moyen de l'air. Toutes ces choses se font, & néanmoins les yeux des hommes vulgaires ne le voyent pas, mais ce font seulement les yeux de l'entendement & de l'imagination qui le voyent, & d'une veuë tres-admirable. Car les yeux des Sages voyent la Nature d'autre façon que les yeux communs : Comme par exemple, les yeux du vulgaire voyent que le Soleil est chaud ; les yeux des Philosophes au contraire voyent plûtôt que le Soleil est froid, mais que ses mouvemens sont chauds : car ses actions & ses effets se connoissent par la distance des lieux.

Le feu de la Nature n'est point different de celui du Soleil, ce n'est qu'une même chose. Car tout ainsi que le Soleil tient le centre & le milieu entre les Sphéres des Planettes, & que de ce centre du Ciel il épard en bas sa chaleur par son mouvement ; il y a aussi au centre de la Terre un Soleil terrestre, qui par son mouvement perpetuel pousse la chaleur, ou ses rayons en haut, à la surface de la Terre : & sans doute cette chaleur intrinseque est beaucoup plus forte & plus efficace que ce feu élementaire ; mais elle est temperée par une eau terrestre, qui de jour en jour pénétre les pores de la Terre, & la rafraîchit. De même l'air qui de jour en jour vole autour du Globe de la Terre, tempere le Soleil celeste & sa chaleur ; & si cela n'étoit, toutes choses se consumeroient par cette chaleur, & rien ne pourroit naître. Car comme ce feu invisible, ou cette chaleur centrale consumeroit tout, si l'eau n'intervenoit & ne la temperoit ; ainsi la chaleur du Soleil détruiroit tout, n'étoit l'air qui intervient au milieu.

Mais je dirai maintenant en peu de mots, comment ces Elemens agissent entr'eux. Il y a un Soleil centrique dans le centre de la Terre, lequel par son mouvement, ou par le mouvement de son firmament, pousse une grande chaleur, qui s'étend jusqu'à la superficie de la Terre. Cette chaleur cause l'air en cette façon. La matrice de l'air, c'est l'eau, laquelle engendre des fils de sa Nature, mais dissemblables, & beaucoup plus subtils : car là où le passage est dénié à l'eau, l'air y entre. Lors donc que cette chaleur centrale (laquelle est perpetuelle) agit, elle échauffe & fait distiller cette eau ; & ainsi cette eau par la force de la chaleur se change en air, & par ce moyen passe jusqu'à la superficie de la Terre, parce qu'il ne peut souffrir d'être enfermé : & après qu'il est refroidi, il se resout en eau dans les lieux opposites.

Cependant il arrive quelquefois que non-seulement l'air, mais encore l'eau, sortent jusqu'à la superficie de la Terre, comme nous voyons lorsque de noires nuées sont par violence élevées jusqu'en l'air : dequoi je vous donnerai un exemple fort familier. Faites chauffer de l'eau dans un pot, vous verrez par un feu lent s'élever des vapeurs douces, & des vents legers : Et par un feu plus fort vous verrez paroître des nuages plus épais. La chaleur centrale opere en cette même façon, elle convertit en air l'eau la plus subtile ; & ce qui sort du sel ou de la graisse, qui est plus épais, elle le distribuë à la Terre, d'où naissent choses diverses ; le reste se change en rocher, & en pierres.

Quelqu'un pourroit objecter, si la chose estoit ainsi, cela se devroit faire continuellement ; & néanmoins bien souvent on ne sent aucun vent. Je réponds, qu'il n'y a point de vent, à la vérité, quand l'eau n'est point jettée violemment dans le vaisseau distillatoire, car peu d'eau excite peu de vent. Vous voyez qu'il n'y a pas toûjours du tonnerre, encore qu'il vente, mais seulement lorsque par la force de l'air une eau trouble est portée avec violence jusqu'à la sphére du feu : car le feu n'endure point l'eau. Nous en avons un exemple devant nos yeux. Lorsque vous jettez de l'eau froide dans une fournaise ardente, vous entendez quels tonnerres elle excite. Mais si vous demandez, pourquoi l'eau n'entre pas uniformément en ces lieux & en ces cavitez ? La raison est, pource qu'il y a plusieurs de ces sortes de lieux & de vases : quelquefois une concavité par le moyen des vents, pousse l'eau hors de soi pendant quelques jours ou quelques mois, jusqu'à ce qu'il se fasse derechef une repercussion d'eau : Comme nous voyons dans la Mer, dont les flots quelquefois sont agitez dans l'étenduë de plusieurs lieuës, avant qu'ils puissent rencontrer quelque chose qui les repoussent, & par la repercussion les fassent retourner d'où ils partent.

Mais reprenons nôtre propos. Je dis que le feu ou la chaleur est cause du mouvement de l'air, & qu'il est la vie de toutes choses, & que la terre en est la nourrice & le receptacle : mais s'il n'y avoit point d'eau qui rafraichît nôtre terre & nôtre air, alors la terre seroit dessechée pour ces deux raisons; sçavoir, à cause de la chaleur, tant du mouvement centrique, que du Soleil celeste. Néanmoins cela arrive en quelques lieux, lorsque les pores de la terre sont bouchez, en telle sorte que l'humidité n'y peut penetrer : & alors par la correspondance des deux Soleils, Celeste & Centrique, ( parce qu'ils ont entr'eux une vertu aimantine ) le Soleil enflâme la terre.

*Et ainsi quelque jour le monde perira.*

Fais donc en sorte que l'operation en nôtre terre soit telle, que la chaleur centrale puisse changer l'eau en air, afin qu'elle sorte jusques sur la superficie de la terre, & qu'elle répande le reste (comme j'ai dit) par les pores de la terre, & alors au contraire, l'air se changera en une eau beaucoup plus subtile que n'a été la premiere : Et cela se fera ainsi, si tu donne à dévorer à nôtre Vieillard l'or & l'argent, afin qu'il les consume, & que lui enfin prêt aussi de mourir soit brûlé, que ses cendres soient éparses dans l'eau ; cuits le tout jusqu'à ce que ce soit assez, & tu as une Medecine qui guérit la lépre. Avise au moins que tu ne prennes pas le froid pour le chaud, ou le chaud pour le froid ; mêle les Natures aux Natures, s'il y a quelque chose de contraire à la Nature, car une seule chose t'est necessaire ; separe-la, afin que la Nature soit semblable à la Nature ; fais cela avec le feu, non avec la main, & sçache que si tu ne suis la Nature, tout ton labeur est vain : Et je te jure par le Dieu qui est Saint, que je t'ai ici dit tout ce que le pere peut dire à son fils. Qui a des oreilles qu'il entende, & qui a du sens qu'il comprenne.

## CHAPITRE XII.

*De la Pierre, & de sa vertu.*

Nous avons assez amplement discouru aux Chapitres précédens de la production des choses naturelles, des Elemens, & des matieres premiere & seconde, des corps, des semences ; & enfin de leur usage & de leur vertu. J'ai encore écrit la façon de la Pierre Philosophale ; mais je revelerai maintenant tout autant que la Nature m'en a accordé, & ce que l'experience m'en a découvert touchant la vertu d'icelle. Mais afin que derechef sommairement & en peu de paroles, je recapitule le sujet de ces douze Chapitres, & que le Lecteur craignant Dieu puisse concevoir mon intention & mon sens, la chose est telle. Si quelqu'un doute de la verité de l'art, qu'il lise les Ecrits des Anciens verifiez par raison & par experience, au dire desquels (comme dignes de creance) on ne doit faire difficulté d'ajoûter foi. Que si quelqu'un trop opiniâtre ne veut croire leurs Ecrits, alors il se faut tenir à la maxime qui dit, que contre celui qui nie les principes il ne faut jamais disputer : car les sourds & les muets ne peuvent parler. Et je vous prie, quelle prérogative auroient toutes les autres choses qui sont au monde pardessus les Métaux ? Pourquoi en leur déniant à eux seuls une semence, les exclurons-nous à tort de l'universelle benediction que le Createur a donnée à toutes choses, incontinent après la creation du monde, comme les saintes Lettres nous le témoignent ? Que si nous sommes contraints d'avoüer que les Métaux ont de la semence, qui est celui qui seroit assez sot pour ne croire pas qu'ils peuvent être multipliez en leur semence ? L'Art de Chymie en sa nature est veritable, la Nature l'est aussi ; mais rarément se trouve-t-il un veritable Artiste : La Nature est unique, il n'y a qu'un seul Art, mais il y a plusieurs Ouvriers. Quant à ce que la Nature tire les choses des Elemens, elle les engendre par le vouloir de Dieu de la premiere matiere, que Dieu seul sçait & connoît : La Nature produit les choses, & les multiplie par le moyen de la seconde matiere, que les Philosophes connoissent. Rien ne se fait au monde que par le vouloir de Dieu, & de la Nature : car chaque Element est en sa sphére, mais l'un ne peut pas être sans l'autre ; & toutefois conjoints ensemble, ils ne s'accordent point : mais l'eau est le plus digne de tous les Elemens, parce que c'est la mere de toutes choses, & l'esprit du feu nage sur l'eau. Par le moyen du feu l'eau devient la premiere matiere, ce qui se fait par le combat du feu avec l'eau ; & ainsi s'engendrent des vents ou des vapeurs, propres & faciles à être congelez avec la terre par l'air crû, qui dés le commencement a été séparé d'icelle : ce qui se fait sans cesse, & par un mouvement perpetuel ; car le feu ou la chaleur n'est point excitée autrement que par le mouvement. Ce qui se peut voir manifestement chez tous les Artisans qui liment le Fer, lequel par le violent mouvement de la Lime, devient aussi chaud que s'il avoit été rouge au feu. Le mouvement donc cause la chaleur, la chaleur émeut l'eau : le mouvement de l'eau produit l'air, lequel est la vie de toutes choses vivantes.

Toutes les choses sont donc produites par l'eau en la maniere que j'ai dit ci-dessus : car de la plus subtile vapeur de l'eau, procedent les choses subtiles & legeres : de l'huile de cette même eau, en viennent choses plus pesantes : & de son sel, en proviennent choses beaucoup plus belles & plus excellentes que les premieres. Mais parce que la Nature est quelquefois empêchée de produire les choses pures, à cause que la vapeur, la graisse & le sel se gâtent, & se mêlent aux lieux impurs de la terre; c'est pourquoi l'experience nous a donné à connoître de séparer le pur d'avec l'impur. Si donc par vôtre operation vous voulez amander actuellement la Nature, & lui donner un être plus parfait & accompli ; faites dissoudre le corps dont vous voulez vous servir, séparez ce qui lui est arrivé d'heterogene & d'étranger à la Nature; purgez-le; joignez les choses pures avec les pures, les cuites avec les cuites, & les cruës avec les cruës, selon le poids de la Nature; & non pas de la matiere : Car vous devez sçavoir que le Sel nitre central ne prend point plus de terre, soit qu'elle soit pure ou impure, qu'il lui en est besoin. Mais la graisse ou l'onctuosité de l'eau se gouverne & se manie d'autre façon, parce que jamais on n'en peut avoir de pure ; c'est l'art qui la nettoye par une double chaleur, & qui derechef la réünit & conjoint.

### Epilogue, Sommaire & Conclusion, des douze Traitez ou Chapitres ci-dessus.

AMI Lecteur, j'ai composé ces douze Traitez en faveur des Enfans de l'Art, afin qu'avant qu'ils commencent à travailler, ils connoissent les operations que la Nature nous enseigne, & de quelle maniere elle produit toutes les choses qui sont au monde, afin qu'ils ne perdent point de tems, & ne veüillent s'efforcer d'entrer dans la porte sans avoir les clefs ; parce que celui-là travaille en vain, qui met la main à l'ouvrage, sans avoir premierement la connoissance de la Nature.

Celui qui en cette sainte & venerable Science, n'aura pas le Soleil pour flambeau qui lui éclaire, & auquel la Lune ne découvrira pas sa lumiere argentine parmi l'obscurité de la nuit, marchera en perpetuelles ténébres. La Nature a une lumiere propre qui n'apparoît pas à nôtre veuë, le corps est à nos yeux l'ombre de la Nature : c'est pourquoi au moment que quelqu'un est éclairé de cette belle lumiere naturelle, tous nuages se dissipent, & disparoissent devant ses yeux ; il met toutes difficultez sous le pied ; toutes choses lui sont claires, presentes & manifestes ; & sans empêchement aucun, il peut voir le point de nôtre magnesie, qui correspond à l'un & l'autre centre du Soleil & de la Terre; car la lumiere de la Nature darde ses rayons jusques-là, & nous découvre ce qu'il y a de plus caché dans son sein. Prenez ceci pour exemple : Que l'on habille des vêtemens pareils un petit garçon & une petite fille de même âge, & qu'on les mette l'un prés de l'autre, personne ne pourra reconnoître qui des deux est le mâle ou la femelle, parce que nôtre veuë ne peut pénétrer jusqu'à l'intérieur ; c'est pourquoi nos yeux nous trompent, & font que nous prenons le faux pour le vrai : Mais quand ils sont deshabillez & mis à nud, en sorte qu'on les puisse voir comme Nature les a formé, l'on reconnoît facilement l'un & l'autre en son sexe. De même aussi nôtre entendement fait une ombre à l'ombre de la Nature : Tout ainsi donc que le corps humain est couvert de vêtemens, ainsi la Nature humaine est couverte du corps de l'homme, laquelle Dieu s'est reservée à couvrir & découvrir selon qu'il lui plaît.

Je pourrois en cét endroit amplement & philosophiquement discourir de la dignité de l'Homme, de sa création & génération ; mais je passerai toutes ces choses sous silence, veu que ce n'est pas ici le lieu d'en traiter : nous parlerons un peu seulement de sa vie. L'Homme donc créé de la terre, vit de l'air ; car dans l'air est cachée la viande de la vie, que de nuit nous appellons rosée, & de jour eau rarefiée, de laquelle l'esprit invisible congelé, est meilleur & plus précieux que toute la terre universelle. O sainte & admirable Nature ! qui ne permet point aux Enfans de la Science de faillir, comme tu le montre de jour en jour en toutes actions, & dans le cours de la vie humaine.

Au reste dans ces douze Chapitres j'ai allegué toutes ces raisons naturelles, afin que le Lecteur craignant Dieu, & desireux de sçavoir, puisse plus facilement comprendre tout ce que j'ai veu de mes yeux, & que j'ai fait de mes mains propres, sans aucune fraude ni sophistication : car sans lumiere & sans connoissance de la Nature, il est impossible d'atteindre à la perfection de cét Art, si ce n'est par une singuliere revelation, ou par une secrette démonstration faite par un ami. C'est une chose vile & tres-précieuse, laquelle je repeterai de nouveau, encore bien que je l'aye décrite autrefois. Prends de nôtre air dix parties, de l'Or vif, ou de la Lune vive, une partie ; mets le tout dans ton vaisseau ; cuits cét air, afin que premierement il soit eau, puis aprés qu'il ne soit plus eau : si tu ignore cela, & que tu ne sçache cuire l'air, sans doute tu failliras, parce que c'est-là la vraye matiere des Philosophes. Car tu dois prendre ce qui est, mais qui ne se voit pas, jusqu'à ce qu'il plaise à l'Operateur ; c'est l'eau de nôtre rosée, de laquelle se tire le Salpêtre des Philosophes, par le moyen duquel toutes choses

croissent

*en general.*

croiſſent & ſe nourriſſent. Sa matrice eſt le centre du Soleil & de la Lune, tant celeſte que terreſtre ; & afin que je le die plus ouvertement, c'eſt nôtre Aymant, que j'ai nommé ci-devant *Acier.* L'air engendre cét Aymant, & cét Aymant engendre ou fait apparoître nôtre air. Je t'ai ici ſaintement dit la verité, prie Dieu qu'il favoriſe ton entrepriſe : & ainſi tu auras en ce lieu la vraye interpretation des paroles d'Hermes, qui aſſeure que ſon pere eſt le Soleil, & la Lune ſa mere ; que le vent l'a porté dans ſon ventre, à ſçavoir le Sel Alcali, que les Philoſophes ont nommé Sel Armoniac & Vegetable, caché dans le ventre de la magneſie. Son operation eſt telle : Il faut que tu diſſolves l'air congelé, dans lequel tu diſſoudras la dixiéme partie d'or : ſcelle cela, & travaille avec nôtre feu, juſqu'à ce que l'air ſe change en poudre : & alors, *ayant le ſel du monde,* diverſes couleurs apparoîtront.

J'euſſe décrit l'entier procedé en ces Traitez ; mais parce qu'il eſt ſuffiſamment expliqué avec la façon de multiplier, dans les Livres de Raymond Lulle & des autres anciens Philoſophes, je me suis contenté de traiter seulement de la premiere & seconde matiere : ce que j'ai fait franchement, & à cœur ouvert. Et ne croyez pas qu'il y ait homme au monde qui l'ait fait mieux & plus amplement que moi : car je n'ai pas appris ce que je dis de la lecture des Livres, mais pour l'avoir experimenté, & fait de mes propres mains. Si donc tu ne m'entends pas, ou que tu ne veüille croire la verité, n'accuse point mon Livre, mais toi-même, & croi que Dieu ne te veut point reveler ce secret : prie-le donc assiduëment, & relis plusieurs fois mon Livre, principalement l'Epilogue de ces douze Traitez, en considerant toûjours la possibilité de la Nature, & les actions des Elemens, & ce qu'il y a de plus particulier en eux, & principalement en la rarefaction de l'eau ou de l'air ; car les Cieux & tout le monde même ont été ainsi créez. Je t'ai bien voulu déclarer tout ceci, de même qu'un pere l'auroit fait à son fils. Ne t'émerveille point au reste de ce que j'ai fait tant de Chapitres ; ce n'a pas été pour moi que je l'ai fait, puisque je n'ai pas besoin de Livres, mais pour avertir plusieurs qui travaillent sur

*en general.*

de vaines matieres, & dépensent inutilement leurs biens. A la verité j'eusse bien pû comprendre le tout en peu de lignes, & même en peu de mots ; mais je t'ai voulu conduire par raisons & par exemples à la connoissance de la Nature, afin qu'avant toutes choses tu sçûsse ce que tu devois chercher, ou la premiere ou la seconde matiere, & que la Nature, sa lumiere & son ombre, te fussent connuës. Ne te fâche point si tu trouve quelquefois des contradictions en mes Traitez, c'est la coûtume générale de tous les Philosophes, tu en as besoin si tu les entends ; la rose ne se trouve point sans épines.

Pese & considere diligemment ce que j'ai dit ci-dessus, sçavoir en quelle maniere les Elemens distillent au centre de la Terre l'humide radical, & comment le Soleil terrestre & centrique le repousse & le sublime par son mouvement continuel jusqu'à la superficie de la Terre. J'ai encore dit que le Soleil celeste a correspondance avec le Soleil centrique ; car le Soleil celeste & la Lune ont une force particuliere, & une vertu merveilleuse de distiller sur la Terre par leurs rayons : car la chaleur se joint fa-

F ij

cilement à la chaleur, & le sel au sel: Et comme le Soleil centrique a sa Mer, & une eau cruë perceptible; ainsi le Soleil celeste a aussi sa Mer, & une eau subtile & imperceptible. En la superficie de la Terre, les rayons se joignent aux rayons, & produisent les fleurs & toutes choses. C'est pourquoi quand il pleut, la pluye prend de l'air une certaine force de vie, & la conjoint avec le Sel nitre de la Terre, ( parce que le Sel nitre de la Terre par sa siccité attire l'air à soi, lequel air il résout en eau, ainsi que fait le Tartre calciné : & ce Sel nitre de la Terre a cette force d'attirer l'air, parce qu'il a été air lui-même, & qu'il est joint avec la graisse de la Terre : ) Et plus les rayons du Soleil frappent abondamment, il se fait une plus grande quantité de Sel nitre ; & par consequent une plus grande abondance de Froment vient à croître sur la Terre. Ce que l'experience nous enseigne de jour en jour.

J'ai voulu déclarer ( aux Ignorans seulement ) la correspondance que toutes les choses ont entr'elles, & la vertu efficace du Soleil, de la Lune, & des Etoilles ; car les Sçavans n'ont pas besoin de cette instruction. Nôtre matiere paroît aux yeux de tout le monde, & elle n'est pas connuë. O nôtre Ciel! ô nôtre Eau! ô nôtre Mercure! ô nôtre Sel nitre, qui êtes dans la Mer du monde! ô nôtre Vegetable! ô nôtre Soûfre fixe & volatile! ô tête morte ou feces de nôtre Mer! Eau qui ne moüille point, sans laquelle personne au monde ne peut vivre, & sans laquelle il ne naît & ne s'engendre rien en toute la Terre! Voilà les Epithetes de l'Oyseau d'Hermes, qui ne repose jamais : Elle est de vil prix, personne ne s'en peut passer. Et ainsi tu as à découvert la chose la plus précieuse qui soit en tout le monde, laquelle je te dis entierement n'être autre chose que nôtre Eau pontique, qui se congele dans le Soleil & la Lune, & se tire néanmoins du Soleil & de la Lune, par le moyen de nôtre Acier, avec un artifice Philosophique, & d'une maniere surprenante, si elle est conduite par un sage Fils de la Science.

Je n'avois aucun dessein de publier ce Livre, pour les raisons que j'ai rapportées dans la Preface : mais le desir que j'ai de satisfaire & profiter aux Esprits ingénus & vrais Philosophes, m'a

E iij

vaincu & gagné ; de sorte que j'ai voulu montrer ma bonne volonté à ceux qui me connoissent, & manifester à ceux qui sçavent l'Art que je suis leur compagnon & leur pareil, & que je desire avoir leur connoissance. Je ne doute point qu'il n'y ait plusieurs gens de bien & de bonne conscience qui possedent secrettement ce grand don de Dieu : mais je les prie & conjure qu'ils ayent en singuliere recommandation le silence d'Arpocrates, & qu'ils se fassent sages & avisez à mon exemple & à mes perils : car toutefois & quantes que je me suis voulu déclarer aux Grands, cela m'a toûjours été, ou dangereux, ou dommageable : De maniere que par cét Ecrit je me manifeste aux fils d'Hermes, & par même moyen j'instruis les Ignorans, & remets les égarez dans le vrai chemin. Que les héritiers de la Science croyent qu'ils ne tiendront jamais de voye plus seure & meilleure que celle que je leur ai ici montrée : Qu'ils s'y arrêtent donc ; car j'ai dit ouvertement toutes choses, principalement pour ce qui regarde l'extraction de nôtre Sel Armoniac ou Mercure Philosophique, tiré de nôtre Eau pontique. Et si je n'ai

*en general.*

pas bien clairement revelé l'ufage de cette Eau, c'eft que le Maître de la Nature ne m'a pas permis d'en dire davantage : car Dieu feul doit reveler ce fecret, lui qui connoît les cœurs & les efprits des Hommes, & qui pourra ouvrir l'entendement à celui qui le priera foigneufement, & lira plufieurs fois ce petit Traité.

Le vaiffeau (comme j'ai dit) eft unique depuis le commencement jufqu'à la fin, ou tout au plus deux fuffifent : Que le feu foit auffi continuel en l'un & l'autre Ouvrage ; à raifon dequoi ceux qui errent, qu'ils lifent les dixiéme & onziéme Chapitres. Car fi tu travaille en une tierce matiere, tu ne feras rien. Et fi tu veux fçavoir ceux qui travaillent en cette tierce matiere, ce font ceux qui laiffans nôtre fel unique, qui eft le vrai Mercure, s'amufent à travailler fur les herbes, animaux, pierres & minieres. Car excepté nôtre Soleil & nôtre Lune, qui eft couverte de la fphére de Saturne, il n'y a rien de veritable.

Quiconque defire parvenir à la fin defirée, qu'il fçache la converfion des Elemens ; qu'il fçache faire pondereux ce qui de foi eft leger ; & qu'il fçache faire en forte que ce qui de foi eft efprit, ne le foit plus : alors il ne travaillera point fur un fujet étranger. Le feu eft le regime de tout ; & tout ce qui fe fait en cét Art, fe fait par le feu, & non autrement, comme nous avons fuffifamment démontré ci-deffus.

Adieu, Ami Lecteur, joüis longuement de mes Ouvrages, que je t'affeure être confirmez par les diverfes experiences que j'en ai faites : joüis-en, dis-je, à la gloire de Dieu, au falut de ton ame, & au profit de ton prochain.

ENIGME

# ENIGME PHILOSOPHIQUE
## du même Auteur aux Fils de la Verité.

JE vous ai déja découvert & manifesté, ô Enfans de la Science! tout ce qui dépendoit de la source de la fontaine universelle, si bien qu'il ne reste plus rien à dire : car en mes précédens Traitez, j'ai expliqué suffisamment par des exemples, ce qui est de la Nature: j'ai déclaré la Theorie & la Pratique tout autant qu'il m'a été permis. Mais afin que personne ne se puisse plaindre que j'ai écrit trop laconiquement, & que j'aye omis quelque chose par ma briéveté, je vous décriray encore tout au long l'œuvre entier, toutefois énigmatiquement, afin que vous jugiez jusqu'où je suis parvenu par la permission de Dieu. Il y a une infinité de Livres qui traitent de cét Art; mais à grand'peine trouverez-vous dans aucun la verité si clairement expliquée : ce que j'ai bien voulu faire, à cause que j'ai plusieurs fois conferé avec beaucoup de personnes qui pensoient bien entendre les Ecrits des Philosophes ; mais j'ai bien connu par leurs discours, qu'ils les interprétoient beaucoup plus subtilement que la Nature, qui est simple, ne requieroit : même toutes mes paroles, quoi que tres-veritables, leur sembloient toutefois trop viles & trop basses pour leur esprit, qui ne concevoit que des choses hautes & incroyables. Il m'est arrivé quelquefois que j'ai déclaré la Science de mot à mot à quelques-uns qui n'y ont jamais fait de réflexion, parce qu'ils ne croyoient pas qu'il y eût de l'eau dans nôtre Mer : ils vouloient néanmoins passer pour Philosophes. Puis donc que ces gens-là n'ont pû entendre mes paroles proferées sans énigme & sans obscurité, je ne crains point (comme ont fait les autres Philosophes) que personne les puisse si facilement entendre : aussi est-ce un don qui ne nous est donné que de Dieu seul.

Il est bien vrai que si en cette Science il étoit requis une subtilité d'esprit, & que la chose fût telle qu'elle pût être apperçûë par les yeux du vulgaire, j'ai rencontré de beaux Esprits, & des Ames tout-à-fait propres pour rechercher de semblables choses : mais je vous dis encore qu'il faut que vous soyez simples & non point trop prudens, jusqu'à ce que vous ayez trouvé le secret : car lorsque vous l'aurez, nécessairement la prudence vous accompagnera ; & vous pourrez aussi composer aisément une infinité de Livres : ce qui, sans doute, est bien plus facile à celui qui est au centre & voit la chose, qu'à celui qui marche sur la circonference, & n'a rien autre que l'oüie. Vous avez la matiére de toutes choses clairement décrite : mais je vous avertis que si vous voulez parvenir à ce secret, qu'il faut sur tout prier Dieu, puis aimer vôtre prochain; & enfin n'aller point vous imaginer des choses si subtiles, desquelles la Nature ne sçait rien : mais demeurez, demeurez, dis-je, en la simple voye de la Nature, parce que dans cette simplicité vous pourrez mieux toucher la chose au doigt, que vous ne la pourrez voir parmi tant de subtilitez.

En lisant mes Ecrits, ne vous amusez point aux syllabes seulement, mais considerez toûjours la Nature, & ce qu'elle peut : & devant que de commencer l'œuvre, imaginez-vous-bien ce que vous cherchez, quel est le but de vôtre intention ; car il vaut mieux l'apprendre par l'imagination & par l'entendement, que par des ouvrages manuels, & à ses dépens. Je vous dis encore qu'il vous faut trouver une chose qui est cachée, de laquelle par un merveilleux artifice se tire cette humidité, qui sans violence & sans bruit dissout l'or, voir même aussi doucement & aussi naturellement que l'eau chaude dissout & liquifie la glace. Si vous avez trouvé cela, vous avez la chose de laquelle l'or a été produit par la Nature : Et bien que les Métaux & toutes les choses du monde prennent leur origine d'icelle, il n'y a rien toutefois qui lui soit si ami que l'or; car dans toutes les autres choses il y a quelque impureté, dans l'or au contraire il n'y en a aucune ; c'est pourquoi elle est comme la mere de l'or.

Et ainsi je conclus, que si vous ne voulez vous rendre sages par mes avertissemens, vous m'ayez pour excusé, puisque je ne desire que de vous rendre office : je l'ai fait avec autant de fidelité qu'il m'a été permis, & en homme de bonne conscience. Si vous demandez qui je suis, je suis Cosmopolite, c'est-à-dire, Citoyen du monde : si vous me connoissez, & que vous desiriez être honnêtes gens, vous vous tairez : si vous ne me connoissez point, ne vous en informez pas davantage, car jamais à homme vivant je n'en déclarerai plus que j'ai fait par cét Ecrit public. Croyez-moi, si je n'étois de la condition que je suis, je n'aurois rien plus agreable que la vie solitaire, ou de demeurer dans un tonneau comme un autre Diogenes : car je voi que tout ce qu'il y a au monde n'est que vanité, que la fraude & l'avarice sont en régne, où toutes choses se vendent ; & qu'enfin la malice a surmonté la vertu : je voi devant mes yeux la felicité de la vie future, c'est ce qui me donne de la joye. Je ne m'étonne plus maintenant comme j'ai fait auparavant, de ce que les Philosophes, aprés avoir acquis cette excellente Medecine, ne se soucioient point d'abreger leurs jours : parce qu'un véritable Philosophe voit devant ses yeux la vie future, de même que tu vois ton visage dans un miroir. Que si Dieu te donne la fin defirée, tu me croiras, & ne te reveleras point au monde.

S'enfuit la Parabole ou Enigme Philofophique, ajoûtée pour mettre fin à l'œuvre.

IL arriva une fois que navigeant du Pole Arctique, au Pole Antarctique, je fus jetté par le vouloir de Dieu, au bord d'une grande Mer : Et bien que j'eusse une entiere connoissance des avenuës & proprietez de cette Mer, toutefois j'ignorois si en ces quartiers-là l'on pouvoit trouver ce petit Poisson, nommé *Echeneïs*, que tant de personnes de grande & de petite condition, ont recherché jusqu'à present avec tant de soin & de peine. Mais pendant que je regarde sur le bord les Melosines nageantes çà & là avec les Nimphes, étant fatigué de mes labeurs précédens, & abbatu par la varieté de mes pensées, je me laissé emporter au sommeil par le doux murmure de l'eau. Et tandis que je dormois ainſi doucement, il m'arrive en ſonge une viſion merveilleuſe : Je vois ſortir de nôtre Mer le Vieillard Neptune d'une apparence vénérable, & armé de ſon Trident, lequel aprés un amiable ſalut, me meine dans une Iſle tres-agreable. Cette Iſle étoit ſituée du côté du Midy, & tres-abondante en toutes choſes néceſſaires pour la vie & pour les délices de l'homme : Les Champs Eliſiens tant vantez par Virgile, ne ſeroient rien en comparaiſon d'elle. Tout le rivage de l'Iſle étoit environné de Myrtes, de Cyprés, & de Roſmarin. Les Prez verdoyans, tapiſſez de diverſes couleurs, réjoüiſſoient la veuë par leur varieté, & rempliſſoient le nez d'une odeur tres-ſuave. Les Collines étoient pleines de Vignes, d'Oliviers & de Cédres. Les Forêts n'étoient remplies que d'Orangers & de Citronniers. Les chemins publics étans plantez & parſemez de côté & d'autre d'une infinité de Lauriers & de Grenadiers, entretiſſus & enlacez enſemble avec beaucoup d'artifice, fourniſſoient une ombrage agreable aux paſſans : Enfin tout ce qui ſe peut dire &

defirer au monde, fe trouvoit là. En nous promenant, Neptune me montroit dans cette Ifle deux Mines d'Or & d'Acier, cachées fous une Roche : & gueres loin de là, il me meine dans un Pré, au milieu duquel étoit un Jardin plein de mille beaux Arbres divers, & dignes d'être regardez : Entre plufieurs de ces Arbres il m'en montra fept, qui avoient chacun leur nom ; & entre ces fept j'en remarquai deux principaux & plus éminens que les autres, defquels l'un portoit un fruit auffi clair & auffi réluifant que le Soleil, & fes feüilles étoient comme d'Or : l'autre portoit fon fruit plus blanc que Lys, & fes feüilles étoient comme de fin Argent. Neptune les nommoit, l'un Arbre Solaire, & l'autre Arbre Lunaire. Mais encore que toutes ces chofes fe trouvaffent à fouhait dans cette Ifle, une chofe toutefois y manquoit ; on ne pouvoit y avoir de l'eau qu'avec grande difficulté : Il y en avoit plufieurs qui s'efforçoient d'y faire conduire l'eau d'une Fontaine par des canaux, d'autres qui en tiroient de diverfes chofes : mais tout leur labeur étoit inutile, car en ce lieu-là on n'en pouvoit avoir fi on fe fervoit de quelque inftrument moyen ; que fi on en avoit, elle étoit veneneufe, à moins qu'elle ne fût tirée des rayons du Soleil & de la Lune : ce que peu de gens ont pû faire. Et fi quelques-uns ont eu la fortune affez favorable pour y réüffir, ils n'en ont jamais pû tirer plus de dix parties : car cette eau étoit fi admirable, qu'elle furpaffoit la neige en blancheur. Et croi-moi, que j'ai veu & touché cette eau, & en la contemplant je me fuis beaucoup émerveillé.

Tandis que cette contemplation occupoit tous mes fens, & commençoit déja à me fatiguer, Neptune s'évanoüit, & il m'apparoît en fa place un grand Homme, au front duquel étoit le nom de Saturne. Celui-ci prenant le vafe puifa les dix parties de cette eau, & incontinent il prit du fruit de l'Arbre Solaire, & le mit dans cette eau ; & je vis le fruit de cét Arbre fe confumer & fe refoudre dans cette eau, comme la glace dans l'eau chaude. Je lui demandai : Seigneur, je voi ici une chofe merveilleufe, cette eau eft prefque de rien, & néanmoins je voi que le fruit de cét Arbre fe confume dans elle par une fi douce chaleur ; à quoi fert tout cela ?

Il me répondit gracieusement : Il est vrai, mon fils, que c'est une chose admirable ; mais ne vous en étonnez pas, il faut que cela soit ainsi : car cette eau est l'eau de vie, qui a puissance d'ameliorer les fruits de cét Arbre ; de façon que desormais il ne sera plus besoin d'en planter ni anter, parce qu'elle pourra par sa seule odeur rendre tous les autres six Arbres de même nature qu'elle est. En outre, cette eau sert de femelle à ce fruit, de même que ce fruit lui sert de mâle ; car le fruit de cét Arbre ne se peut pourrir en autre chose que dans cette eau. Et bien que ce fruit soit de soi une chose précieuse & admirable, toutefois s'il se pourrit dans cette eau, il engendre par cette putrefaction la Salamandre persévérante au feu, le sang de laquelle est plus précieux que tous les trésors du monde, ayant la faculté de rendre fértiles les six Arbres que tu vois, & de leur faire porter des fruits plus doux que le miel.

Je lui demandai encore : Seigneur, comment se fait cela ? Je t'ai dit ci-devant ( reprit-il ) que les fruits de l'Arbre Solaire sont vifs, sont doux : mais au lieu que le fruit de cét Arbre

## en general.

Solaire, maintenant qu'il cuit dans cette eau, ne peut faouler qu'un feul fruit, aprés fa coction il en peut faouler mille. Puis je lui demandai, fe cuit-il à grand feu, & pendant quel tems ? Il me répondit, que cette eau avoit un feu intrinféque, lequel s'il eſt aidé par une chaleur continuelle, brûle trois parties de fon corps avec le corps de ce fruit; & il n'en demeurera qu'une fi petite partie, qu'à grand'peine la pourroit-on imaginer : mais la prudente conduite du Maître fait cuire ce fruit par une très-grande vertu pendant l'efpace de fept mois premierement, & aprés pendant l'efpace de dix ; cependant plufieurs chofes apparoiffent, & toûjours le cinquantiéme jour aprés le commencement, plus ou moins.

Je l'interrogeai encore : Seigneur, ce fruit peut-il être cuit dans quelques autres eaux ? & ne lui ajoûte-t-on pas quelque chofe ? Il me répond : Il n'y a que cette feule eau qui foit utile en tout ce Païs & en toute cette Ifle, nulle autre eau que celle-ci ne peut pénétrer les pores de cette Pomme : Et fçaches que l'Arbre Solaire eſt forti de cette eau, laquelle eſt tirée des rayons du

Soleil & de la Lune, par la force de nôtre Aymant : C'est pourquoi ils ont ensemble une si grande sympathie & correspondance, que si on y ajoûtoit quelque chose d'étranger, elle ne pourroit faire ce qu'elle fait de soi-même. Il la faut donc laisser seule, & ne lui rien ajoûter que cette Pomme : car aprés la coction, c'est un fruit immortel, ayant vie & sang, parce que le sang fait que tous les Arbres stériles portent même fruit & de même nature que la Pomme.

Je lui demandai en outre : Seigneur, cette eau se peut-elle tirer en quelqu'autre façon ? & la trouve-t-on par tout ? Il me répond : Elle est en tout lieu, & personne ne peut vivre sans elle ; Elle se puise par d'admirables moyens : Mais celle-là est la meilleure qui se tire par la force de nôtre Acier, lequel se trouve au ventre d'*Ariés*. Et je lui dis, à quoi est-elle utile ? Il répond, devant sa deuë coction, c'est un grand venin ; mais aprés une cuisson convenable, c'est une souveraine medecine : & alors elle donne vingt-neuf grains de sang, desquels chaque grain te fournira huit cens soixante & quatre du fruit de l'Arbre

*en general.*

Solaire. Je lui demandai, ne se peut-il pas ameliorer plus outre ? Selon le témoignage de l'Ecriture Philosophique ( dit-il ) il peut être exalté premierement jusqu'à dix, puis jusqu'à cent, aprés jusqu'à mille, à dix mille, & ainsi de suite. J'insistois : Seigneur, dites-moi si plusieurs connoissent cette eau, & si elle a un nom propre ? Il cria hautement : Peu de gens l'ont connuë, mais tous l'ont veuë, la voyent, & l'aiment : Elle a non-seulement un nom, mais plusieurs & divers. Mais le vrai nom propre qu'elle a, c'est qu'elle se nomme *l'Eau de nôtre Mer, l'Eau de vie qui ne mouille point les mains.* Je lui demandai encore : D'autres personnes que les Philosophes en usent-ils à autres choses ? Toute creature ( dit-il ) en use, mais invisiblement. Naît-il quelque chose dans cette Eau, lui dis-je ? D'icelle se font toutes les choses qui sont au monde, & toutes choses vivent en elle, me dit-il : mais il n'y a rien proprement en elle, sinon que c'est une chose qui se mêle avec toutes les choses du monde. Je lui demandai : Est-elle utile sans le fruit de cét Arbre ? Il me dit, sans ce fruit elle n'est pas utile en cét œuvre : car elle n'eſt ameliorée qu'avec le ſeul fruit de cét Arbre Solaire.

Et alors je commençai à le prier : Seigneur, de grace, nommez-la-moi ſi clairement & ouvertement, que je n'en puiſſe plus douter. Mais lui en élevant ſa voix, il cria ſi fort, qu'il m'éveilla: ce qui fut cauſe que je pû lui demander rien davantage, & qu'il ne me voulut plus répondre, ni moi auſſi je ne t'en puis pas dire plus. Contente-toi de ce que je t'ai dit, & croi qu'il n'eſt pas poſſible de parler plus clairement. Car ſi tu ne comprends pas ce que je t'ai déclaré, jamais tu n'entendras les Livres des autres Philoſophes.

Aprés le ſubit & ineſperé départ de Saturne, un nouveau ſommeil me ſurprit, & derechef Neptune m'apparut en forme viſible. Et me félicitant de cét heureux rencontre dans les Jardins des Heſpérides, il me montra un Miroir, dans lequel j'ai veu toute la Nature à découvert. Aprés pluſieurs diſcours de part & d'autre, je le remerciai de ſes bienfaits, & de ce que par ſon moyen j'étois entré non-ſeulement en cét agreable Jardin, mais encore de ce que j'eus l'honneur de deviſer avec

Saturne, comme je defirois il y avoit fi long-tems. Mais parce qu'il me reftoit encore quelques difficultez à réfoudre, & defquelles je n'avois pû être éclairci, à caufe de l'inopiné départ de Saturne, je le priai inftamment de m'ôter en cette occafion defirée, le fcrupule auquel j'étois, & lui parlai en cette façon : Seigneur, j'ai lû les Livres des Philofophes, qui affirment unanimément que toute génération fe fait par mâle & femelle ; & néanmoins dans mon fonge j'ai vû que Saturne ne mettoit dans nôtre Mercure que le fruit de l'Arbre Solaire : j'eftime que comme Seigneur de la Mer, vous fçavez bien ces chofes : je vous prie de répondre à ma queftion. Il eft vrai, mon fils, ( dit-il ) que toute génération fe fait par mâle & femelle ; mais à caufe de la diftraction & différence des trois régnes de la Nature, un Animal à quatre pieds naît d'une façon, & un Ver d'une autre. Car encore que les Vers ayent des yeux, la veuë, l'oüie, & les autres fens, toutefois ils naiffent de putrefaction ; & le lieu d'iceux, ou la terre où ils fe pourriffent, eft la femelle. De même en l'œuvre Philofophique, la mere de cette chofe eft ton

Eau que nous avons tant de fois reperée, & tout ce qui naît de cette Eau, naît à la façon des Vers par putrefaction. C'est pourquoi les Philosophes ont creé le Phœnix & la Salamandre. Car si cela se faisoit par la conception de deux corps, ce seroit une chose sujette à la mort ; mais parce qu'il se revivifie soi-même, le corps premier étant détruit, il en revient un autre incorruptible : D'autant que la mort des choses n'est rien autre que la séparation des parties du composé. Cela se fait ainsi en ce Phœnix, qui se sépare par soi-même de son corps corruptible.

Puis je lui demandai encore : Seigneur, y a-t-il en cét œuvre choses diverses, ou composition de plusieurs choses ? Il n'y a qu'une seule & unique chose (dit-il) à laquelle on n'ajoûte rien, sinon l'Eau Philosophique, qui t'a été manifestée en ton songe, laquelle doit être dix fois autant pésante que le corps. Et croi, mon fils, fermement & constamment que tout ce qui t'a été montré ouvertement par moi & par Saturne en ton songe dans cette Isle, selon la coûtume de la région, n'est nullement songe, mais la pure verité, laquelle te

pourra

pourra être découverte par l'assistance de Dieu, & par l'expérience, vraye maîtresse de toutes choses. Et comme je voulois m'enquérir & m'éclaircir de quelqu'autre chose, aprés m'avoir dit adieu, il me laissa sans réponse, & je me trouvai réveillé dans la desirée région de l'Europe. Ce que je t'ai dit (ami Lecteur) te doit-don caussi suffire. Adieu.

*A la seule Trinité soit loüange & gloire.*

# DIALOGUE
## du Mercure, de l'Alchymiste, & de la Nature.

IL advint un certain tems que plusieurs Alchymistes firent une assemblée, pour consulter & résoudre ensemble comment ils pourroient faire la Pierre Philosophale, & la préparer comme il faut; & ils ordonnérent entr'eux, que chacun diroit son opinion par ordre, & selon ce qui lui en sembleroit. Ce conseil & cette assemblée se tint au milieu d'un beau Pré, à Ciel ouvert, & en jour clair & serain. Là étant assemblez, plusieurs d'entr'eux furent d'avis que Mercure étoit la première matière de la Pierre: les autres disoient que c'étoit le Soûfre; & les autres croyoient que c'étoit quelqu'autre chose. Néanmoins l'opinion de ceux qui tenoient pour le Mercure, étoit la plus forte, & emportoit le dessus, en ce qu'elle étoit appuyée du dire des Philosophes, qui tiennent que le Mercure est la véritable matière première, & même qu'il est la première matière des Métaux : car tous les Philosophes s'écrient, *nôtre Mercure, nôtre Mercure, &c.* Comme ils disputoient ainsi ensemble, & que chacun d'eux s'efforçoit de faire passer son opinion pour la meilleure, & attendoit avec desir, avec joye & avec impatience la conclusion de leur différent, il s'éleva une grande tempête, avec des orages, des grêles, & des vents épouventables & extraordinaires, qui séparérent cette Congregation, renvoyant les uns & les autres en diverses Provinces, sans avoir pris aucune résolution. Un chacun se proposa dans son imagination quelle devoit être la fin de cette dispute, & recommença ses épreuves comme auparavant : les uns chercherent la Pierre des Philosophes en une chose, les autres en une autre ; & cette recherche a continué jusqu'aujourd'hui sans cesse, & sans aucune intermission. Or un de ces Philosophes qui s'étoit trouvé en cette Compagnie, se ressouvenant que dans la dispute la plus grande partie d'entr'eux étoient du sentiment qu'il falloit chercher la Pierre des Philosophes au Mercure, dit en soi-même : Encore qu'il n'y ait eu rien d'arrêté & de déterminé dans nos discours, & qu'on n'aye fait aucune résolution, si est-ce que je travaillerai sur le Mercure, quoi qu'on en die ; & quand j'aurai fait cette benoîte Pierre, alors la conclusion sera faite. Car je vous avertis que c'étoit un homme qui parloit toûjours avec soi-même, comme font les Alchymistes. Il commença donc à lire les Livres des Philosophes, & entr'autres il tomba sur la lecture d'un Livre d'Alain, qui traite du Mercure : & ainsi par la lecture de ce beau Livre, ce Monsieur l'Alchymiste devint Philosophe, mais Philosophe sans conclusion. Et aprés avoir pris le Mercure, il commença à travailler : Il le mit dans un vaisseau de verre, & le feu dessous : le Mercure, comme il a coûtume, s'envole, & se résout en air. Mon pauvre Alchymiste qui ignoroit la Nature du Mercure, commence à battre sa femme bien & beau, lui reprochant qu'elle lui avoit dérobé son Mercure : car personne (ce disoit-il) ne pouvoit être entré *en general.* 93

là-dedans qu'elle seule. Cette pauvre femme innocente ne pût faire autre chose que s'excuser, en pleurant : puis elle dit à son mari tout bas entre ses dents : Que Diable feras-tu de cela, dit pauvre badin, de la merde ?

L'Alchymiste prend derechef du Mercure, & le met dans un vaisseau ; & de crainte que sa femme ne lui dérobât, il le gardoit lui-même : mais le Mercure à son ordinaire s'envola aussi-bien cette fois que l'autre. L'Alchymiste au lieu d'être fâché de la fuite de son Mercure, s'en réjoüit grandement, pource qu'il se ressouvint qu'il avoit lû que la premiére matiére de la Pierre étoit volatile. Et ainsi il se persuada & crût entierement, que desormais il ne pouvoit plus faillir, tant qu'il travailleroit sur cette matiére. Il commença deslors à traiter hardiment le Mercure ; il apprit à le sublimer, à le calciner par une infinité de maniéres; tantôt par les Sels, tantôt par le Soûfre : puis le méloit tantôt avec les Métaux, tantôt avec des miniéres, puis avec du sang, puis avec des cheveux ; & puis le détrempoit & le maceroit avec des Eaux fortes, avec du jus d'herbes, avec de l'urine, avec du vinaigre. Mais le pauvre

H iij

homme ne pût rien trouver qui réüssît à son intention, ni qui le contentât, bien qu'il n'eût rien laissé en tout le monde avec quoi il n'eût essayé de coaguler & fixer ce beau Mercure. Voyant donc qu'il n'avoit encore rien fait, & qu'il ne pouvoit rien avancer du tout, il se prit à songer. Au même tems il se ressouvint d'avoir lû dans les Auteurs, que la matiére étoit de si vil prix, qu'elle se trouvoit dans les fumiers & dans les retraits : si bien qu'il recommença à travailler de plus belle, & mêler ce pauvre Mercure avec toutes sortes de frentes, tant humaine, que d'autres animaux, tantôt séparément, tantôt toutes ensemble. Enfin après avoir bien peiné, sué & tracassé, après avoir bien tourmenté le Mercure, & s'être bien tourmenté soi-même, il s'endormit plein de diverses pensées, & roulant diverses choses dans son esprit. Une vision lui apparut en songe ; il vit venir vers lui un bon Vieillard, qui le salüa, & lui dit familiérement : Mon Ami, dequoi vous attristez-vous? Auquel il répondit : Monsieur, je voudrois volontiers faire la Pierre Philosophale. Le Vieillard lui répliqua : Oüi, mon Ami, voilà un tres-bon souhait : mais avec quoi voulez-vous faire la Pierre des Philosophes ?

*L'Alchymiste.* Avec le Mercure, Monsieur.

*Le Vieillard.* Mais avec quel Mercure ?

*L'Alchymiste.* Ah ! Monsieur, pourquoi me demandez-vous avec quel Mercure, car il n'y en a qu'un ?

*Le Vieillard.* Il est vrai, mon Ami, qu'il n'y a qu'un Mercure, mais diversifié par les divers lieux où il se trouve, & toûjours une partie plus pure que l'autre.

*L'Alchymiste.* O Monsieur ! je sçai tres-bien comme il le faut purger & nettoyer, avec le Sel & le Vinaigre, avec le Nitre & le Vitriol.

*Le Vieillard.* Et moi je vous dis & vous déclare, mon bon Ami, que cette purgation ne vaut rien, & n'est point la vraye, & que ce Mercure-là ne vaut rien aussi, & n'est point le vrai : les hommes sages ont bien un autre Mercure, & une autre façon de le purger. Et aprés avoir dit cela, il disparut.

Ce pauvre Alchymiste étant réveillé, & ayant perdu son songe & son sommeil, se prit à penser profondément quelle pouvoit être cette vision, & quel pouvoit être ce Mercure des Philosophes ; mais il ne pût rien s'imaginer que ce Mercure vulgaire. Il difoit en foi-même : O mon Dieu ! fi j'euffe pû parler plus long-tems avec ce bon Vieillard, fans doute j'euffe découvert quelque chofe. Il recommença donc encore fes labeurs, je dis fes fales labeurs, broüillant toûjours fon Mercure, tantôt avec fa propre merde, tantôt avec celle des enfans, ou d'autres animaux : & il ne manquoit point d'aller tous les jours une fois au lieu où il avoit veu cette vifion, pour effayer s'il pourroit encore parler avec fon Vieillard ; & là quelquefois il faifoit femblant de dormir, & fermoit les yeux en l'attendant. Mais comme le Vieillard ne venoit point, il eftima qu'il eût peur, & qu'il ne crût pas qu'il dormît ; c'eft pourquoi il commença à jurer : Monfieur, Monfieur le Vieillard, n'ayez point de peur, ma foi je dors ; regardez plûtôt à mes yeux, fi vous ne me voulez croire. Voila-t-il pas un fage perfonnage ?

Enfin ce miférable Alchymifte aprés tant de labeurs, aprés la perte & la confommation de tous fes biens, s'en alloit petit-à-petit perdre l'entendement, fongeant

geant toûjours à son Vieillard : si bien qu'un jour entr'autres, à cause de cette grande & forte imagination qu'il s'étoit imprimée, il s'endormit ; & en songe il lui apparut un fantôme en forme de ce Vieillard, qui lui dit : Ne perdez point courage, mon Ami, ne perdez point courage, vôtre Mercure est bon, & vôtre matière aussi est bonne ; mais si ce méchant ne vous veut obéïr, conjurez-le, afin qu'il ne soit pas volatil. Quoi ! vous étonnez-vous de cela ? Hé ! n'a-t-on pas accoûtumé de conjurer les serpens ? pourquoi ne conjurera-t-on pas aussi-bien le Mercure ? Et ayant dit cela, le Vieillard voulut se retirer ; mais l'Alchymiste pensant l'arrêter, s'écria si fort : (Ah ! Monsieur, attendez) qu'il s'éveilla soi-même, & perdit par ce moyen & son songe & son espérance : néanmoins il fut bien consolé de l'avertissement que lui avoit donné ce fantôme. Puis après il prit un vaisseau plein de Mercure, & commença à le conjurer de terrible façon, comme lui avoit enseigné le fantôme en son sommeil. Et se ressouvenant qu'il lui avoit dit qu'on conjuroit bien les serpens, il s'imagina qu'il le falloit conjurer tout de même que les serpens. Qu'ainsi ne soit (disoit-il) ne peint-on pas le Mercure avec des serpens entortillez en une verge ? Il prend donc son vaisseau plein de Mercure, & commence à dire : U x. U x. O s. T a s. &c. Et là où la conjuration portoit le nom de Serpent, il y mettoit celui de Mercure, disant : *Et toi, Mercure, méchante bête, &c.* Ausquelles paroles le Mercure se prit à rire, & à parler à l'Alchymiste, lui disant : Venez-çà, Monsieur l'Alchymiste, qu'est-ce que vous me voulez ?

*Ma foi vous avez grand tort*
*De me tourmenter si fort.*

*L'Alchymiste.* Ho, ho, méchant coquin que tu es, tu m'appelles à cette heure Monsieur, quand je te touche jusqu'au vif : je t'ai donc trouvé une bride : attens, attens un peu, je te ferai bien chanter une autre Chanson. Et ainsi il commença à parler plus hardiment au Mercure, & comme tout furibond & en colere, il lui dit : Viençà, je te conjure par le Dieu vivant, n'es-tu pas ce Mercure des Philosophes ? Le Mercure tout tremblant, lui répond : Oüi, Monsieur, je suis Mercure

*en general.*

*L'Alchymiste.* Pourquoi donc, méchant garniment que tu es, pourquoi ne m'as-tu pas voulu obéir? & pourquoi ne t'ai-je pas pû fixer?

*Le Mercure.* Ah! mon tres-magnifique & honoré Seigneur, pardonnez à moi pauvre misérable; c'est que je ne sçavois pas que vous fussiez si grand Philosophe.

*L'Alchymiste.* Pendart, & ne le pouvois-tu pas bien sentir, & comprendre par mes labeurs, puisque je procedois avec toi si Philosophiquement.

*Le Mercure.* Cela est vrai, Monseigneur, toutefois je me voulois cacher, & fuir vos liens: mais je voi bien, pauvre misérable que je suis, qu'il m'est impossible d'éviter que je ne paroisse en la présence de mon tres-magnifique & honoré Seigneur.

*L'Alchymiste.* Ah! Monsieur le galant, tu as donc trouvé un Philosophe à cette heure?

*Le Mercure.* Oüi, Monseigneur, je voi fort bien & à mes dépens, que vôtre Excellence est un tres-grand Philosophe. L'Alchymiste se réjoüissant donc en son cœur, commence à dire en soi-même: A la fin j'ai trouvé ce que je

I ij

cherchois. Puis se retournant vers le Mercure, il lui dit d'une voix terrible: çà, çà traître, me seras-tu donc obéïssant à cette fois? Regarde bien ce que tu as à faire, car autrement tu ne t'en trouveras pas bien.

*Le Mercure.* Monseigneur, je vous obéïrai tres-volontiers, si je le peux, car je suis à present fort debile.

*L'Alchymiste.* Comment, coquin, tu t'excuses déja?

*Le Mercure.* Non, Monsieur, je ne m'excuse pas, mais je languis beaucoup.

*L'Alchymiste.* Qu'est-ce qui te fait mal?

*Le Mercure.* L'Alchymiste me fait mal.

*L'Alchymiste.* Et quoi, traître vilain, tu te mocques encore de moi?

*Le Mercure.* Ah! Monseigneur, à Dieu ne plaise, vous êtes trop grand Philosophe: je parle de l'Alchymiste.

*L'Alch.* Bien, bien, tu as raison, cela est vrai: Mais que t'a fait l'Alchymiste?

*Le Merc.* Ah! Monsieur, il m'a fait mille maux, car il m'a mêlé & broüillé avec tout plein de choses qui me sont contraires: ce qui m'empêche de pouvoir reprendre mes forces, & montrer mes vertus ; il m'a tant tourmenté, que je suis presque réduit à mort.

*L'Alch.* Tu merites tous ces maux, & encore de plus grands, parce que tu es desobéïssant.

*Le Merc.* Moi, Monseigneur, jamais je ne fus desobéïssant à un veritable Philosophe ; mais mon naturel est tel que je mocque des fols.

*L'Alch.* Et quelle opinion as-tu de moi ?

*Le Merc.* De vous, Monseigneur, vous êtes un grand personnage, tres-grand Philosophe, qui même surpassez Hermes en doctrine & en sagesse.

*L'Alch.* Certainement cela est vrai, je suis homme docte ; je ne me veux pourtant pas loüer moi-même, mais ma femme me l'a bien dit ainsi, que j'étois un tres-docte Philosophe ; elle a reconnu cela de moi.

*Le Merc.* Je le croi facilement, Monsieur, car les Philosophes doivent être tels, qu'à force de sagesse, de prudence & de labeur, ils deviennent insensez.

*L'Alch.* Là, là, ce n'est pas tout, dis-moi un peu, que ferai-je de toi ? comment en pourrai-je faire la Pierre des Philosophes ?

*Le Merc.* Auſſi vrai, Monſieur le Philoſophe, je n'en ſçai rien : Vous êtes Philoſophe, vous le devez ſçavoir. Pour moi je ne ſuis que le ſerviteur des Philoſophes, ils font tout ce qu'il leur plaît faire de moi, & je leur obéï en ce que je peux.

*L'Alch.* Tout cela eſt bel & bon ; mais tu me dois dire comment eſt-ce que je dois procéder avec toi, & ſi je puis faire de toi la Pierre des Philoſophes ?

*Le Merc.* Monſeigneur le Philoſophe, ſi vous la ſçavez, vous la ferez ; & ſi vous ne la ſçavez, vous ne ferez rien : vous n'apprendrez rien de moi, ſi vous l'ignorez auparavant.

*L'Alch.* Comment, pauvre malotru, tu parles avec moi comme avec un ſimple homme ? Peut-être ignores-tu que j'ai travaillé chez les grands Princes, & qu'ils m'ont eu en eſtime d'un fort grand Philoſophe ?

*Le Merc.* Je le croi facilement, Monſeigneur, & je le ſçai bien : je ſuis encore tout ſoüillé & tout empuanti par les mélanges de vos beaux labeurs.

*L'Alch.* Dis-moi donc ſi tu es le Mercure des Philoſophes ?

*Le Merc.* Pour moi je ſçai bien que je

suis Mercure ; mais si je suis le Mercure des Philosophes, c'est à vous à le sçavoir.

*L'Alch.* Dis-moi seulement si tu es le vrai Mercure, ou s'il y en a un autre?

*Le Merc.* Je suis Mercure, mais il y en a encore un autre : & ainsi il s'évanoüit. Mon pauvre Alchymiste bien dolent, commence à crier & à parler, mais personne ne lui répond. Puis tout pensif & revenant à soi-même, il dit : Véritablement je connois à cette heure que je suis fort homme de bien, puisque le Mercure a parlé avec moi : certes il m'aime. Il recommence donc à travailler diligemment, & à sublimer le Mercure, à le distiller, le calciner, le précipiter, & à le dissoudre par mille façons admirables, & avec des eaux de toutes sortes. Mais il lui en arriva comme auparavant ; il s'efforça en vain, & ne fit autre chose que consommer son tems & son bien. C'est pourquoi il commença à maudire le Mercure, & à blasphémer contre la Nature de ce qu'elle l'avoit creé. Mais la Nature, aprés avoir oüi ces blasphêmes, appella le Mercure à soi, & lui dit : Qu'as-tu fait à cét homme? Pourquoi est-ce qu'il me maudit à cause de toi, & qu'il blasphéme contre moi ? Que ne fais-tu ce que tu dois ? Mais le Mercure s'excusa fort modestement, & la Nature lui commanda d'être obéïssant aux Enfans de la Science, qui le recherchent. Ce que le Mercure lui promit de faire, & dit : Mere Nature, qui est-ce qui pourra contenter les fols ? La Nature se soûriant, s'en alla, & le Mercure qui étoit en colére contre l'Alchymiste, s'en retourna aussi en son lieu.

Quelques jours aprés il tomba dans l'esprit de Monsieur l'Alchymiste qu'il avoit oublié quelque chose en ses labeurs : il reprend donc encore ce pauvre Mercure, & le mêle avec de la merde de pourceau. Mais le Mercure fâché de ce qu'il avoit été accusé mal-à-propos devant la Mere Nature, se prit à crier contre l'Alchymiste, & dit : Viençà, maître fol, que veux-tu avoir de moi ? pourquoi m'as-tu accusé ?

*L'Alch.* Es-tu celui-là que je desire tant de voir ?

*Le Merc.* Oüi, je le suis ; mais je te dis que les aveugles ne me peuvent voir.

*L'Alch.* Je ne suis point aveugle moi.

*Le Merc.* Tu es plus qu'aveugle, car tu ne te vois pas toi-même : comment

*en general.*

pourrois-tu donc me voir ?

*L'Alch.* Ho, ho, tu es maintenant bien superbe : je parle avec toi modestement, & tu me méprises de la sorte. Peut-être ne sçais-tu pas que j'ai travaillé chez plusieurs Princes, & qu'ils m'ont tenu pour grand Philosophe.

*Le Merc.* C'est à la Cour des Princes que courent ordinairement les fols ; car là ils sont honorez, & en estime par-dessus tous autres. Tu as donc aussi été à la Cour ?

*L'Alch.* Ah ! sans doute, tu es le Diable & non pas le bon Mercure, puisque tu veux parler de la sorte avec les Philosophes : voilà comme tu m'as trompé ci-devant.

*Le Merc.* Mais dis-moi, par ta foi, connois-tu les Philosophes ?

*L'Alch.* Demandes-tu si je connois les Philosophes, je suis moi-même Philosophe.

*Le Merc.* Ah, ah, ah, voici un Philosophe que nous avons de nouveau ( dit le Mercure en soûriant, & continuant son discours : ) Et bien, Monsieur le Philosophe, dites-moi donc, que cherchez-vous ? que voulez-vous avoir ? que desirez-vous faire ?

*L'Alch.* Belle demande ! je veux faire la Pierre des Philosophes.

*Le Merc.* Mais avec quelle matiére veux-tu faire la Pierre des Philosophes ?

*L'Alch.* Avec quelle matiére ! avec nôtre Mercure.

*Le Merc.* Garde-toi bien de dire comme cela : car si tu parles ainsi, je m'enfuirai, parce que je ne suis pas vôtre Mercure.

*L'Alch.* O certes ! tu ne peux être autre chose qu'un Diable, qui me veut séduire.

*Le Merc.* Certainement, mon Philosophe, c'est toi qui m'est pire qu'un Diable, & non pas moi à toi ; car tu m'as traité tres-méchamment, & d'une maniére diabolique.

*L'Alch.* O qu'est-ce que j'entens ! sans doute c'est-là un Démon ; car je n'ai rien fait que selon les Ecrits des Philosophes, & je sçai tres-bien travailler.

*Le Merc.* Vraiment oüi, tu es un bon Operateur ; car tu fais plus que tu ne sçais, & que tu ne lis dans les Livres. Les Philosophes disent tous unanimement, qu'il faut mêler les Natures avec les Natures ; & hors la Nature ils ne commandent rien : Et toi au contraire tu m'as mêlé avec toutes les choses les plus sordides, les plus puantes & infectes qui soient au monde, ne craignant point de te souiller avec toutes sortes de fientes, pourveu que tu me tourmentasses.

*L'Alch.* Tu as menti, je ne fais rien hors la Nature, mais je seme la semence en sa terre, comme ont dit les Philosophes.

*Le Merc.* Oüi, vraiment, tu es un beau semeur, tu me semes dans de la merde ; & le tems de la moisson venu, je m'envole : & toi tu ne moissonnes que de la merde.

*L'Alch.* Mais les Philosophes ont écrit néanmoins qu'il falloit chercher leur matiére dans les ordures.

*Le Merc.* Ce qu'ils ont écrit est vrai : mais toi, tu le prends à la lettre, ne regardant que les syllabes, sans t'arrêter à leur intention.

*L'Alch.* Je commence à comprendre qu'il se peut faire que tu sois Mercure ; mais tu ne me veux pas obéïr. Et alors il commença à le conjurer derechef, disant : Ux. Ux. Os. Tas, &c. Mais le Mercure lui répondit en riant, & se mocquant de lui : Tu as beau dire Ux. Ux. tu ne profites de rien, mon ami, tu

*L'Alch.* Ce n'eſt pas ſans ſujet qu'on dit de toi, que tu es admirable, que tu es inconſtant & volatil.

*Le Merc.* Tu me reproches que je ſuis inconſtant, je te vais donner une réſolution là-deſſus. Je ſuis conſtant à un Artiſte conſtant, je ſuis fixe à un eſprit fixe. Mais toi & tes ſemblables, vous êtes de vrais inconſtans & vagabonds, qui allez ſans ceſſe d'une choſe en une autre, d'une matière en une autre.

*L'Alch.* Dis-moi donc ſi tu es le Mercure duquel les Philoſophes ont écrit, & ont aſſuré qu'avec le ſoûfre & le ſel il étoit le principe de toutes choſes, ou bien s'il en faut chercher un autre?

*Le Merc.* Certainement, le fruit ne tombe pas loin de ſon arbre; mais je ne cherche point ma gloire. Ecoute-moi bien, je ſuis le même que j'ai été, mais mes années ſont diverſes. Dés le commencement j'ai été jeune, auſſi longtems comme j'ai été ſeul : maintenant je ſuis vieil, & ſi je ſuis le même que j'ai été.

*L'Alch.* Ah, ah, tu me plais à cette heure de dire que tu ſois vieil, car j'ai toûjours cherché le Mercure qui fût le plus meur & le plus fixe, afin de me pou-

*en general.*

voir plus facilement accorder avec lui.

*Le Merc.* En verité, mon bon ami, c'est en vain que tu me recherches, & que tu me visites en ma vieillesse, puisque tu ne m'as pas connu en ma jeunesse.

*L'Alch.* Qu'est-ce que tu dis, je ne t'ai pas connu en ta jeunesse, moi qui t'ai manié en tant de diverses façons, comme toi-même le confesse? Et je ne cesserai pas encore, jusqu'à ce que j'accomplisse l'œuvre des Philosophes.

*Le Merc.* O misérable que je suis! que ferai-je? ce fol ici me mélera peut-être encore avec de la merde ; l'appréhension seule m'en tourmente déja : ô moi misérable! Je te prie au moins, Monsieur le Philosophe, de ne me pas mêler avec de la merde de pourceau, autrement me voilà perdu ; car cette puanteur me contraint à changer ma forme. Et que veux-tu que je fasse davantage ? ne m'as-tu pas assez tourmenté ? ne t'obéis-je pas ? ne me mélai-je pas avec tout ce que tu veux? ne suis-je pas sublimé? ne suis-je pas précipité? ne suis-je pas Turbith? ne suis-je pas Amalgame, quand il te plaît? ne suis-je pas Macha, c'est-à-dire, un vermisseau volant? ne suis-je pas enfin tout ce que tu veux? Que demandes-tu davantage de moi ? Mon corps est tellement flagellé, soüillé & chargé de crachats, que même une pierre auroit pitié de moi. Tu tires de moi du lait, tu tires de moi de la chair, tu tires de moi du sang, tu tires de moi du beure, de l'huile, de l'eau : En un mot, que ne tires-tu point de moi ? & lequel est-ce de tous les métaux, ni de tous les mineraux, qui puisse faire ce que je fais moi seul ? Et tu n'as point de miséricorde pour moi. O malheureux que je suis ?

*L'Alch.* Vraiment tu m'en contes bien, tout cela ne te nuit point, car tu es méchant ; & quelque forme que tu prennes en apparence, ce n'est que pour nous tromper, tu retournes toûjours en ta premiére espéce.

*Le Merc.* Tu es un mauvais homme de dire cela, car je fais tout ce que tu veux. Si tu veux que je sois corps, je le suis ; si tu veux que je sois poudre, je la suis. Je ne sçai en quelle façon m'humilier davantage, que de devenir poudre & ombre pour t'obéïr.

*L'Alch.* Dis-moi donc quel tu es en ton centre, & je ne te tourmenterai plus.

*Le Merc.* Je voi bien que je suis contraint de parler fondamentalement avec

*en general.*

roi. Si tu veux tu me peus entendre. Tu vois ma forme à l'extérieur, tu n'as pas besoin de cela. Mais quant à ce que tu m'interroges de mon centre, sçaches que que mon centre est le cœur tres-fixe de toutes choses, qu'il est immortel & pénétrant ; & en lui est le repos de mon Seigneur : Mais moi je suis la voye, le précurseur, le pelerin, le domestique, le fidéle à mes compagnons, qui ne laisse point ceux qui m'accompagnent, mais je demeure avec eux, & péris avec eux. Je suis un corps immortel, & si je meurs quand on me tuë ; mais je ressuscite au jugement pardevant un Juge sage & discret.

*L'Alch.* Tu es donc la Pierre des Philosophes ?

*Le Merc.* Ma mere est telle. D'icelle naît artificiellement un je ne sçai quoi : mon frere qui habite dans la forteresse, a en son vouloir tout ce que veut le Philosophe.

*L'Alch.* Mais dis moi, es-tu vieil ?

*Le Merc.* Ma mere m'a engendré, mais je suis plus vieil que ma mere.

*L'Alch.* Qui diable te pourroit entendre ? Tu ne réponds jamais à propos, tu me contes toûjours des paraboles. Dis-moi en un mot, si tu es la Fontaine de laquelle Bernard Comte de Trevisan a écrit ?

*Le Merc.* Je ne suis point fontaine, mais je suis eau ; c'est la fontaine qui m'environne.

*L'Alch.* L'Or se dissout-t-il en toi, puisque tu es eau ?

*Le Merc.* J'aime tout ce qui est avec moi, comme mon ami ; & tout ce qui naît avec moi, je lui donne nourriture ; & tout ce qui est nud, je le couvre de mes aîles.

*L'Alch.* Je voi bien qu'il n'y a pas moyen de parler avec toi : je te demande une chose, tu m'en réponds une autre. Si tu ne me veux mieux répondre que cela, je vais recommencer à travailler avec toi, & à te tourmenter encore.

*Le Merc.* Hé ! mon bon Monsieur, soyez-moi pitoyable, je vous dirai librement ce que je sçai.

*L'Alch.* Dis-moi donc, si tu crains le feu ?

*Le Merc.* Si je crains le feu, je suis feu moi-même.

*L'Alch.* Pourquoi t'enfuis-tu donc du feu ?

*Le Merc.* Ce n'est pas que je m'enfuye,

faye, mais mon esprit & l'esprit du feu
s'entr'aiment, & tant qu'ils peuvent, l'un
accompagne l'autre.

*L'Alch.* Et où t'en vas-tu, quand tu
montes avec le feu ?

*Le Merc.* Ne sçais-tu pas qu'un pelerin tend toûjours du côté de son païs ;
& quand il est arrivé d'où il est sorti, il
se repose, & retourne toûjours plus sage
qu'il n'étoit.

*L'Alch.* Et quoi, retournes-tu donc
quelquefois ?

*Le Merc.* Oüi je retourne, mais en
une autre forme.

*L'Alch.* Je n'entens point ce que c'est
que cela ; & touchant le feu, je ne sçai
ce que tu veux dire.

*Le Merc.* S'il y a quelqu'un qui connoisse le feu de mon cœur, celui-là a
veu que le feu ( c'est-à-dire une deuë
chaleur ) est ma vraye viande : & plus
l'esprit de mon cœur mange long-tems
du feu, plus il devient gras, duquel la
mort puis aprés est la vie de toutes les
choses qui sont au régne où je suis.

*L'Alch.* Es-tu grand ?

*Le Merc.* Prends l'exemple de moi-
même : de mille & mille gouttelettes je
serai encore un, & d'un je me resous en

mille & mille gouttelettes : & comme tu vois mon corps devant tes yeux, si tu fçais joüer avec moi, tu me peux diviser en tout autant de parties que tu voudras, & derechef je serai un. Que sera-ce donc de mon esprit intrinséque, qui est mon cœur & mon centre, lequel toûjours d'une tres petite partie, en produit plusieurs milliers ?

*L'Alch.* Et comment donc faut-il procéder avec toi, pour te rendre tel que tu te dis ?

*Le Merc.* Je suis feu en mon intérieur, le feu me sert de viande, & il est ma vie ; mais la vie du feu est l'air, car sans l'air le feu s'éteint. Le feu est plus fort que l'air ; c'est pourquoi je ne suis point en repos, & l'air crud ne me peut coaguler ni restraindre. Ajoûte l'air avec l'air, afin que tous deux ils soient un, & qu'ils ayent poids : conjoints-le avec le feu chaud, & le donne au tems pour le garder.

*L'Alch.* Qu'arrivera-t-il aprés tout cela ?

*Le Merc.* Le superflu s'ôtera, & le reste tu le brûleras avec le feu, & le mettras dans l'eau, & puis le cuiras ; & étant cuit, tu le donneras hardiment en medecine.

*L'Alch.* Tu ne réponds point à mes questions, je vois bien que tu ne veux seulement que me tromper avec tes paraboles : çà, ma femme, apporte-moi de la merde de pourceau, que je traite ce maître galand de Mercure à la nouvelle façon, jufqu'à ce que je lui faffe dire, comment il faut que je me prenne pour faire de lui la Pierre des Philofophes.

Le pauvre Mercure ayant oüi tous ces beaux difcours, commence à fe lamenter & fe plaindre de ce bel Alchymifte ; il s'en va à la mere Nature, & accufe cét ingrat Operateur. La Nature croit fon fils Mercure, qui eft veritable ; & toute en colére elle appelle l'Alchymifte : hola, hola, où es-tu maître Alchimifte.

*L'Alch.* Qui eft-ce qui m'appelle ?

*La Nature.* Viençà, maître fol, qu'eft-ce que tu fais avec mon fils Mercure ? Pourquoi le tourmentes-tu ? Pourquoi lui fais-tu tant d'injures, lui qui defire te faire tant de bien, fi tu le voulois feulement entendre.

*L'Alch.* Qui diable eft cét impudent qui me tance fi aigrement, moi qui fuis un fi grand homme, & fi excellent Philofophe ?

*La Nat.* O fol, le plus fol de tous les hommes, plein d'orgueil, & la lie des Philosophes ! c'est moi qui connois les vrais Philosophes & les vrais sages que j'aime, & ils m'aiment aussi reciproquement, & font tout ce qu'il me plaît, & m'aident en ce que je ne peux. Mais vous autres Alchymistes, du nombre desquels tu es, vous faites tout ce que vous faites sans mon sçû, & sans mon consentement & contre mon dessein : aussi tout ce qui vous arrive est au contraire de vôtre intention. Vous croyez que vous traitez bien mes Enfans, mais vous ne sçauriez rien achever : Et si vous voulez bien considérer, vous ne les traitez pas, mais ce sont eux qui vous manient à leur volonté ; car vous ne sçavez & ne pouvez rien faire d'eux, & eux au contraire font de vous quand il leur plaît des insensez & des fols.

*L'Alch.* Cela n'est pas vrai, je suis Philosophe, & je sçai fort bien travailler : J'ai été chez plusieurs Princes, & j'ai passé auprés d'eux pour un grand Philosophe ; ma femme le sçait bien. J'ai même presentement un Livre manuscrit, qui a été caché plusieurs centaines d'années dans une muraille : je sçai bien enfin que j'en viendrai à bout, & que je sçaurai la Pierre des Philosophes ; car cela m'a été revelé en songe ces jours passez. Je ne songe jamais que des choses vrayes : tu le sçais bien, ma femme.

*La Nat.* Tu feras comme tes autres compagnons, qui au commencement sçavent tout, ou présument tout sçavoir; & à la fin il n'y a rien de plus ignorant, & ne sçavent rien du tout.

*L'Alch.* Si tu es toutefois la vraye Nature, c'est de toi de qui on fait l'œuvre.

*La Nat.* Cela est vrai, mais ce sont seulement ceux qui me connoissent, lesquels sont en petit nombre. Et ceux-là n'ont garde de tourmenter mes Enfans, ils ne font rien qui empêche mes actions: au contraire, ils font tout ce qui me plaît & qui augmente mes biens, & guérissent les corps de mes Enfans.

*L'Alch.* Ne fais-je pas comme cela ?

*La Nat.* Toi, tu fais tout ce qui m'est contraire, & procédes avec mes Fils contre ma volonté : tu tuës, là où tu devrois revivifier : tu sublimes, là où tu devrois figer : tu distilles, là où tu devrois calciner, principalement le Mercure qui m'est un bon & obéïssant Fils.

Et cependant avec combien d'eaux corrosives & veneneuses l'affliges-tu ?

*L'Alch.* Je procederai deformais avec lui tout doucement par digestion seulement.

*La Nat.* Cela va bien ainsi, si tu le sçais, sinon tu ne lui nuiras pas, mais à toi-même & à tes folles dépenses. Car il ne lui importe pas plus d'être mêlé avec de la fiente qu'avec de l'or : tout de même que la Pierre précieuse, à qui la fiente ( encore que vous la jettiez dedans ) ne nuit point, mais demeure toûjours ce qu'elle est ; & lorsqu'on l'a lévée, elle est aussi resplendissante qu'auparavant.

*L'Alch.* Tout cela n'est rien, je voudrois bien volontiers faire la Pierre des Philosophes.

*La Nat.* Ne traites donc point si cruellement mon fils Mercure. Car il faut que tu sçaches que j'ai plusieurs Fils & plusieurs Filles, & que je suis prompte à secourir ceux qui me cherchent, s'ils en sont digns.

*L'Alch.* Dites-moi donc quel est ce Mercure ?

*La Nat.* Sçaches que je n'ai qu'un Fils qui soit tel ; il est un des sept, & le pre-

*en general.*

mier de tous : & même il est toutes choses, lui qui étoit un ; & il n'est rien, & si son nombre est entier. En lui sont les quatre Elemens, lui qui n'est pas toutefois Element ; il est esprit, lui qui néanmoins est corps ; il est mâle, & fait néanmoins l'office de femelle ; il est enfant, & porte les armes d'un homme ; il est animal, & a néanmoins les aîles d'un oiseau : C'est un venin, & néanmoins il guérit la lépre ; il est la vie, & néanmoins il tuë toutes choses ; il est Roy, & si un autre posséde son Royaume ; il s'enfuit au feu, & néanmoins le feu est tiré de lui : c'est une eau, & il ne mouïlle point ; c'est une terre, & néanmoins il est semé ; il est air, & il vit de l'eau.

*L'Alch.* Je voi bien maintenant que je ne sçai rien ; mais je ne l'ose pas dire, car je perdrois ma bonne réputation, & mon voisin ne voudroit plus fournir aux frais, s'il sçavoit que je ne sçûsse rien. Je ne laisserai pas de dire que je sçai quelque chose, autrement au diable l'un qui me voudroit avoir donné un morceau de pain : car plusieurs espérent de moi beaucoup de biens.

*La Nat.* Enfin que penses-tu faire en

core ? Prolonges tes tromperies tant que tu voudras, il viendra toutefois un jour que chacun te demandera ce que tu lui auras coûté.

*L'Alch.* Je repaîtrai d'espérance tous ceux que je pourrai.

*La Nat.* Et bien que t'en arrivera-t-il enfin ?

*L'Alch.* J'essayerai en cachette plusieurs expériences : si elles succédent à la bonne heure, je les payerai ; sinon tant pis, je m'en irai en une autre Province, & en ferai encore de même.

*La Nat.* Tout cela ne veut rien dire, car encore faut-il une fin.

*L'Alch.* Ah, ah, ah, il y a tant de Provinces, il y a tant d'avaricieux, je leur promettrai à tous des montagnes d'or, & ce en peu de tems ; & ainsi nos jours s'écoulent : cependant ou le Roy, ou l'âne mourra, ou je mourrai.

*La Nat.* En verité tels Philosophes n'attendent qu'une corde : va-t'en à la malheure, & mets fin à ta fausse Philosophie le plûtôt que tu pourras. Car par ce seul conseil tu ne tromperas ni moi qui suis la Nature, ni ton prochain, ni toi-même.

*Fin du présent Traité.*

TABLE

# TABLE

Des Chapitres du Cosmopolite, ou nouvelle Lumiére Chymique.

Chap. I. De la Nature en general; ce que c'est que la Nature, & quels doivent être ceux qui la recherchent. pag. 1

Chap. II. De l'operation de la Nature en nôtre propofition. p. 8

Chap. III. De la vraye & premiere matiere des Métaux. p. 14

Chap. IV. De quelle maniere les Métaux font engendrez dans les entrailles de la Terre. p. 18

Chap. V. De la generation de toutes fortes de Pierres. p. 23

Chap. VI. De la feconde matiere, & de la perfection de toutes chofes. p. 27

Chap. VII. De la vertu de la feconde matiere. p. 34

Chap. VIII. De l'Art, & comme la Nature opere par l'Art en la femence. p. 38

TABLE.

CHAP. IX. *De la commixtion des Métaux, ou de la façon de tirer la semence métallique.* p. 40

CHAP. X. *De la generation surnaturelle du fils du Soleil.* p. 43

CHAP. XI. *De la pratique & composition de la Pierre ou Teinture physique, selon l'Art.* p. 47

CHAP. XII. *De la Pierre, & de sa vertu.* p. 57

*Epilogue, Sommaire & Conclusion, des douze Traitez ou Chapitres ci-dessus.* p. 61

*Enigme Philosophique du même Auteur aux Fils de la Verité.* p. 73

*S'ensuit la Parabole ou Enigme Philosophique, ajoûtée pour mettre fin à l'œuvre.* p. 78

*Dialogue du Mercure, de l'Alchymiste, & de la Nature.* p. 90

**Fin de la Table de ce present Traité.**

# TRAITÉ DU SOUFRE,

SECOND PRINCIPE
de la Nature.

*Reveu & corrigé de nouveau.*

# PREFACE
## AU LECTEUR.

AMI LECTEUR, D'autant qu'il ne m'est pas permis d'écrire plus clairement qu'ont fait autrefois les anciens Philosophes, peut-être aussi ne seras-tu pas content de mes écrits, veu principalement que tu as entre tes mains tant d'autres Livres de bons Philosophes. Mais croi que je n'ai pas besoin d'en composer aucun, parce que je n'espere pas d'en tirer aucun profit, ni n'en recherche aucune vaine gloire. C'est pourquoi je n'ai point voulu, ni ne veux pas encore faire connoître au Public qui je suis. Les Traitez que j'ai déja

## PREFACE.

mis au jour en ta faveur, me sembloient te devoir plus que suffire: pour le reste j'ai destiné de te le mettre dans nôtre Traité de l'Harmonie, où je me suis proposé de discourir amplement des choses naturelles. Toutefois pour condescendre aux prieres de mes Amis, il a fallu que j'aye encore écrit ce petit Livre du Soûfre, dans lequel je ne sçai pas s'il sera besoin d'ajoûter quelque chose à mes premiers Ouvrages. Je ne sçai pas même si ce Livre te satisfera, puisque les écrits de tant de Philosophes ne te satisfont pas; & principalement puisque nuls autres exemples ne te pourront servir, si tu ne prends pour modéle l'operation journaliere de la Nature. Car si d'un meur jugement tu considerois comment la Nature opere, tu n'aurois pas besoin de tant de volumes, parce que selon mon sentiment il vaut mieux l'apprendre de la Nature qui est nôtre Maîtresse, que non pas des disciples. Je t'ai assez

# PREFACE.

amplement montré en la Preface de douze Traitez, & encore dans le premier Chapitre, qu'il y a tant de Livres écrits de cette Science, qu'ils embroüillent plûtôt le cerveau de ceux qui les lisent, qu'ils ne servent à les éclaircir de ce qu'ils doutent. Ce qui est arrivé à cause des grands Commentaires que les Philosophes ont fait sur les laconiques préceptes d'Hermes, lesquels de jour à autre semblent vouloir s'éclipser de nous. Pour moi je croi que ce desordre a été causé par les envieux Possesseurs de cette Science, qui ont à dessein embarassé les préceptes d'Hermes, veu que les ignorans ne sçavent pas ce qu'il faut ajoûter ou diminuer, si ce n'est qu'il arrive par hazard qu'ils lisent mal les écrits des Auteurs. Car s'il y a quelque science dans laquelle un mot de trop ou de manque importe beaucoup pour aider ou pour nuire, à bien comprendre la volonté de l'Auteur, c'est particulierement en celle-ci : par exemple il est *écrit en un lieu*, Tu mêleras puis après ces eaux ensemble : *l'autre ajoûte cet adverbe*, ne : *ce qui fait,* tu ne mêleras puis aprés ces eaux ensemble. *N'ayant mis que deux lettres, il a veritablement ajoûté peu de chose, & néanmoins tout le sens en est perverti.*

*Que le diligent Scrutateur de cette science sçache que les Abeilles ont l'industrie de tirer leur miel, même des herbes veneneuses : & que lui pareillement s'il sçait rapporter ce qu'il lit à la possibilité de la Nature, il resoudra facilement les Sophismes ; c'est-à-dire, qu'il discernera aisément ce qui le peut tromper : qu'il ne cesse donc de lire, car un Livre explique l'autre. J'ai oüi dire que les Livres de Geber ont été envenimez par les Sophismes de ceux qui les ont expliquez. Et qui sçait s'il n'en a pas été de même des Livres des autres Auteurs ? En telle maniere qu'aujourd'hui on ne peut ni on ne doit les entendre, qu'aprés les*

# PREFACE.

avoir lû mille & mille fois ; & encore faut-il que ce soit un esprit tres-docte & tres subtil qui les lise, car les ignorans ne doivent pas se mêler de cette lecture. Il y en a plusieurs qui ont entrepris d'interpreter Geber & les autres Auteurs, dont l'explication est beaucoup plus difficile à entendre que n'est pas le texte même. C'est pourquoi je te conseille de t'arrêter plûtôt au texte, & de rapporter le tout à la possibilité de la Nature, recherchant en premier lieu ce que c'est que la Nature. Tous disent bien unanimément que c'est une chose commune, de vil prix, & facile à avoir ; & il est vrai : mais ils devoient ajoûter à ceux qui la sçavent. Car quiconque la sçait, la connoîtra bien dans toutes sortes d'ordures : mais ceux qui l'ignorent, ne croyent pas même qu'elle soit dans l'or. Que si ceux qui ont écrit ces Livres si obscurs, lesquels sont néanmoins tres-vrais, n'eussent point sçû l'Art, & qu'il leur eût fallu le chercher, je croi qu'ils y eussent eu plus de peine, que n'en ont pas aujourd'hui les Modernes. Je ne veux pas loüer mes écrits, j'en laisse juger à celui qui les appliquera à la possibilité & au cours de la Nature. Que si par la lecture de mes œuvres, par mes conseils & mes exemples, il ne peut connoître l'operation de la Nature, & ses ministres les esprits vitaux qui restraignent l'air, à grand'-peine le pourra-t-il par les œuvres de Lulle. Car il est tres-difficile de croire que les esprits ayent tant de pouvoir dans le ventre du vent. J'ai été aussi contraint de passer cette Forest, & de la multiplier comme les autres ont fait ; mais en telle manière, que les plantes que j'y anterai serviront de guide aux Inquisiteurs de cette science, qui veulent passer par cette Forest : car mes plantes sont comme des esprits corporels. Il n'en n'est pas de ce siécle comme des siécles passez, ausquels on s'entr'aimoit avec tant d'affection, qu'un ami déclaroit mot à mot cette science à son ami. On ne l'acquiert aujourd'hui que par une sainte inspiration de Dieu. C'est pourquoi quiconque l'aime & le craint, la pourra posseder : qu'il ne desespere pas, s'il la cherche il l'a trouvera, parce qu'on la peut plûtôt obtenir de la bonté de Dieu, que du sçavoir d'aucun homme : car sa misericorde est infinie, & n'abandonne jamais ceux qui esperent en lui ; il ne fait point acception de personnes, & il ne rejette jamais un cœur contrit & humilié ; c'est lui qui a eu pitié de moi, qui suis la plus indigne de toutes les Creatures, & qui suis incapable de raconter sa puissance, sa bonté, & son effable misericorde qu'il lui a plû me témoigner.

Que si je ne puis lui rendre graces plus particulieres, pour le moins je ne cesserai point de consacrer mes Ouvrages à sa gloire. Ayes donc courage, AMI LECTEUR; car si tu adores Dieu devotement, que tu l'invoques, & que tu mettes toute ton esperance en lui, il ne te déniera pas la même grace qu'il m'a accordée; il t'ouvrira la porte de la Nature, là où tu verras comme elle opere tres-simplement. Sçaches pour certain que la Nature est tres-simple, & qu'elle ne se delecte qu'en la simplicité : & croi-moi que tout ce qui est de plus noble en la Nature, est aussi le plus facile & le plus simple, car toute verité est simple. Dieu le Createur de toutes choses n'a rien mis de difficile en la Nature. Si donc tu veux imiter la Nature, je te conseille de demeurer en sa simple voye, & tu trouveras toute sorte de biens. Que si mes écrits & mes avertissemens ne te plaisent pas, ayes recours à d'autres. Ie n'écris pas de grands volumes, tant afin de ne te faire gueres dépenser à les acheter, qu'afin que tu les ayes plûtôt lûs : car

# PREFACE.

puis après tu auras du tems pour consulter les autres Auteurs. Ne t'ennuye donc point de chercher, on ouvre à celui qui heurte ; joint que voici le tems que plusieurs secrets de la Nature seront découverts. Voici le commencement d'une quatriéme Monarchie, qui régnera vers le Septentrion : le tems s'approche, la Mere des Sciences viendra. On verra bien des choses plus grandes & plus excellentes qu'on n'a pas fait durant les trois autres Monarchies passées ; parce que Dieu (selon le présage des Anciens) plantera cette quatriéme Monarchie par un Prince orné de de toutes vertus, & qui peut-être est déja né. Car nous avons en ces parties boreales un Prince tres-sage, tres-belliqueux, que nul Monarque n'a surmonté en victoires, & qui surpasse tout autre en pieté & humanité. Sans doute Dieu le Createur permettra qu'on découvrira plus de secrets de la Nature pendant le tems de cette Monarchie Boreale, qu'il ne s'en est découvert pendant les trois autres Monarchies que les Princes étoient ou Payens, ou Tyrans. Mais tu dois entendre ces Monarchies au même sens des Philosophes, qui ne les content pas selon la puissance des Grands, mais selon les quatre points Cardinaux du monde. La premiere a été Orientale : la seconde Meridionale : la troisiéme qui régne encore aujourd'hui, est Occidentale : on attend la derniere de ces païs Septentrionaux. De toutes lesquelles choses nous parlerons en nôtre Traité de l'Harmonie. Dans cette Monarchie Septentrionale, attractive polaire, (comme dit le Psalmiste) la misericorde & la pieté se rencontreront, la paix & la Justice se baiseront ensemble ; la verité sortira de la Terre, & la Justice regardera du Ciel : Il n'y aura qu'un troupeau, & un Pasteur : *Et plusieurs seront sciences sans envie*, c'est ce

# PREFACE.

que j'attens avec desir. Quant à toi (AMI LECTEUR) prie Dieu, crains-le, & l'aime : puis lis diligemment mes écrits, & tu découvriras toute sorte de biens. Que si par l'aide de Dieu, & par l'operation de la Nature, (que tu dois toûjours suivre) tu arrives au port desiré de cette Monarchie, tu verras alors & connoîtras que je ne t'ai rien dit qui ne soit bon & veritable.

Adieu.

# TABLE
## DES CHAPITRES

Contenus en ce Traité du Soûfre.

CHAP. I. De l'Origine des trois Principes. pag. 137

CHAP. II. De l'Element de la Terre. p. 139

CHAP. III. De l'Element de l'Eau. p. 142

CHAP. IV. De l'Element de l'Air. p. 156

CHAP. V. De l'Element du Feu. p. 162

CHAP. VI. Des trois Principes de toutes choses. p. 181

CHAP. VII. Du Soûfre. p. 205

CHAP. VIII. Conclusion. p. 235

# TRAITÉ DU SOUFRE,
## SECOND PRINCIPE de la Nature.

---

## CHAPITRE I.

*De l'Origine des trois Principes.*

E Soûfre n'est pas le dernier entre les trois Principes, puisqu'il est une partie du métal, & même la principale partie de la Pierre des Philosophes. Plusieurs Sages ont traité du Soûfre, & nous en ont laissé beaucoup de choses par écrit, qui sont

M

tres-veritables ; & particulierement Geber en son Livre 1. de la *Souveraine Perfection*, Chapitre 28. où il est parlé en ces termes : *Par le Dieu tres-haut, c'est le Soûfre qui illumine tous les corps, parce que c'est la lumiere de la lumiere, & leur teinture.*

Mais parce que les Anciens ont reconnu le Soûfre pour le plus noble principe, nous avons trouvé à propos avant que d'en traiter, de décrire l'origine de tous les trois Principes. Parmi le grand nombre de ceux qui en ont écrit, il y en a peu qui nous ayent découverts d'où ils procédent ; & il est difficile de juger de quelqu'un des Principes, non plus que de toute autre chose, si on en ignore l'origine & la génération : Car un aveugle ne peut juger des couleurs. Nous accomplirons en ce Traité ce que nos Ancêtres ont omis.

Suivant l'opinion des Anciens, il n'y a que deux Principes des choses naturelles, & notamment des métaux, sçavoir le Soûfre & le Mercure. Les Modernes au contraire en ont admis trois ; le Sel, le Soûfre & le Mercure, qui ont été produits des quatre Elemens. Nous commencerons à décrire l'origine des quatre Elemens, avant que de parler de la génération des Principes.

Que les Amateurs de cette Science sçachent donc qu'il y a quatre Elemens; chacun desquels a dans son centre un autre Element, dont il est élementé. Ce sont les quatre piliers du monde, que Dieu par sa sagesse sépara du Chaos au tems de la Creation de l'Univers; qui par leurs actions contraires maintiennent toute cette machine du monde en égalité & en proportion; & qui enfin par la vertu des influences célestes produisent toutes les choses dedans & dessus la Terre, desquelles nous traiterons en leur lieu. Mais retournons à nôtre propos, nous parlerons de la Terre, qui est l'Element le plus proche de nous.

## CHAPITRE II.

### De l'Element de la Terre.

LA Terre est un Element assez noble en sa qualité & dignité, dans lequel reposent les trois autres, & principalement le Feu. C'est un Element tres-propre pour cacher & manifester toutes les choses qui lui sont confiées: Il est

grossier & poreux, pesant si on considére
sa petitesse, mais leger eu égard à sa Nature : c'est aussi le centre du monde & des
autres Elemens. Par son centre passe l'es-
sieu du monde de l'un & l'autre Pôle. Il
est poreux, dis-je, comme une éponge,
laquelle de soi ne peut rien produire :
mais il reçoit tout ce que les autres Elemens laissent couler & jettent dans lui ; il
garde ce qu'il faut garder, & manifeste
ce qu'il faut manifester. De soi-même,
comme nous avons dit, il ne produit rien,
mais il sert de réceptacle à tous les autres : Tout ce qui se produit démeure en
lui ; tout se putrefie en lui par le moyen
de la chaleur motive, & se multiplie aussi
en lui par la vertu de la même chaleur,
qui sépare le pur de l'impur : Ce qui est
pesant, demeure caché en lui, & la chaleur centrale pousse ce qui est leger jusqu'à sa superficie. Il est la matrice & la
nourrice de toutes les semences & de tous
les mélanges : Il ne peut rien faire autre
chose que conserver la semence & le composé jusqu'à parfaite maturité : Il est froid
& sec ; mais l'eau tempere sa sécheresse.
Extérieurement il est visible & fixe ; mais
en son intérieur il est visible & volatil.
Il est Vierge dés sa création ; c'est la tête

morte qui a resté de la distillation du monde, laquelle par la Volonté divine, après l'extraction de son humidité, doit être quelque jour calcinée ; en sorte que d'icelle il s'en puisse créer une nouvelle Terre cristalline.

Cét Element est divisé en deux parties, dont l'une est pure, & l'autre impure. La partie pure se sert de l'eau pour produire toutes choses, l'impure demeure dans son globe. Cét Element est aussi le domicile où tous les trésors sont cachez ; & dans son centre est le feu de Gehenne, qui conserve cette machine du monde en son être, & ce par l'expression de l'eau qu'il convertit en air. Ce feu est causé & allumé par le roulement du premier mobile, & par les influences des Etoiles ; & lorsqu'il s'efforce de pousser l'eau soûterraine jusqu'à l'air, il rencontre la chaleur du Soleil céleste temperée par l'air, laquelle faisant attraction, lui aide premierement à faire venir jusqu'à l'air ce qu'il veut pousser hors de la Terre : puis lui sert encore à faire meurir ce que la Terre a conçû dans son centre. C'est pourquoi la Terre participe du Feu, qui est son intrinséque, & elle ne se purifie que par le Feu : Et ainsi chaque Element ne se purifie que par celui qui lui est intrinseque. Or l'intrinseque de la Terre, ou son centre, est une substance tres-pure mêlée avec le Feu, auquel centre rien ne peut demeurer : car il est comme un lieu vuide, dans lequel les autres Elemens jettent ce qu'ils produisent, comme nous l'avons montré en nôtre œuvre des douze Traitez. Mais c'est assez parler de la Terre, que nous avons dit être une éponge, & le réceptacle des autres Elemens : ce qui suffit pour nôtre dessein.

## CHAPITRE III.

### De l'Element de l'Eau.

L'Eau est un Element tres-pesant & plein de flegme onctueux; c'est le plus digne en sa qualité. Extérieurement il est volatil, mais fixe en son intérieur ; il est froid & humide ; il est temperé par l'air; c'est le sperme du monde, dans lequel la semence de toutes choses se conserve : de sorte qu'il est le gardien de toute espéce de semence. Toutefois il faut sçavoir qu'autre chose est la semence, autre chose est le sperme. La Terre est le réceptacle du sperme, l'Eau est la matrice de la semence. Tout ce que l'air jette dans l'Eau par le moyen du Feu, l'Eau le jette dans la Terre. Le sperme est toûjours en assez grande abondance, & n'attend que la semence pour la porter dans sa matrice: ce qu'il fait par le mouvement de l'air, excité de l'imagination du Feu : Et quelquefois le sperme, pour n'avoir pas été assez digeré par la chaleur, manque de semence, & entre à la verité dans la matrice ; mais il en sort derechef sans produire aucun fruit. Ce que nous expliquerons quelque jour plus amplement dans nôtre Traité du troisiéme Principe du Sel.

Il arrive bien souvent en la Nature que le sperme entre dans la matrice avec une suffisante quantité de semence : mais la matrice étant mal disposée, & pleine de soûfres ou de flegmes impurs, ne conçoit pas ; ou si elle conçoit, ce n'est pas ce qui devoit être engendré. Dans cét Element aussi il n'y a rien, à proprement parler, qui ne s'y trouve en la maniere qu'il a accoûtumé d'être dans le sperme. Il se plaît fort dans son propre mouvement qui se fait par l'air ; & à cause que la superficie de son corps est volatile, il se mêle aisément à chaque chose. Il est (comme nous avons dit) le réceptacle de la semence universelle; & comme la Terre se résout & se purifie facilement en lui, de même l'air se congele en lui, & se conjoint avec lui dans sa profondité. C'est le menstruë du monde, qui pénétrant l'air par la vertu de la chaleur, attire avec soi une vapeur chaude, laquelle est cause de la génération naturelle de toutes les choses, desquelles la Terre est comme la matrice impregnée; & quand la matrice a receu une suffisante quantité de semence, quelle qu'elle soit il en vient ce qui en doit naître: Et la Nature opere sans intermission, jusqu'à ce qu'elle ait amené son ouvrage à une entiere perfection: Et pour ce qui reste d'humide, qui est le sperme, il tombe à côté, & se putrefie par l'action de la chaleur sur la Terre: d'où plusieurs choses sont aprés engendrées, quelquefois diverses petites bêtes & de petits vers. Un Artiste qui auroit l'esprit subtil pourroit bien voir la diversité des miracles que la Nature opere dans cét Element, comme du sperme; mais il lui seroit nécessaire de prendre ce sperme, dans lequel il y a déja une imaginée

semence

semence astrale d'un certain poids. Car la Nature par la premiere putrefaction fait & produit des choses pures; mais par la seconde putrefaction elle en produit encore de plus pures, de plus dignes, & de plus nobles : comme nous en avons un exemple dans le bois vegetable, lorsque la Nature dans la premiere composition ne l'a fait que simple bois ; mais quand aprés une parfaite maturité il est corrompu, il se putrefie derechef, & par le moyen de cette putrefaction sont engendrez des vers & autres petites bêtes, qui ont la vie & la veuë tout ensemble. Car il est certain qu'un corps sensible, est toûjours plus noble & plus parfait qu'un corps vegetable, parce qu'il faut une matiere plus subtile & plus pure pour faire les organes du corps qui ont sentiment. Mais retournons à nôtre propos.

Nous disons que l'Eau est le menstruë du monde, & qu'elle se divise en trois parties; l'une simplement pure, l'autre plus pure, la troisiéme tres-pure. Les Cieux ont été faits de sa tres-pure substance : la plus pure s'est convertie en air : la simplement pure & la plus grossiere a demeuré dans sa sphére, où par la volonté de Dieu & par la cooperation de la Nature, elle conserve toutes les choses subtiles. L'Eau ne fait qu'un globe avec la Terre, & elle a son centre au cœur de la Mer : elle a aussi un même aissieu polaire avec la Terre, de laquelle sortent les Fontaines & tous les cours des eaux, qui s'accroissent après en grands fleuves. Cette sortie d'eaux preserve la Terre de combustion, laquelle étant humectée & arrosée, pousse par ses pores la semence universelle, que le mouvement & la chaleur ont faite. C'est une chose assez connuë, que toutes les Eaux retournent au cœur de la Mer ; mais peu de gens sçavent où elles vont puis après. Car il y en a quelques-uns qui croyent que les Astres ont produit tous les Fleuves, les Eaux, & les sources qui regorgent dans la Mer ; & qui ne sçachans pourquoi la Mer ne s'en enfle point, disent que ces Eaux se consument dans le cœur de la Mer : ce qui est impossible en la Nature, comme nous l'avons montré en parlant des pluyes. Il est bien vrai que les Astres causent, mais ils n'engendrent point, veu que rien ne s'engendre que par son semblable de même espéce. Puis donc que les Astres sont faits du feu &

de l'air, comment pourroient-ils engendrer les Eaux? Que s'il étoit ainsi que quelques Etoiles engendraſſent des Eaux, il s'enſuivroit néceſſairement que d'autres produiroient la Terre; & ainſi d'autres Etoiles produiroient d'autres Elemens: car cette machine du monde eſt reglée d'une maniere que tous les Elemens y ſont en équilibre, & ont une égale vertu, en telle ſorte que l'un ne ſurpaſſe point l'autre de la moindre partie: car ſi cela étoit, la ruine de tout le monde s'enſuivroit infailliblement. Toutefois celui qui le voudra croire autrement, qu'il demeure en ſon opinion. Quant à nous, nous avons appris dans la Lumiere de la Nature, que Dieu conſerve la machine du monde par l'égalité qu'il a proportionnée dans les quatre Elemens, & que l'un n'excéde point l'autre en ſon operation: mais les Eaux par le mouvement de l'air, ſont contenuës ſur les fondemens de la Terre, comme ſi elles étoient dans quelque tonneau, & par le même mouvement ſont reſſerrées vers le Pôle Arctique, parce qu'il n'y a rien de vuide au monde. Et c'eſt pour cette raiſon que le feu de Gehenne eſt au centre de la Terre, où l'Archée de la Nature le gouverne.

Car au commencement de la Création du monde, Dieu tout-puissant sépara les quatre Elemens du Chaos : Il exalta premierement leur quinte-essence, & la fit monter plus haut que n'est le lieu de leur propre sphére. Aprés il éleva sur toutes les choses creées la plus pure substance du Feu, pour y placer sa sainte & sacrée Majesté ; laquelle substance il constitua & affermit dans ses propres bornes. Par la volonté de cette immense & divine Sagesse ce Feu fut allumé dans le centre du Chaos, lequel puis aprés fit distiller la tres-pure partie de ces Eaux : Mais parce que ce Feu tres-pur occupe maintenant le Firmament, & environne le Trône du Dieu tres-haut, les Eaux ont été condensées sous ce Feu en un corps, qui est le Ciel. Et afin que ces Eaux fussent mieux soûtenuës, le Feu central a fait par sa vertu distiller un autre Feu plus grossier, qui n'étant pas si pur que le premier, n'a pû monter si haut que lui, & a demeuré sous les Eaux dans sa propre sphére : De sorte qu'il y a dans les Cieux des Eaux congelées, & renfermées entre deux feux. Mais ce Feu central n'a point cessé d'agir ; il a fait encore distiller plus avant d'autres Eaux moins pures qu'il a convertit en air, lequel a aussi demeuré sous la sphére du Feu en sa propre sphére, & est environné de lui comme d'un tres-fort fondement. Et comme les Eaux des Cieux ne peuvent monter si haut, & passer pardessus le Feu qui environne le Trône de Dieu : de même aussi le Feu, qu'on appelle Element, ne peut monter si haut, & passer pardessus les Eaux Célestes, qui sont proprement les Cieux. L'Air aussi ne sçauroit monter si haut qu'est le Feu Elementaire, & passer pardessus lui.

Pour ce qui est de l'Eau, elle a demeuré avec la Terre, & toutes deux jointes ensemble, ne font qu'un globe : car l'Eau ne sçauroit trouver de place en l'Air, excepté cette partie que le Feu central convertit en air pour la conservation journaliere de cette machine du monde. Car s'il y avoit quelque lieu vuide en l'Air, toutes les Eaux distilleroient, & se résoudroient en air pour le remplir : mais maintenant toute la sphére de l'Air est tellement pleine par le moyen des Eaux, lesquelles la continuelle chaleur centrale pousse jusqu'en l'Air, qu'il comprime le reste des Eaux, & les contraint de couler autour de la Terre, & se joint dre avec elle pour faire le centre du monde. Cette operation se fait successivement de jour à autre; & ainsi le monde se fortifie de jour en jour, & demeureroit naturellement incorruptible, si l'absoluë volonté du tres-haut Createur n'y répugnoit; parce que ce Feu central, tant par le mouvement universel, que par l'influence des Astres, ne cessera jamais de s'allumer, & d'échauffer les Eaux; & les Eaux ne cesseront jamais de se résoudre en air; non plus que l'Air ne cessera jamais de comprimer le reste des Eaux, & de les contraindre de couler autour de la Terre, afin de les retenir dans leur centre, en telle sorte qu'elles ne puissent jamais s'en éloigner. C'est ainsi que la Sagesse souveraine a créé tout le monde, & qu'il le maintient; & c'est ainsi à son exemple qu'il faut de nécessité que toutes les choses soient naturellement faites dans ce monde. Nous t'avons voulu éclaircir de la maniere que cette machine du monde a été créée, afin de te faire connoître que les quatre Elemens ont une naturelle sympathie avec les superieurs, parce qu'ils sont tous sortis d'un même Chaos; mais ils sont tous quatre gouvernez par les superieurs comme les plus nobles, & c'est la cause pour laquelle en ce lieu sublunaire les Elemens inferieurs rendent une pareille obéïssance aux superieurs. Mais sçachez que toutes ces choses ont été naturellement trouvées par les Philosophes, comme il sera dit en son lieu.

Retournons à nôtre propos du cours des Eaux, du flux & reflux de la Mer, & montrons comment elles passent par l'aissieu Pôlaire pour aller de l'un à l'autre Pôle. Il y a deux Pôles, l'un Arctique, qui est en la partie superieure Septentrionale ; l'autre Antarctique, qui est sous la Terre en la partie Meridionale. Le Pôle Arctique a une force magnetique d'attirer, & le Pôle Antarctique a une force aimantine de repousser : ce que la Nature nous a donné pour exemple dans l'Aymant. Le Pôle Arctique attire donc les Eaux par l'aissieu, lesquelles ayant entré, sortent derechef par l'aissieu du Pôle Antarctique. Et parce que l'Air qui les resserre, ne leur permet pas de couler avec inégalité, elles sont contraintes de retourner derechef au Pôle Arctique, qui est leur centre, & d'observer continuellement leur cours de cette maniere : Elles roulent sans cesse sur l'aiſſieu du monde, du Pôle Arctique à l'Antarctique : Elles ſe répandent par les pores de la Terre ; & ſuivant la grandeur ou la petiteſſe de leur écoulement, il en naît de grandes ou de petites ſources, qui après ſe ramaſſent enſemble, & s'accroiſſent en fleuves ; & retournent derechef d'où elles étoient ſorties. Ce qui ſe fait inceſſamment par le mouvement univerſel.

Quelques-uns ( comme nous avons dit ) ignorans le mouvement univerſel & les operations des Pôles, ſoûtiennent que ces Eaux ſont engendrées par les Aſtres, & qu'elles ſont conſumées dans le cœur de la Mer : Il eſt pourtant certain que les Aſtres ne produiſent ni n'engendrent rien de materiel, mais qu'ils impriment ſeulement des vertus & des influences ſpirituelles, qui toutefois n'ajoûtent pas de poids à la matiere. Sçachez donc que les Eaux ne s'engendrent point des Aſtres, mais qu'elles ſortent du centre de la Mer, & par les pores de la Terre ſe répandent par tout le monde. De ces fondemens naturels les Philoſophes ont inventé divers inſtrumens, pluſieurs conduits d'eaux & de fontaines, puiſqu'on ſçait tres-bien que les Eaux ne peuvent pas monter naturellement plus haut que n'est le lieu d'où elles sont sorties; & si cela n'étoit ainsi dans la Nature, l'Art ne le pourroit pas faire en aucune façon, parce que l'Art imite la Nature, & que l'Art ne peut pas faire ce qui n'est point dans la Nature. Car l'Eau (comme il a été dit) ne peut pas monter plus haut que n'est le lieu d'où elle est prise. Nous en avons un exemple en l'instrument par lequel on tire le Vin du tonneau. Sçachez donc pour conclusion, que les Astres n'engendrent point les Eaux ni les sources, mais qu'elles viennent toutes du centre de la Mer, auquel elles retournent derechef; & ainsi continuent un mouvement perpetuel. Car si cela n'étoit, il ne s'engendreroit rien ni dedans ni dessus la Terre : au contraire, tout tomberoit en ruine. Quelqu'un objectera, les Eaux de la Mer sont salées, & celles des sources sont douces. Je réponds, que cela advient parce que l'Eau passant dans l'étenduë de plusieurs lieuës par les pores de la Terre, en des lieux étroits & pleins de sablon, s'adoucit & perd sa saleure: Et à cét exemple on a inventé les Cyternes. La Terre aussi en quelques endroits a des pores plus larges, par lesquels l'Eau salée passe, d'où il advient des minieres de Sel & des fontaines salées, comme à Halle en Allemagne. En quelqu'autres lieux aussi elles sont resserrées par le chaud, de sorte que le Sel demeure parmi les sablons : mais l'Eau passe outre, & sort par d'autres pores, comme en Pologne, Wielichie & Bochnie. De même aussi quand les Eaux passent par des lieux chauds & sulfurez, elles s'échauffent, & de là viennent les bains : car aux entrailles de la Terre il se rencontre des lieux où la Nature distille une miniere sulfurée, de laquelle elle sépare l'Eau quand le Feu central l'a allumée. L'Eau donc coulant par ces lieux ardans, s'échauffe plus ou moins, selon qu'elle en passe prés ou loin ; & ainsi s'éleve à la superficie de la Terre, retenant une saveur de Soûfre, comme un boüillon celle de la chair ou des herbes qu'on a fait boüillir dedans. La même chose arrive encore, lorsque l'Eau passant par des lieux mineraux, alumineux ou autres, en retient la saveur. Le Createur de ce grand Tout est donc ce distillateur, qui tient en sa main le distillatoire ; à l'exemple duquel les Philosophes ont inventé toutes leurs distillations. Ce que Dieu tout-puissant &

miséricordieux, sans doute a lui-même
inspiré dans l'ame des hommes, lequel
pourra (quand il lui plaira) éteindre le
Feu centrique, ou rompre le vaisseau ;
& alors le monde finira. Mais parce que
son infinie bonté ne tend jamais qu'au
mieux, il exaltera quelque jour sa tres-
sainte Majesté ; il élevera ce Feu tres-pur,
qui est au Firmament, au dessus des Eaux
Célestes, & donnera un degré plus fort
au Feu central. Tellement que toutes les
Eaux se résoudront en air, & la Terre se
calcinera : de maniere que le Feu aprés
avoir consumé tout ce qui sera impur,
subtiliera les Eaux qu'il aura circulées en
l'air, & les rendra à la Terre purifiée :
Et ainsi (s'il est permis de Philosopher
en cette sorte) Dieu en fera un monde
plus noble que cettui-ci.

Que tous les Inquisiteurs de cette Science sçachent donc que la Terre & l'Eau ne
font qu'un globe, & que jointes ensemble elles font tout, parce que ce sont les
deux Elemens palpables, dans lesquels
les deux autres sont cachez, & font leur
opération. Le Feu empêche que l'Eau ne
submerge ou ne fasse dissoudre la Terre :
L'Air empêche le Feu de s'éteindre : &
L'Eau empêche la Terre d'être brûlée.

Nous avons trouvé à propos de décrire toutes ces choses, afin de donner à connoître aux Studieux en quoi consistent les fondemens des Elemens, & comment les Philosophes ont observé leurs contraires actions, joignant le Feu avec la Terre, l'Air avec l'Eau : au lieu que quand ils ont voulu faire quelque chose de noble, ils ont fait cuire le Feu dans l'Eau, considerans qu'il y a du sang, dont l'un est plus pur que l'autre : de même que les larmes sont plus pures que n'est pas l'urine. Qu'il te suffise donc de ce que nous avons dit, que l'Element de l'Eau est le sperme & le menstruë du monde, & le vrai receptacle de la semence.

## CHAPITRE IV.

### De l'Element de l'Air.

L'AIR est un Element entier, tres-digne en sa qualité : Extérieurement il est leger, volatil & invisible ; & en son intérieur il est pesant, visible & fixe. Il est chaud & humide ; c'est le feu qui le tempere. Il est plus noble que la Terre

## Traité du Soûfre. 157

& l'Eau. Il est volatil, mais il se peut fixer ; & quand il est fixé, il rend tous les corps pénétrables. Les esprits vitaux des Animaux sont créez de sa tres-pure substance ; la moins pure fut élevée en haut pour constituer la sphére de l'Air : La plus grossiere partie qui resta, a demeuré dans l'Eau, & se circule avec elle, comme le feu se circule avec la terre, parce qu'ils sont amis. C'est un tres-digne Element ( comme nous avons dit) qui est le vrai lieu de la semence de toutes choses : & comme il y a une semence imaginée dans l'Homme, de même la Nature s'est formée une semence dans l'Air, laquelle aprés un mouvement circulaire, est jettée en son sperme, qui est l'Eau. Cét Element a une force tres-propre pour distribuer chaque espéce de semence à ses matrices convenables, par le moyen du sperme & menstruë du monde : Il contient aussi l'esprit vital de toute creature ; lequel esprit vit par tout, pénétre tout, & qui donne la semence aux autres Elemens, comme l'Homme le communique aux Femmes. C'est l'Air qui nourrit les autres Elemens ; c'est lui qui les imprégne ; c'est lui qui les conserve : Et l'expérience journaliere nous apprend, que non seulement les Mineraux, les Vegetaux & les Animaux ; mais encore les autres Elemens vivent par le moyen de l'Air. Car nous voyons que toutes les Eaux se putrefient & deviennent bourbeuses, si elles ne reçoivent un nouvel air : Le Feu s'éteint aussi, s'il n'a de l'air. De là vient que les Alchymistes sçavent distribuer à l'Air leur Feu par degrez ; qu'ils mesurent l'Air par leurs registres ; & qu'ils font leur Feu plus grand ou plus petit, suivant le plus ou le moins d'air qu'ils lui donnent. Les pores de la Terre sont aussi conservez par l'Air : Et enfin toute la machine du monde se maintient par le moyen de l'Air.

L'Homme, comme aussi tous les autres Animaux, meurent s'ils sont privez de l'Air : & rien ne croîtroit au monde sans la force & la vertu de l'Air, lequel pénétre, altere & attire à soi le nutriment multiplicatif. En cét Element la semence est imaginée par la vertu du feu, & cette semence comprime le menstruë du monde par cette force occulte : comme aux arbres & aux herbes la chaleur spirituelle fait sortir le sperme avec la semence par les pores de la Terre ; & à mesure qu'il sort, l'Air le comprime à proportion, & le congele goutte à goutte : Et ainsi de jour en jour les arbres croissent & viennent fort grands, une goutte se congelant sur l'autre (comme nous l'avons montré en nôtre Livre des douze Traitez.) En cét Element toutes choses sont entieres par l'imagination du feu ; aussi est-il rempli d'une vertu divine : car l'esprit du Seigneur y est renfermé (qui avant la Création du monde étoit porté sur les Eaux, selon le témoignage de l'Ecriture-Sainte) *& a volé sur les plumes des vents.* S'il est donc ainsi (comme il est en effet) que l'esprit du Seigneur soit enclos dans l'Air, qui pourra douter que Dieu ne lui ait laissé quelque chose de sa divine Puissance ? Car ce Monarque a coûtume d'enrichir de paremens ses domiciles : aussi a-t-il donné pour ornement à cét Element l'esprit vital de toutes Creatures ; car dans lui est la semence de toutes les choses qui sont dispersées çà & là. Et comme nous avons dit ci-dessus, ce souverain Ouvrier dés la Création du monde a enclos dans l'Air une force magnetique, sans laquelle il ne pourroit pas attirer la moindre partie du nutriment : & ainsi la semence demeureroit en petite quantité, sans pouvoir croître ni multiplier. Mais comme la Pierre d'aimant attire à soi le Fer, nonobstant sa dureté ( à l'exemple du Pôle Arctique, qui attire à soi les Eaux, comme nous l'avons montré en traitant de l'Element de l'Eau ) de même l'Air par son aimant vegetable qui est contenu dans la semence, attire à soi son aliment du menstruë du monde, qui est l'Eau. Toutes ces choses se font par le moyen de l'Air, car il est le conducteur des Eaux, & sa force ou puissance magnetique que Dieu a enclose en lui, est cachée dans toute espéce de semence, pour attirer l'humide radical ; & cette vertu ou puissance qui se trouve en toute semence, est toûjours la deux cens octantiéme partie de la semence, comme nous avons dit au troisiéme de nos douze Traitez.

Si donc quelqu'un veut bien planter les Arbres, qu'il regarde toûjours que la pointe attractive soit tournée vers le Septentrion ; & ainsi jamais il ne perdra sa peine. Car comme le Pôle Arctique attire à soi les Eaux, de même le point vertical attire à soi la semence, & toute pointe attractive ressemble au Pôle. Nous en avons un exemple dans le bois,

dont

dont la pointe attractive tend toûjours à son point vertical, lequel aussi ne manque pas de l'attirer. Car qu'on taille un bâton de bois, en sorte qu'il soit par tout égal en grosseur : si tu veux sçavoir quelle étoit sa partie superieure avant qu'il fût coupé de son arbre, plonge-le dans une eau qui soit plus large que n'est la longueur de ce bois, & tu verras que la partie superieure sortira toûjours hors de l'eau, avant la partie inferieure : car la Nature ne peut errer en son office. Mais nous parlerons plus amplement de ces choses dans nôtre Harmonie, où nous traiterons de la force magnetique ( quoi que celui-là peut facilement juger de nôtre Aymant, à qui la Nature des métaux est connuë. ) Quant à present il nous suffira d'avoir dit que l'Air est un tres-digne Element, dans lequel est la semence & l'esprit vital, où le domicile de l'ame de toute Créature.

## CHAPITRE V.

### De l'Element du Feu.

LE Feu est le plus pur & le plus digne Element de tous, plein d'une onctuosité corrosive. Il est pénétrant, digerant, corrodant & tres-adhérant. Extérieurement il est visible, mais invisible en son intérieur, & tres-fixe. Il est chaud & sec ; c'est la Terre qui le tempere. Nous avons dit en traitant de l'Element de l'Eau, qu'en la création du monde la tres-pure substance du Feu a été premierement élevée en haut, pour environner le Trône de la divine Majesté, lorsque les Eaux, dont le Ciel a été composé, furent congelées : Que de la substance du Feu moins pure que cette premiere, les Anges ont été créez ; & que les Luminaires & les Etoiles ont été créées de la substance du Feu moins pure que la seconde, mais mêlée avec la tres-pure substance de l'Air. La substance du Feu encore moins pure que la troisiéme, a été exaltée en sa sphére, pour

erminer & soûtenir les Cieux : La plus
impure & onctueuse partie, que nous
appellons Feu de Gehenne, est restée au
centre de la Terre, où le souverain Createur par sa sagesse l'a renfermée pour
continuer l'opération du mouvement.
Tous ces Feux sont véritablement divisez ; mais ils ne laissent pas d'avoir une
naturelle sympathie les uns avec les autres.

Cét Element est le plus tranquile de
tous, & ressemble à un Chariot qui roule lorsqu'il est trainé, & demeure immobile si on ne le tire pas : Il est imperceptiblement dans toutes les choses du monde. Les facultez vitales & intellectuelles
qui sont distribuées en la premiere infusion de la vie humaine, se rencontrent
en lui, lesquelles nous appellons Ame
raisonnable, qui distingue l'Homme des
autres Animaux, & le rend semblable à
Dieu. Cette Ame faite de la plus pure
partie du Feu élementaire, a été divinement infuse dans l'esprit vital ; pour laquelle l'Homme, aprés la création de
toutes choses, a été créé comme un
monde en particulier, ou comme un abregé de ce grand Tout. Dieu le Createur a mis son siége & sa majesté en cét

Element du Feu, comme au plus pur & plus tranquile sujet qui soit gouverné par la seule immense & divine Sagesse : C'est pourquoi Dieu abhorre toute espéce d'impureté, & que rien d'immonde, de composé ou de souillé, ne peut approcher de lui. D'où il s'enfuit qu'aucun Homme naturellement ne peut voir ni approcher de Dieu : car le Feu tres-pur qui environne la Divinité, & qui est le propre siége de la majesté du Tres-Haut, a été élevé à un si haut degré de chaleur, qu'aucun œil ne le peut pénétrer, à cause que le Feu ne peut souffrir qu'aucune chose composée approche de lui; car le Feu est la mort & la séparation de tous composez.

Nous avons dit que cét Element étoit un sujet tranquile : (aussi est-il vrai,) autrement Dieu ne pourroit être à repos, (chose qui seroit tres-absurde de penser seulement) parce qu'il est tres-certain qu'il est dans une parfaite tranquilité, & même plus que l'esprit humain ne sçauroit s'imaginer. Que le Feu soit en repos, les cailloux nous en servent d'exemple, dans lesquels il y a un Feu qui ne paroît pas toutefois à nos yeux, & dont on ne peut ressentir la chaleur, jusqu'à ce qu'il soit excité & allumé par quelque mouvement : De même aussi ce Feu tres-pur qui environne la tres-sainte Majesté du Créateur, n'a aucun mouvement s'il n'est excité par la propre volonté du Tres-Haut : car alors ce Feu va où il plaît au Seigneur le faire aller ; & quand il se meut, il se fait un mouvement terrible & tres-vehement. Proposez-vous pour exemple, lorsque quelque Monarque de ce monde est en son Siége majestueux, quel silence n'y a-t-il point autour de lui ? quel grand repos ? Et encore que quelqu'un de ses Courtisans vienne à se remuer, ce mouvement particulier neanmoins n'est que peu ou point consideré : Mais quand le Monarque commence à se mouvoir pour aller d'un lieu à l'autre, alors toute l'assemblée se remuë universellement, de telle maniére qu'on entend un grand bruit. Que ne doit-on point croire à plus forte raison du Monarque des Monarques, du Roi des Rois, & du Créateur de toutes choses, (à l'exemple duquel les Princes de ce monde sont établis sur la Terre) qui par son autorité donne le mouvement à tout ce qu'il a créé ? Quel mouvement ? Quel tremblement, lorsque toute l'Armée céleste qui l'environne, se meut autour de lui ? Mais quelques mocqueurs demanderont peut-être : Comment, Monsieur le Philosophe, sçavez-vous cela, veu que les choses célestes sont cachées à l'entendement humain ? Nous leur répondrons, que toutes ces choses sont connuës aux Philosophes, & même que l'incompréhensible Sagesse de Dieu leur a inspiré que tout avoit été créé à l'exemple de la Nature, laquelle nous donne une fidéle représentation de tous ces secrets par ses opérations journalieres, d'autant qu'il ne se fait rien sur la Terre, qu'à l'imitation de la céleste Monarchie, comme il appert par les divers offices des Anges : De même aussi il ne naît & ne s'engendre rien sur la Terre que naturellement ; en telle sorte que toutes les inventions des Hommes, & même tous les artifices qui sont aujourd'hui, ou seront pratiquées à l'avenir, ne proviennent que des fondemens de la Nature.

Le Créateur Tout-puissant a bien voulu manifester à l'Homme toutes les choses naturelles ; & c'est la raison pour laquelle il nous a voulu montrer aussi les choses célestes qui ont été naturellement faites, afin que par ce moyen l'Homme pût mieux connoître son absoluë puissance & incompréhensible Sagesse : Ce que les Philosophes peuvent voir dans la lumiére de Nature, comme dans un Miroir. C'est pourquoi s'ils ont eu cette science en grande estime, & qu'ils l'ayent recherchée avec tant de soin, ce n'a pas été pour le desir de posséder l'or ni l'argent, mais ils s'y sont portez pour les deux motifs que nous avons avancez ; c'est-à-dire, pour avoir une ample connoissance non seulement de toutes choses naturelles, mais encore de la puissance de leur Créateur : Et si aprés être parvenus à leur fin desirée, ils n'ont parlé de cette science que par figures, & encore tres-peu, c'est qu'ils n'ont pas voulu éclaircir aux Ignorans les Mystéres divins, qui nous conduisent à la parfaite connoissance des actions de la Nature.

Si donc tu te peux connoître toi-même, & que tu n'ayes l'entendement trop grossier, tu comprendras facilement comment tu es fait à la ressemblance du grand Monde, & même à l'image de ton Dieu. Tu as en ton corps l'anatomie de tout l'Univers : car tu as au plus haut lieu de ton corps la quinte-essence des quatre Elemens, extraite des spermes confusément mêlez dans la matrice, & comme resserrée plus outre dans la peau. Au lieu du feu, tu as un tres-pur sang, dans lequel réside l'ame en forme d'un Roy, par le moyen de l'esprit vital. Au lieu de la terre, tu as le cœur, dans lequel est le feu central qui opére continuellement, & conserve en son être la machine de ce Microcosme; la bouche te sert de Pôle Arctique, le ventre de Pôle Antarctique; & ainsi des autres membres, qui ont tous une correspondance avec les corps célestes : dequoi nous traiterons quelque jour plus amplement dans nôtre Harmonie, au Chapitre de l'Astronomie, où nous avons décrit que l'Astronomie est un Art facile & naturel, comment les aspects des Planetes & des Etoiles causent des effets, & pourquoi par le moyen de ces aspects on pronostique des pluyes & autres accidens : ce qui seroit trop long à raconter en ce lieu. Et toutes ces choses liées & enchaînées ensemble, donnent naturellement une plus ample connoissance de la Divinité. Nous avons bien voulu faire remarquer ce que les Anciens ont obmis, tant afin que le diligent Scrutateur

teur de ce secret comprît plus clairement l'incompréhensible puissance du Tres-Haut, que pour qu'il l'aimât & adorât aussi avec plus d'ardeur.

Que l'Inquisiteur de cette science sçache donc que l'ame de l'Homme tient en ce Microcosme le lieu de Dieu son Créateur, & lui sert comme de Roi, laquelle est placée en l'esprit vital dans un sang tres-pur. Cette ame gouverne l'esprit, & l'esprit gouverne le corps. Quand l'ame a conçû quelque chose, l'esprit sçait quelle est cette conception, laquelle il fait entendre aux membres du corps, qui obéïssans attendent avec ardeur les commandemens de l'ame, pour les mettre à exécution, & accomplir sa volonté. Car le corps de soi-même ne sçait rien; tout ce qu'il y a de force ou de mouvement dans le corps, c'est l'esprit qui le fait : S'il connoît les volontez de l'ame, il ne les exécute que par le moyen de l'esprit; en sorte que le corps n'est seulement à l'esprit que comme un instrument dans les mains d'un Artiste. Ce sont là les opérations que l'ame raisonnable, par laquelle l'Homme différe des brutes, fait dans le corps; mais elle en fait de plus grandes & de plus nobles, lorsqu'elle en est séparée, parce qu'étant

P

hors du corps, elle est absolument indépendante & maîtresse de ses actions : Et c'est en cela que l'Homme différe des autres bêtes, à cause qu'elles n'ont qu'un esprit, mais non pas une ame participante de la Divinité. De même aussi nôtre Seigneur & le Créateur de toutes choses, opére en ce monde ce qu'il sçait lui être nécessaire ; & parce que ses opérations s'étendent dans toutes les parties du monde, il faut croire qu'il est par tout : mais il est aussi hors du monde, parce que son immense Sagesse fait des opérations hors du monde, & forme des conceptions si hautes & si relevées, que tous les Hommes ensemble ne les sçauroient comprendre. Et ce sont là les secrets surnaturels de Dieu seul.

Comme nous en avons un exemple dans l'ame, laquelle étant séparée de son corps conçoit des choses tres-profondes & tres-hautes, & est en cela semblable à Dieu, lequel hors de son monde opére surnaturellement, quoi qu'à vrai dire les actions de l'ame hors de son corps, en comparaison de celles de Dieu hors du monde, ne soient que comme une chandelle allumée au respect de la lumiére du Soleil en plein midi, parce que l'ame n'éxécute qu'en idée les choses qu'elle s'imagine ; mais Dieu donne un être réel à toutes les choses, au même moment qu'il les conçoit. Quand l'ame de l'Homme s'imagine d'être à Rome, ou ailleurs, elle y est en un clin d'œil, mais seulement par esprit : & Dieu qui est Tout-puissant, éxécute essentiellement ce qu'il a conçû. Dieu n'est donc renfermé dans le monde, que comme l'ame est dans le corps ; il a son absoluë puissance séparée du monde, comme l'ame de chaque corps a un absolu pouvoir séparé d'avec lui ; & par ce pouvoir absolu elle peut faire des choses si hautes, que le corps ne les sçauroit comprendre. Elle peut donc beaucoup sur nôtre corps, car autrement nôtre Philosophie seroit vaine. Apprends donc de ce qui a été dit ci-dessus à connoître Dieu, & tu sçauras la différence qu'il y a entre le Créateur & les Créatures : puis aprés de toi-même tu pourras concevoir des choses encore plus grandes & plus relevées, veu que nous t'avons ouvert la porte. Mais afin de ne pas grossir cét Ouvrage, retournons à nôtre propos.

Nous avons déja dit que le Feu est un Element tres-tranquile, & qu'il est excité par un mouvement ; mais il n'y a que les

Hommes sages qui connoissent la maniére de l'exciter. Il est nécessaire aux Philosophes de connoître toutes les générations & toutes les corruptions : mais bien qu'ils voyent à découvert la création du Ciel, & la composition & le mélange de toutes choses, & qu'ils sçachent tout, ils ne peuvent pas tout faire. Nous sçavons bien la composition de l'Homme en toutes ses qualitez, mais nous ne lui pouvons pas infuser une ame, car ce mystére appartient à Dieu seul, qui surpasse tout par ces infinis mystéres surnaturels : Et comme ces choses sont hors la Nature, elles ne sont pas en sa disposition. La Nature ne peut pas opérer, qu'auparavant on ne lui fournisse une matiére : Le Créateur lui donne la premiére matiére, & les Philosophes lui donnent la seconde. Mais en l'œuvre Philosophique, la Nature doit exciter le feu que Dieu a enfermé dans le centre de chaque chose. L'excitation de ce feu se fait par la volonté de la Nature, & quelquefois aussi elle se fait par la volonté d'un subtil Artiste qui dispose la Nature : car naturellement le feu purifie toute espéce d'impureté. Tout corps composé se dissout par le feu. Et comme l'eau lave & purifie toutes les choses imparfaites qui ne sont pas fixes, le feu aussi purifie toutes les choses fixes, & les mene à perfection : Comme l'eau conjoint, le corps dissout ; de même le feu sépare tous les corps conjoints ; & tout ce qui participe de sa nature & proprieté, il le purge tres-bien, & l'augmente, non pas en quantité, mais en vertu.

Cét Element agit occultement par de merveilleux moyens, tant contre les autres Elemens, que contre toutes autres choses. Car comme l'ame raisonnable a été faite de ce feu tres-pur, de même l'ame vegetable a été faite du Feu élementaire que la Nature gouverne.

Cét Element agit sur le centre de chaque chose en cette maniére : La Nature donne le mouvement ; ce mouvement excite l'air ; l'air excite le feu ; le feu sépare, purge, digere, colore, & fait meurir toute espéce de semence, laquelle étant meure, il pousse ( par le moyen du sperme ) dans des matrices, qui sont ou pures, ou impures, plus ou moins chaudes, séches ou humides ; & selon la disposition du lieu ou de la matrice, plusieurs choses sont produites dans la Terre, comme nous avons écrit au Livre des douze Traitez, où faisant mention des matrices, nous avons dit qu'autant de lieux, autant de matrices. Dieu le Créateur a fait & ordonné toutes les choses de ce monde ; en sorte que l'une est contraire à l'autre, mais d'une maniére toutefois, que la mort de l'une est la vie de l'autre : Ce que l'un produit, l'autre le consume, & de ce sujet détruit il se produit naturellement quelque chose de plus noble ; de sorte que par ces continuelles destructions & régénérations, l'égalité des Elemens se conserve : Et c'est aussi de cette maniére que la séparation des parties de tous les corps composez, particuliérement des vivans, cause leur mort naturelle. C'est pourquoi il faut naturellement que l'Homme meurt, parce qu'étant composé des quatre Elemens, il est sujet à la séparation, veu que les parties de tout corps composé se séparent naturellement l'une de l'autre. Mais cette séparation de l'humaine composition ne se devoit seulement faire qu'au jour du Jugement : Car l'Homme (selon l'Ecriture & les Theologiens) avoit été créé immortel dans le Paradis Terrestre. Toutefois aucun Philosophe jusqu'à present, n'a encore sçû rendre la raison suffisante pour la preuve de cette immortalité, la connoissance de laquelle est convenable aux Inquisiteurs de cette Science, afin qu'ils puissent connoître comme ces choses se font naturellement, & peuvent être naturellement entenduës. Il est tres-vrai, & personne ne doute, que tout composé ne soit sujet à corruption, & qu'il ne se puisse séparer (laquelle séparation au régne animal s'appelle mort :) mais de faire voir comment l'Homme, bien que composé des quatre Elemens, puisse naturellement être immortel, c'est une chose bien difficile à croire, & qui semble même surpasser les forces de la Nature. Toutefois Dieu a inspiré dés long-tems aux Hommes de bien & vrais Philosophes, comment cette immortalité pouvoit être naturellement en l'Homme, laquelle nous te ferons entendre en cette maniére.

Dieu avoit créé le Paradis Terrestre des vrais Elemens, non élementez, mais tres-purs, temperez & conjoints ensemble en leur plus grande perfection : de maniére que comme ils étoient incorruptibles, tout ce qui provenoit d'eux également & tres-parfaitement conjoints, devoit être immortel ; car cette égale &

P iiij

tres-parfaite conjonction ne peut pas souffrir de défunion & de féparation. L'Homme avoit été créé de ces Elemens incorruptibles conjoints enfemble par une jufte égalité, en telle forte qu'il ne pouvoit pas être corrompu ; c'eft pourquoi il avoit été deftiné pour l'immortalité, parce que Dieu fans doute n'avoit créé ce Paradis que pour la demeure des Hommes feulement. Nous en parlerons plus amplement dans nôtre Traité de l'Harmonie, où nous décrirons le lieu où il eft fitué. Mais aprés que l'Homme par fon péché de défobéïffance eut tranfgreffé les commandemens de Dieu, il fut banni du Paradis Terreftre, & Dieu le renvoya dans ce monde corruptible & élementé, qu'il avoit feulement créé pour les bêtes, dans lequel ne pouvant pas vivre fans nourriture, il fut contraint de fe nourrir des Elemens élementez corruptibles, qui infectérent les purs Elemens dont il avoit été créé : Et ainfi il tomba peu à peu dans la corruption, jufqu'à ce qu'une qualité prédominant fur l'autre, tout l'entier compofé ait été corrompu, qu'il ait été attaqué de plufieurs infirmitez ; & qu'enfin la féparation & la mort s'en foit enfuivie. Et aprés les Enfans des premiers

Hommes ont été plus proche de la corruption & de la mort, parce qu'ils n'avoient pas été créez dans le Paradis Terrestre, & qu'ils avoient été engendrez dans ce monde composé des Elemens élementez corrompus, & d'une semence corruptible, parce que la semence produite des alimens corruptibles ne pouvoit pas être de longue durée & incorruptible. Et ainsi, d'autant plus les Hommes se trouvent éloignez du tems de ce bannissement du Paradis Terrestre, d'autant plus ils approchent de la corruption & de la mort : D'où il s'ensuit que nôtre vie est plus courte que n'étoit celles des Anciens ; & elle viendra jusqu'à ce point, qu'on ne pourra plus procréer son semblable, à cause de sa briéveté.

Il y a toutefois des lieux qui ont l'air plus pur, & où les constellations sont si favorables, qu'elles empêchent que la Nature ne se corrompe si-tôt : & font aussi que les Hommes vivent plus naturellement ; mais les intemperez accourcissent leur vie par leur mauvais regime de vivre. L'expérience nous montre aussi que les enfans des peres valetudinaires ne sont pas de longue vie. Mais si l'Homme fût demeuré dans le Paradis Terrestre, lieu convenable à sa nature, où les Elemens incorruptibles sont tous vierges, il auroit été immortel dans toute l'Eternité. Car il est certain que le sujet qui provient de l'égale commixtion des Elemens purifiez, doit être incorrompu. Et telle doit être la Pierre Philosophale, dont la confection (selon les anciens Philosophes) a été comparée à la création de l'Homme. Mais les Philosophes modernes prenans toutes choses à la lettre, ne se proposent pour exemple que la corrompuë génération des choses de ce siécle, qui ne sont produites que des Elemens corruptibles, au lieu de prendre celles qui sont faites des Elemens incorruptibles.

Cette immortalité de l'Homme a été la principale cause que les Philosophes ont recherché cette Pierre ; car ils ont sçû qu'il avoit été créé des plus purs & parfaits Elemens : & méditant sur cette création qu'ils ont connuë pour naturelle, ils ont commencé à rechercher soigneusement, sçavoir s'il étoit possible d'avoir ces Elemens incorruptibles, ou s'il se pouvoit trouver quelque sujet dans lequel ils fussent conjoints & infus : ausquels Dieu inspira, que la composition de tels Elemens étoit dans l'Or ; car il est impossible qu'elle soit dans les Animaux, veu qu'ils se nourrissent des Elemens corrompus : qu'elle soit dans les Vegetaux, cela ne se peut encore, parce qu'on remarque en eux l'inegalité des Elemens. Mais comme toute chose créée tend à sa multiplication, les Philosophes se sont proposez d'éprouver cette possibilité de Nature dans le régne mineral : & l'ayant trouvée, ils ont découvert un nombre infini de secrets naturels, desquels ils ont fort peu parlé, parce qu'ils ont jugé qu'il n'appartenoit qu'à Dieu seul à les reveler.

De là tu peux connoître comment les Elemens corrompus tombent dans un sujet, & comme ils se séparent lorsque l'un surpasse l'autre : & parce qu'alors la putrefaction se fait par la premiere séparation, & que la séparation du pur d'avec l'impur se fait par la putrefaction ; s'il advient qu'il se fasse une nouvelle conjonction par la vertu du feu centrique, c'est alors que le sujet acquiert une plus noble forme que la premiere. Car en ce premier état le gros mêlé avec le subtil étant corrompu, il n'a pû être purifié ni amelioré que par la putrefaction ; & cela ne peut être fait que par la force des quatre Elemens qui se rencontrent en tous les corps composez. Car quand le composé doit se désunir, il se résout en eau ; & quand les Elemens sont ainsi confusément mêlez, le feu qui est en puissance dans chacun des autres Elemens, comme dans la Terre & dans l'Air, joignent ensemble leurs forces, & par leur mutuel concours surpassent le pouvoir de l'eau, laquelle ils digerent, cuisent, & enfin congelent ; & par ce moyen la Nature aide à la Nature. Car si le feu central caché (qui étoit privé de vie) est le vainqueur, il agit sur ce qui est plus pur & plus proche de sa Nature, & se joint avec lui ; & c'est de cette maniere qu'il surmonte son contraire, & sépare le pur de l'impur : d'où s'engendre une nouvelle forme, beaucoup plus noble que la premiere si elle est encore aidée. Quelquefois même par l'industrie d'un habile Artiste, il s'en fait une chose immortelle ; principalement au régne mineral : De sorte que toutes choses se font, & sont amenées à un être parfait, par le seul feu bien & deuëment administré, si tu m'as entendu.

Tu as donc en ce Traité l'origine des Elemens, leur nature & leur opération, succinctement décrites : ce qui suffit en cét endroit pour nôtre intention. Car autrement si nous voulions faire la description de chaque Element comme il est, il en naîtroit un grand volume, ce qui n'est pas nécessaire à nôtre sujet : mais nous remettons toutes ces choses à nôtre Traité de l'Harmonie, où Dieu aidant, si nous sommes encore en vie, nous expliquerons plus amplement les choses naturelles.

## CHAPITRE VI.

### *Des trois Principes de toutes choses.*

Aprés avoir décrit ces quatre Elemens, il faut parler des trois Principes des choses, & montrer comment ils ont été immédiatement produits des quatre Elemens. Ce qui s'est fait en cette manière.

Incontinent aprés que Dieu eut constitué la Nature pour régir toute la Monarchie du monde, elle commença à distribuer à chaque chose des places & des dignitez selon leurs mérites. Elle constitua premierement les quatre Elemens Princes du monde ; & afin que la volonté du Tres-haut ( de laquelle dépend toute la

Nature) fût accomplie, elle ordonna que chacun de ces quatre Elemens agiroit inceſſamment ſur l'autre. Le Feu commença donc d'agir contre l'Air, & de cette action fut produit le Soûfre : L'Air pareillement commença à agir contre l'Eau, & cette action a produit le Mercure : L'Eau auſſi commença à agir contre la Terre, & le Sel a été produit de cette action. Mais la Terre ne trouvant plus d'autre Element contre qui elle pût agir, ne pût auſſi rien produire; mais elle retint en ſon ſein ce que les trois autres Elemens avoient produit. C'eſt la raiſon pour laquelle il n'y a que trois Principes, & que la Terre demeure la matrice & la nourrice des autres Elemens.

Il y eut ( comme nous avons dit ) trois Principes produits : ce que les anciens Philoſophes n'ayans pas ſi exactement conſideré, n'ont fait mention ſeulement que de deux actions des Elemens. Car qui pourra juger s'ils ne les avoient pas connus tous trois, & qu'ils nous ayent voulu induſtrieuſement cacher l'un d'iceux, puiſqu'ils n'ont écrit que pour les Enfans de la Science, & qu'ils ont dit que le Soûfre & le Mercure étoient la matiére des Métaux, & même de la Pierre des Philosophes, & que ces deux Principes nous suffisoient ?

Quiconque veut donc rechercher cette sainte Science, doit nécessairement sçavoir les accidens, & connoître l'accident même, afin qu'il apprenne à quel sujet ou à quel Element il se propose d'arriver, & afin qu'il procéde par des milieus ou moyens convenables, s'il desire accomplir le nombre quaternaire. Car comme les quatre Elemens ont produit les trois Principes, de même en diminuant il faut que ces trois en produisent deux, sçavoir le mâle & la femelle, & que ces deux en produisent un qui soit incorruptible dans lequel ces quatre Elemens doivent être anatiques ; c'est-à-dire, également puissans, parfaitement digerez & purifiez : & ainsi le quadrangle répondra au quadrangle. Et c'est-là cette quinte-essence beaucoup nécessaire à tout Artiste, séparée des Elemens exemps de leur contrarieté. Et de cette sorte tu trouveras en chaque composé Physique dans ces trois Principes un corps, un esprit, & une ame cachée : & si tu conjoints ensemble ces trois Principes, aprés les avoir séparé & bien purgé (comme nous avons dit) sans doute en imitant la Nature, ils te donneront un fruit tres-pur. Car encore que l'ame soit prise d'un tres-noble lieu, elle ne sçauroit néanmoins arriver où elle tend, que par le moyen de son esprit, qui est le lieu & le domicile de l'ame ; laquelle si tu veux faire rentrer en un lieu dû, il la faut premierement laver de tout peché, & que le lieu soit aussi purifié, afin que l'ame puisse être glorifiée en icelui, & qu'elle ne s'en puisse plus jamais séparer.

Tu as donc maintenant l'origine des trois Principes, desquels en imitant la Nature, tu dois produire le Mercure des Philosophes & leur premiere matiére, & rapporter à ton intention les Principes des choses naturelles, & particulierement des Métaux. Car il est impossible que sans ces Principes tu meine quelque chose à perfection par le moyen de l'Art, puisque la Nature même ne peut rien faire ni produire sans eux. Ces trois Principes sont en toutes choses, & sans eux il ne se fait rien au monde, & jamais ne se fera rien naturellement.

Mais parce que nous avons écrit ci-dessus que les anciens Philosophes n'ont fait mention que de deux Principes seulement : afin que l'Inquisiteur de la
Science

Science ne se trompe pas, il faut qu'il sçache qu'encore qu'ils n'ayent parlé que du Soûfre & du Mercure, néanmoins sans Sel ils n'eussent jamais pû arriver à la perfection de cét œuvre, puisque c'est lui qui est la clef & le Principe de cette divine Science ; c'est lui qui ouvre les portes de la Justice ; c'est lui qui a les clefs pour ouvrir les prisons dans lesquelles le Soûfre est enfermé, comme je le déclarerai quelque jour plus amplement en écrivant du Sel, dans nôtre troisiéme Traité des Principes. Maintenant retournons à nôtre propos.

Ces trois Principes nous sont absolument nécessaires, parce qu'ils sont la matiére prochaine : car il y a deux matiéres des Métaux, l'une plus proche, l'autre plus éloignée. La plus proche sont le Soûfre & le Mercure : La plus éloignée sont les quatre Elemens, desquels il n'appartient qu'à Dieu seul de créer les choses. Laisse donc les Elemens, parce que tu ne feras rien d'iceux, & que tu n'en sçaurois produire que ces trois Principes, veu que la Nature même n'en peut produire autre chose. Et si des quatre Elemens tu ne peux rien produire que les trois Principes, pourquoi t'amuses-tu à un si vain labeur, que de chercher ou vouloir faire ce que la Nature a déja engendré ? Ne vaut-il pas mieux cheminer trois mille lieuës que quatre ? Qu'il te suffise donc d'avoir les trois Principes, dont la Nature produit toutes choses dans la Terre & sur la Terre, lesquels aussi tu trouveras entierement en toutes choses. De leur deuë séparation & conjonction la Nature produit dans le régne mineral les métaux & les pierres ; dans le régne vegetal, les arbres, les herbes, & autres choses ; & dans le régne animal, le corps, l'esprit & l'ame : ce qui quadre tres-bien avec l'œuvre des Philosophes. Le corps, c'est la terre ; l'esprit, c'est l'eau ; l'ame, c'est le feu, ou le soûfre de l'Or. L'esprit augmente la quantité du corps, & le feu augmente la vertu. Mais parce que eu égard au poids, il y a plus d'esprit que de feu, l'esprit s'exalte, opprime le feu, & l'attire à soi : de maniere qu'un chacun de ces deux s'augmente en vertu, & la terre qui fait le milieu entr'eux, croît en poids.

Que tout Inquisiteur de l'Art détermine donc en son esprit, quel est celui des trois Principes qu'il cherche & qu'il le secoure, afin qu'il puisse vaincre son contraire ; & puis aprés qu'il ajoûte son poids au poids de la Nature, afin que l'Art accomplisse le défaut de la Nature : & ainsi le Principe qu'il cherche surmontera son contraire. Nous avons dit au Chapitre de l'Element de la Terre, qu'elle n'est que le receptacle des autres Elemens ; c'est-à-dire, le sujet dans lequel le feu & l'eau se combattent par l'intervention de l'air. Que si en ce combat l'eau surmonte le feu, elle produit des choses de peu de durée & corruptibles : mais que si le feu surmonte l'eau, il produit des choses perpetuelles & incorruptibles. Considere donc ce qui t'est necessaire.

Sçache encore que le feu & l'eau sont en chaque chose ; mais ni le feu ni l'eau ne produisent rien, parce qu'ils ne font seulement que disputer & combattre ensemble, qui des deux aura plus de vitesse & de vertu : ce qu'ils ne sçauroient faire d'eux-mêmes, s'ils n'étoient excitez par une chaleur extrinséque, que le mouvement des vertus célestes allume au centre de la Terre, sans laquelle chaleur le feu & l'eau ne feroient jamais rien, & chacun d'eux demeureroit toûjours en son terme & en son poids : Mais aprés que la Nature les a tous deux conjoints dans un sujet en une deuë & convenable proportion, alors elle les excite par une chaleur extrinseque ; & ainsi le feu & l'eau commencent à combattre l'un contre l'autre, & chacun d'eux appelle son semblable à son secours, & en cette sorte ils montent & croissent jusqu'à ce que la terre ne puisse plus monter avec eux. Pendant qu'ils sont tous deux retenus dans la terre, ils se subtilisent : car la terre est le sujet dans lequel le feu & l'eau montent sans cesse, & produisent leur action par les pores de la terre que l'air leur a ouvert & preparé ; & de cette subtilisation du feu & de l'eau naissent des fleurs & des fruits, dans lesquels le feu & l'eau deviennent amis, comme on peut voir aux Arbres. Car plus l'eau & le feu sont subtilisez & purifiez en montant, ils produisent de plus excellens fruits : principalement si lorsque le feu & l'eau finissent leur opération, leurs forces unies ensemble sont également puissantes.

Ayant donc purifié les choses desquelles tu te veux servir, fais que le feu & l'eau deviennent amis ( ce qu'ils feront facilement dans leur terre qui étoit montée avec eux : ) alors tu acheveras ton ouvrage, plûtôt que la Nature, si tu sçais bien conjoindre l'eau avec le feu selon le poids de la Nature, non pas comme ils ont été auparavant, mais comme la Nature le requiert, & comme il t'est nécessaire ; parce que dans tous les composez la Nature met moins de feu que des trois autres Elemens. Il y a toûjours moins de feu ; mais la Nature, selon son pouvoir, ajoûte un feu extrinséque pour exciter l'interne, selon le plus ou le moins qu'il est de besoin à chaque chose, & cependant un plus long ou un plus petit espace de tems. Et selon cette opération, si le feu intrinséque surmonte, ou est surmonté par les autres Elemens, il en arrive des choses parfaites ou imparfaites, soit és mineraux, ou és vegetaux. A la verité le feu extrinséque n'entre pas essentiellement en la composition de la chose, mais seulement en vertu, parce que le feu intrinséque materiel contient en soi tout ce qui lui est nécessaire, pourveu qu'il ait seulement de la nourriture ; & le feu extrinséque lui sert de nourriture, de même que le bois entretient le Feu élementaire ; & suivant le plus ou le moins qu'il a de nourriture, il croît & se multiplie.

Il se faut toutefois donner de garde

que le feu extrinféque ne foit trop grand, parce qu'il fuffoqueroit l'intrinféque ; de même que fi un homme mangeoit plus qu'il ne pourroit, il feroit bien-tôt fuffoqué : une grande flâme devore un petit feu. Le feu extrinféque doit être multiplicatif, nourriffant, & non pas devorant : car de cette maniere les chofes viennent à leur perfection. La decoction donc eft la perfection de toutes chofes : & ainfi la Nature ajoûte la vertu au poids, & perfectionne fon ouvrage. Mais à caufe qu'il eft difficile d'ajoûter quelque chofe au compofé, veu que cela demande un long travail, je te confeille d'ôter autant du fuperflu qu'il en eft befoin, & que la Nature le requiert : mêle-le aux fuperfluitez ôtées ; la Nature te montrera aprés ce que tu as cherché. Tu connoîtras même fi la Nature a bien ou mal conjoints les Elemens, veu que tous les Elemens ne fubfiftent que par leur conjonction. Mais plufieurs Artiftes fement de la paille pour du bled froment ; quelques-uns fement l'un & l'autre : plufieurs rejettent ce que les Philofophes aiment, & quelques-uns commencent & achevent en même tems : ce qui n'arrive que par leur inconftance. Ils profeffent un Art difficile, &

ils cherchent un travail facile. Ils rejettent les bonnes matieres, & sement les mauvaises. Et comme les bons Auteurs au commencement de leurs Livres cachent cette Science, de même les Artistes au commencement de leur travail rejettent la vraye matiere. Nous disons que cét Art n'est autre chose que les vertus des Elemens également mêlées ensemble, une égalité naturelle du chaud, du froid, du sec & de l'humide ; une conjonction du mâle & de la femelle, & que cette même femelle a engendré ce mâle ; c'est-à-dire, une conjonction du feu & de l'humide radical des Métaux : considerant que le Mercure des Philosophes a en soi son propre Soûfre, qui est d'autant meilleur, que la Nature l'a plus ou moins cuit & dépuré. Tu pourras parfaire toutes ces choses du Mercure. Que si tu sçais ajoûter ton poids au poids de la Nature, en doublant le Mercure & triplant le Soûfre, il deviendra dans peu de tems bon, & aprés meilleur, & enfin tres-bon, quoi qu'il n'y ait qu'un seul Soûfre apparent, & deux Mercures d'une même racine, ni trop cruds, ni trop cuits, mais toutefois purgez & dissouts, si tu m'as entendu.

Il n'est pas nécessaire que je déclare par écrit la matiere du Mercure des Philosophes, ni la matiere de leur Soûfre. Jamais homme n'a encore pû jusqu'à present, & ne pourra même à l'avenir la déclarer plus ouvertement & plus clairement que les anciens Philosophes l'ont décrite & nommée, s'il ne veut être anathéme de l'Art : car elle est si communément nommée, qu'on n'en fait pas même d'état. C'est ce qui fait que les Inquisiteurs de cette Science s'adonnent plûtôt à la recherche de quelques vaines subtilitez, que de demeurer en la simplicité de la Nature. Nous ne disons pas toutefois que le Mercure des Philosophes soit quelque chose commune, & qu'il soit clairement nommé par son propre nom ; mais qu'ils ont sensiblement désigné la matiere de laquelle les Philosophes extrayent leur Mercure & leur Soûfre : parce que le Mercure des Philosophes ne se trouve point de soi sur la Terre, mais il se tire par artifice du Soûfre & du Mercure conjoints ensemble ; il ne se montre point, car il est nud : néanmoins la Nature l'a merveilleusement enveloppé.

Pour conclure, nous disons en repetant que le Soûfre & le Mercure ( conjoints toutefois ensemble ) sont la miniere

nière de nôtre argent-vif, lequel a le pouvoir de diſſoudre les Métaux, de les mortifier & de les vivifier. Il a reçû cette puiſſance du Soûfre aigre qui eſt de même nature que lui.

Mais afin que tu puiſſes mieux comprendre, écoute quelle différence il y a entre nôtre argent-vif & celui du vulgaire. L'argent-vif vulgaire ne diſſout point l'or ni l'argent, & ne ſe mêle point avec eux inſéparablement : mais nôtre argent-vif diſſout l'or & l'argent; & ſi une fois il s'eſt mêlé avec eux, on ne les peut jamais ſéparer, non plus que de l'eau mêlée avec de l'eau. Le Mercure vulgaire a en ſoi un Soûfre combuſtible mauvais, qui le noircit; nôtre Mercure a un Soûfre incombuſtible, fixe, bon, tres-blanc, & rouge. Le Mercure vulgaire eſt froid & humide; le nôtre eſt chaud & humide. Le Mercure vulgaire noircit & tache les corps; nôtre argent-vif les blanchit, juſqu'à les rendre clairs comme le cryſtal. Et précipitant le Mercure vulgaire, on le convertit en une poudre de couleur de citron, & en un mauvais Soûfre; au lieu que nôtre argent vif par le moyen de la chaleur ſe convertit en un Soûfre tres-blanc, fixe & fuſible. Le

R

Mercure vulgaire devient d'autant plus fusible, qu'il est cuit : mais plus on donne de coction à nôtre argent-vif, plus il s'épaissit & se coagule.

Toutes ces circonstances te peuvent donc faire connoître combien il y a de différence entre le Mercure vulgaire, & l'argent-vif des Philosophes. Que si tu ne m'entends pas encore, tu attendras en vain : n'espére point que jamais homme vivant te découvre les choses plus clairement que je viens de faire. Mais parlons à present des vertus de nôtre argent-vif : Il a une vertu & une force si efficace, que de soi il suffit assez, & pour toi, & pour lui ; c'est-à-dire, que tu n'as besoin que de lui seul, sans aucune addition de chose étrangere, veu que par sa seule décoction naturelle, il se dissout & se congele lui-même. Mais les Philosophes dans la concoction, pour accourcir le tems, y ajoûtent son Soûfre bien digeste & bien meur, & font ainsi leur operation.

Nous eussions bien pû citer les Philosophes qui confirment nôtre discours ; mais parce que nos écrits sont plus clairs que les leurs, ils n'ont pas besoin de leur approbation : car quiconque les entendra, nous entendra bien aussi. Si tu veux donc suivre nôtre avis, nous te conseillons (avant que de t'appliquer à cét Art) que tu aprennes premierement à retenir ta langue. Aprés, que tu ayes à rechercher la Nature des Minieres, des Métaux & Vegetaux, parce que nôtre Mercure se trouve en tout sujet, & que le Mercure des Philosophes se peut extraire de toute chose, quoi qu'on le trouve plus prochainement en un sujet qu'en un autre.

Sçaches donc aussi pour certain que cette Science ne consiste pas dans le hazard, & dans une invention fortuite & casuelle, mais qu'elle est appuyée sur une réelle connoissance : & il n'y a que cette seule matiere au monde, par laquelle & de laquelle on prépare la Pierre des Philosophes. Elle est veritablement en toutes choses du monde ; mais la vie de l'homme ne seroit pas assez longue pour en faire l'extraction. Si toutefois tu y travailles sans la connoissance des choses naturelles, principalement au régne mineral, tu seras semblable à un aveugle qui chemine par habitude. Quiconque travaille de cette sorte, son labeur est tout-à-fait fortuit & casuel : Et même (comme il arrive souvent) encore que quelqu'un par hazard travaille sur la vraye matiere de nôtre argent-vif, néanmoins il advient qu'il cesse d'opérer là où il devroit commencer ; car comme fortuitement il l'a trouvée, aussi la perd-il fortuitement, à cause qu'il n'a point de fondement sur lequel il puisse bien asseurer son intention. C'est pourquoi cette Science est un pur don du Dieu Treshaut, & ne peut être que difficilement connuë, sinon par revelation divine, ou par la demonstration qu'un ami nous en fait. Car nous ne pouvons pas être tous des Gebers ni des Lulles : & encore que Lulle fût un esprit tres-subtil, néanmoins si Arnault ne lui eût donné la connoissance de l'Art, certes il auroit ressemblé aux autres qui la recherchent avec tant de difficulté : & Arnault même confesse l'avoir apprise d'un sien ami. Il est facile d'écrire à celui auquel la Nature dicte elle-même. Et comme on dit en commun proverbe : Il est fort aisé d'ajoûter à ce qui a déja été inventé. Tout Art & toute Science est facile aux maîtres ; mais aux disciples qui ne font que commencer, il n'en va pas de même : Et pour acquerir cette Science, il y faut un long-tems, plusieurs vaisseaux, de grandes dépenses, un travail journalier, avec de grandes meditations : mais toutes choses sont aisées & legeres à celui qui les sçait.

Nous disons en concluant, que cette Science est un don de Dieu seul, & que celui qui en a la vraye connoissance, le doit incessamment prier, afin qu'il lui plaise benir cét Art de ses saintes graces; car sans la bénédiction Divine, il est tout-à-fait inutile : comme nous l'avons nous-mêmes experimenté, lorsque pour cette Science nous avons soufferts de tres-grands dangers, & que nous en avons reçû plus d'infortune & d'incommodité, que d'utilité. Mais c'est l'ordinaire des Hommes, de devenir sages un peu trop tard. Les jugemens de Dieu sont plusieurs abîmes : toutefois dans toutes nos infortunes, nous avons toûjours admiré la Providence divine : Car nôtre souverain Créateur nous a toûjours donné une telle protection, qu'aucun de nos ennemis ne nous a jamais pû opprimer ; nous avons toûjours eu nôtre Ange Gardien qui nous a été envoyé de Dieu, pour conserver cette Arche dans laquelle il a plû à Dieu de renfermer un si grand trésor, & qu'il protége jusqu'à present. Nous avons oüi dire que nos ennemis sont tombez dans les lacs qu'ils avoient préparé : que ceux qui avoient attenté à nôtre vie, ont été privez de la leur : que ceux qui se sont emparez de nos biens, ont perdu leur bien propre : quelques-uns même d'entre-eux ont été chassez de leurs Royaumes. Nous sçavons que plusieurs de ceux qui ont détracté contre nôtre honneur, ont peri dans la honte & dans l'infamie, tant nous avons été asseurez sous la garde du Créateur de toutes choses, qui dés le berceau nous a toûjours conservé sous l'ombre de ses aîles, & nous a inspiré un esprit d'intelligence des choses naturelles, auquel soit loüange & gloire par infinis siécles des siécles.

Nous avons reçû tant de bienfaits du Tres-haut nôtre Créateur, que tant s'en faut que nous les puissions écrire, que nous ne pouvons pas seulement les imaginer. A peine y a-t-il aucun des mortels à qui cette Bonté infinie ait accordé plus de graces, voire même autant qu'elle a fait à nous. Plût à Dieu en reconnoissance, que nous eussions assez de force, assez d'entendement, & assez d'éloquence pour lui rendre les graces que nous devons ; car nous confessons n'avoir pas tant mérité de nous-mêmes, mais nous croyons que toute nôtre felicité est venuë de ce que nous avons esperé, que nous esperons, & espererons toûjours en lui. Car nous sçavons qu'il n'y a personne entre les mortels qui nous puisse aider, & que c'est de Dieu seul nôtre Créateur que nous devons espérer nôtre secours ; parce que c'est en vain que nous mettrions nôtre confiance en la personne des Princes, qui sont hommes mortels comme nous (selon le Psalmiste :) Ils ont tous reçû de Dieu l'esprit de vie, lequel étant ôté, le reste n'est plus que poussiere : mais que c'est une chose tres-asseûrée de mettre son espérance en Dieu nôtre Seigneur, duquel (comme d'une source de bonté) tous les biens procédent avec abondance.

Toi donc qui desires arriver au but de cette sainte Science, mets tout ton espoir en Dieu ton Créateur, & le prie incessamment, & croi fermement qu'il ne t'abandonnera point : Car s'il connoît que ton cœur soit franc & sincére, & que tu ayes fondé toute ton espérance en lui, il te donnera un moyen tres-facile, & te montrera la voye que tu dois tenir pour joüir du bonheur que tu desires si ardemment. *Le commensement de la sagesse* est la crainte de Dieu : prie-le, & travaille néanmoins. Dieu à la verité donne l'entendement, mais il faut que tu en sçaches user : car comme le bon entendement & la bonne occasion sont des dons de Dieu, de même nous les perdons aussi pour la peine de nos péchez.

Mais pour retourner à nôtre propos : Nous disons que l'argent-vif est la premiere matiére de cét œuvre, & qu'effectivement il n'y a rien autre chose, puisque tout ce qu'on y ajoûte a pris son origine de lui. Nous avons dit en quelque endroit, que toutes les choses du monde se font & sont engendrez des trois Principes : mais nous en purgeons quelques-uns de leurs accidens ; & étans bien purs, nous les conjoignons derechef. En ajoûtant ce que nous y devons ajoûter, nous accomplissons ce qui y manque ; & en imitant la Nature, nous cuisons jusqu'au dernier degré de perfection, ce que la Nature n'a pû parachever, à cause de quelque accident, & qu'elle a déja fini où l'Art doit commencer. C'est pourquoi si tu veux imiter la Nature, imite-la dans les choses ausquelles elle opére, & ne te fâches point de ce que nos Ecrits semblent se contrarier en quelques endroits :

Il faut que cela soit ainsi, de crainte que l'Art ne soit trop divulgué. Mais pour toi, choisis les choses qui s'accordent avec la Nature, prends la rose, & laisse les épines. Si tu prétends faire quelque métal, prends un métal pour fondement materiel, parce que d'un chien il ne s'en engendre qu'un chien, & d'un métal il ne s'engendre qu'un métal. Car sçaches pour certain, que si tu ne prends l'humide radical du métal parfaitement séparé, tu ne feras jamais rien : C'est en vain que tu laboure la terre, si tu n'as aucun grain de froment pour y semer : Il n'y a qu'une seule matiére, un seul art, & une seule opération. Si donc tu veux produire un métal, tu le fermenteras par un métal : mais si tu veux produire un arbre, il faut que la semence d'un arbre de la même espéce que celui que tu veux produire, te serve de ferment ou de levain pour cette production.

Il n'y a (comme j'ai dit) qu'une seule opération, hors laquelle il n'y en a aucune autre qui soit vraye. Tous ceux-là donc se trompent, qui disent que hors cette unique voye & cette seule matiére naturelle, il y a quelque particulier qui est vrai : car on ne peut pas avoir aucune branche, si elle n'est ceüillie du tronc de l'arbre. C'est une chose impossible, & même une folle entreprise, de vouloir plûtôt faire venir le rameau, que l'arbre d'où il doit sortir. Il est plus facile de faire la pierre, qu'aucun petit & tres-simple particulier, qui soit utile, & qui soûtienne les épreuves, comme le naturel. Il y en a néanmoins plusieurs qui se vantent de pouvoir faire une Lune fixe ; mais ils feroient mieux s'ils fixoient le plomb ou l'estain, veu qu'à mon jugement c'est une même chose, parce que ces choses ne résistent point à l'examen du feu, pendant qu'ils sont en leur propre nature. La Lune en sa nature est assez fixe, & n'a pas besoin d'aucune fixation sophistique : mais comme il y a autant de têtes qu'il y a de sentimens, nous laissons à un chacun son opinion : que celui qui ne voudra pas suivre nôtre conseil, & imiter la Nature, demeure dans son erreur. A la verité on peut bien faire des particuliers, quand on a l'arbre, les rejetons duquel peuvent être antez à plusieurs autres arbres : tout ainsi qu'avec une eau, on peut faire cuire diverses sortes de viandes, selon la diversité desquelles le boüillon aura diverse saveur, & néanmoins ne sera fait que d'une même eau & d'un même principe.

Nous concluons donc qu'il n'y a qu'une unique Nature, tant és métaux, qu'és autres choses ; mais son opération est diverse. Il y a aussi, selon Hermés, une matiére universelle. *Ainsi d'une seule chose toutes choses ont pris leur origine.*

Il y a toutefois plusieurs Artistes qui travaillent chacun à leur fantaisie : Ils cherchent une nouvelle matiére ; c'est pourquoi aussi ils trouvent un nouveau rien recemment inventé, parce qu'ils interpretent les Ecrits des Philosophes selon le sens litteral, & ne regardent pas la possibilité de la Nature. Mais ces sortes de gens sont compagnons de ceux dont nous avons parlé en nôtre Dialogue du Mercure avec l'Alchymiste, lesquels retournerent en leurs maisons sans avoir rien conclu : Ils cherchent la fin de l'œuvre, non seulement sans aucun instrument moyen, mais encore sans aucun principe. Et cela vient de ce qu'ils s'efforcent de parvenir à cét Art, sans en avoir appris les veritables fondemens, ou par la meditation des ouvrages de la Nature, ou par la lecture des Livres des Philosophes, & qu'ils s'amusent aux Receptes sophistiques de quelques coureurs, ( quoi qu'à présent les Livres des Philosophes ont pû être alterez & corrompus en plusieurs endroits, par les envieux qui ont ajoûté ou diminué, selon leur caprice & à leur fantaisie.) Et aprés comme ils ne réüssissent pas, ils ont recours aux Sophistications, & font une infinité de vaines épreuves, en blanchissant, rubifiant, fixant la Lune, tirant l'ame de l'Or : ce que nous avons soûtenu ne se pouvoir faire dans nôtre Preface des douze Traitez. Nous ne voulons pas nier, mais au contraire nous croyons, qu'il est absolument nécessaire d'extraire l'ame métallique, non pas pour l'employer aux opérations Sophistiques, mais à l'œuvre des Philosophes : laquelle ame ayant été extraite, & étant bien purgée, doit être derechef jointe à son corps, afin qu'il se fasse une veritable résurrection du corps glorifié. Nous ne nous sommes jamais proposez de pouvoir multiplier le Froment, sans un grain de Froment : mais sçaches aussi qu'il est tres faux que cette ame extraite puisse teindre quelqu'autre métal par un moyen Sophistique ; & tous ceux qui font gloire de ce travail, sont des faussaires & des menteurs. Mais nous parlerons plus amplement de ces opérations dans nôtre troisiéme Traité du Sel, veu que ce n'est pas ici le lieu de s'étendre sur ce sujet.

## CHAPITRE VII.

### *Du Soûfre.*

C'EST avec raison que les Philosophes ont attribué le premier degré d'honneur au Soûfre, comme à celui qui est le plus digne des trois Principes, en la préparation duquel toute la Science est cachée. Il y a trois sortes de Soûfres, qu'il faut choisir parmi toutes autres choses. Le premier est un Soûfre teignant ou colorant : le second, un Soûfre congelant le Mercure ; & le troisiéme, un Soûfre essentiel qui ameine à maturité, duquel à la verité nous devions serieusement traiter. Mais parce que nous avons déja fini l'un des Principes par un Dialogue, nous sommes encore obligez de terminer les autres en la même forme, pour ne sembler pas faire injure plûtôt à l'un qu'à l'autre.

Le Soûfre est le plus meur des trois

Principes, & le Mercure ne se sçauroit congeler que par le Soûfre : De maniere que toute nôtre opération en cét Art ne doit être autre que d'apprendre à tirer le Soûfre du corps des Métaux, par le moyen duquel nôtre argent-vif se congele en or & en argent dans les entrailles de la Terre. Dans cét œuvre ce Soûfre nous sert de mâle ; c'est la raison pour laquelle il passe pour le plus noble, & le Mercure lui tient lieu de femelle. De la composition & de l'action de ces deux, sont engendrez les Mercures des Philosophes.

Nous avons décrit au Dialogue du Mercure avec l'Alchymiste, l'assemblée que firent les Alchymistes, pour consulter entr'eux de quelle matiére & en quelle façon il falloit faire la Pierre des Philosophes. Nous avons aussi dit comme ils furent surpris d'un grand orage, qui les contraignit de se séparer sans avoir rien conclu ; & comme ils se dispersèrent presque par tout l'Univers. Car cette grande tempête & ce vent impetueux souffla si fortement à la tête de quelques-uns d'entr'eux, & les éloigna tellement les uns des autres, que depuis ce tems-là ils n'ont pû se rassembler : D'où il est arrivé qu'un chacun d'eux s'imagine encore divers chimeres, & veut faire la Pierre suivant son caprice & à sa fantaisie. Mais entre tous ceux de cette Congregation, laquelle étoit composée de toutes sortes de gens de diverses nations & de differentes conditions, il y eut encore un Alchymiste, duquel nous allons parler dans ce Traité.

C'étoit un bon Homme d'ailleurs, mais qui ne pouvoit rien conclure. Il étoit du nombre de ceux qui se proposent de trouver fortuitement la Pierre Philosophale : Il étoit aussi compagnon de ce Philosophe qui avoit eu dispute avec Mercure. Celui-ci parloit de cette sorte : Si j'avois eu le bonheur de m'entretenir avec le Mercure, je l'aurois pressé en peu de paroles, & lui aurois tiré tous ses secrets les plus cachez. Mon camarade fut un grand fol ( disoit-il ) de n'avoir pas sçû proceder avec lui. Quant à moi, le Mercure ne m'a jamais plû, & ne croi pas même qu'il contienne rien de bon : mais j'approuve fort le Soûfre, parce que dans nôtre assemblée nous en disputâmes tres-bien; & je croi que si la tempête ne nous eût détourné & n'eût point rompu nôtre conversation, nous eussions enfin conclu que c'étoit la premiere matiére, parce que je n'ai pas coûtume de concevoir de petites choses, & que ma tête n'est remplie que de profondes imaginations. Et il se confirma tellement dans cette opinion, qu'il prit résolution de travailler sur le Soûfre. Il commença donc à le distiller, le sublimer, le calciner, le fixer, & en extraire l'huile par la campane : tantôt il le prit tout seul, tantôt il le mêla avec des cryftaux, tantôt avec des coquilles d'œufs ; & en fit plusieurs autres épreuves : Et aprés avoir employé beaucoup de tems & de dépenses, sans avoir jamais pû rien trouver qui répondît à son attente, le pauvre misérable s'attrista fort, & passa plusieurs nuits sans dormir. Quelquefois il sortoit seul hors la Ville, afin de pouvoir plus commodément songer, & s'imaginer quelque matiére assurée pour faire réüssir son travail. Un jour qu'il se promenoit, & qu'il étoit tellement enseveli dans ses profondes speculations, qu'il en étoit presque en extase, il arriva jusqu'à une certaine Forest tres-verte & tres-abondante en toutes choses, dans laquelle il y avoit des Miniéres minerales & métalliques, & une grande quantité d'oiseaux & animaux

maux de toutes sortes : les arbres, les herbes & les fruits y étoient en abondance : Il y avoit plusieurs acqueducs, car on ne pouvoit avoir de l'eau en ces lieux, si elle n'y étoit conduite de differens endroits, par l'adresse de plusieurs Artistes, au moyen de plusieurs instrumens & divers canaux. La meilleure, la principale & la plus claire, étoit celle qu'on tiroit des rayons de la Lune ; & cette excellente eau étoit reservée pour la Nymphe de cette Forest. On voyoit en ce même lieu des Moutons & des Taureaux qui paissoient. Il y avoit aussi deux jeunes Pasteurs, que l'Alchymiste interrogea en cette maniere : A qui appartient (dit-il) cette Forest ? C'est le Jardin & la Forest de nôtre Nymphe Venus, répondirent-ils. Ce lieu étoit fort agreable à l'Alchymiste ; il s'y promenoit çà & là ; mais il songeoit toûjours à son Soûfre. Enfin s'étant lassé à force de promenades, ce misérable s'assit sous un arbre, à côté du Canal : Là il commença à se lamenter amerement, & à déplorer le tems, la peine, & les grandes dépenses qu'il avoit follement employées, sans aucun fruit ( car il n'étoit pas méchant autrement, & il ne faisoit tort qu'à soi-même.) Il parla de cette sorte : Que veux dire cela ? Tous les Philosophes disent que c'est une chose commune, vile & facile : & moi qui suis Homme docte, je ne puis comprendre quelle est cette misérable Pierre. Et se plaignant ainsi, il commença à injurier le Soûfre, à cause qu'il lui avoit fait en vain dépenser tant de biens, consommer tant de tems, & employer tant de peine. Le Soûfre étoit bien aussi en cette Forest, mais l'Alchymiste ne le sçavoit pas. Tandis qu'il se lamentoit, il entendit comme la voix d'un Vieillard, qui lui dit : Mon ami, pourquoi maudis-tu le Soûfre ? L'Alchymiste regardant de toutes parts autour de lui, & ne voyant personne, il fut épouvanté. Cette Voix lui dit derechef : Mon ami, pourquoi t'attristes-tu ? L'Alchymiste reprenant son courage : Tout ainsi, Monsieur (dit-il) que celui qui a faim ne songe qu'au pain ; de même je n'ai autre pensée, qu'à la Pierre des Philosophes.

*La Voix.* Et pourquoi maudis-tu tant le Soûfre ?

*L'Alchymiste.* Seigneur, j'ai crû que c'étoit la premiere matiére de la Pierre Philosophale ; c'est la raison pour laquelle j'ai travaillé sur lui pendant plusieurs années : j'y ai beaucoup dépensé, & je n'ai pû trouver cette Pierre.

*La Voix.* Mon ami, j'ai bien connu que le Soûfre est le vrai & principal sujet de la Pierre des Philosophes : mais pour toi, je ne te connois point, & ne puis rien comprendre à ton travail ni à ton dessein. Tu as tort de maudire le Soûfre, parce qu'étant emprisonné, il ne peut pas être favorable à toutes sortes de gens, veu qu'il est dans une prison tres-obscure les pieds liez, & qu'il ne sort que là où ses Gardes le veulent porter.

*L'Alchymiste.* Et pourquoi est-il emprisonné ?

*La Voix.* Parce qu'il vouloit obéïr à tous les Alchymistes, & faire tout ce qu'ils vouloient contre la volonté de sa mere, qui lui avoit commandé de n'obéïr seulement qu'à ceux qui la connoissoient : C'est pourquoi elle le fit mettre en prison, & commanda qu'on lui liât les pieds, & lui ordonna des Gardes, afin qu'il ne pût aller en aucune part sans leur sçû & leur volonté.

*L'Alchymiste.* O misérable ! c'est ce qui est cause qu'il n'a pû me sécourir : vrayement sa mere lui fait grand tort. Mais

S ij

quand sortira-t-il de ces prisons ?

*La Voix.* Mon ami, le Soûfre des Philosophes n'en peut sortir qu'avec un tres-long tems, & avec de tres-grands labeurs.

*L'Alchymiste.* Seigneur, qui sont ceux qui le gardent ?

*La Voix.* Mon ami, ses Gardes sont de même genre que lui, mais ce sont des Tyrans.

*L'Alchymiste.* Mais vous, qui êtes-vous ? & comment vous appellez-vous ?

LA VOIX. *Je suis le Juge & le Geollier de ces prisons ; & mon nom est Saturne.*

*L'Alchymiste.* Le Soûfre est donc détenu en vos prisons ?

*La Voix.* Le Soûfre est veritablement détenu dans mes prisons, mais il a d'autres Gardes.

*L'Alchymiste.* Et que fait-il dans les prisons ?

*La Voix.* Il fait tout ce que ses Gardes veulent.

*L'Alchymiste.* Mais que sçait-il faire ?

*La Voix.* C'est un artisan qui fait mille œuvres differentes ; c'est le cœur de toutes choses : il sçait ameliorer les Métaux, corriger les Minieres ; il donne l'entendement aux Animaux ; il sçait produire toutes sortes de fleurs aux herbes & aux arbres ; il domine sur toutes ces choses : C'est lui qui corrompt l'air, & qui puis après le purifie : C'est l'Auteur de toutes les odeurs du monde, & le Peintre de toutes les couleurs.

*L'Alchymiste.* De quelle matiére fait-il les fleurs ?

*La Voix.* Ses Gardes lui fournissent les vases & la matiére : le Soûfre la digere ; & selon la diversité de la digestion qu'il en fait, & eu égard au poids, il en produit diverses fleurs, & plusieurs odeurs.

*L'Alchymiste.* Seigneur, est-il vieux ?

*La Voix.* Mon ami, sçache que le Soûfre est la vertu de chaque chose : c'est le puisné, mais le plus vieux de tous, le plus fort, & le plus digne ; c'est un enfant obéïssant.

*L'Alchymiste.* Seigneur, comment le connoît-on ?

*La Voix.* Par des manieres admirables ; mais il se fait connoître és Animaux par leur raison vitale, és Métaux par leur couleur, és Vegetaux par leur odeur : sans lui sa mere ne peut rien faire.

*L'Alchymiste.* Est-il seul héritier, ou s'il a des freres ?

S iij

*La Voix.* Mon ami, sa mere a seulement un fils de cette nature, ses autres freres sont associez des méchans : Il a une sœur qu'il aime, & de laquelle il est aimé reciproquement; car elle lui est comme sa mere.

*L'Alchymiste.* Seigneur, est-il partout, & en tous lieux d'une même forme ?

*La Voix.* Quant à sa Nature, elle est toûjours une, & d'une même forme; mais il se diversifie dans les prisons : toutefois son cœur est toûjours pur, mais ses habits sont maculez.

*L'Alchymiste.* Seigneur, a-t-il été quelquefois libre ?

*La Voix.* Oüi certes, il a été tres-libre, principalement du vivant de ces Hommes sages, qui avoient une grande amitié avec sa mere.

*L'Alchymiste.* Et qui ont été ceux-là ?

*La Voix.* Il y en a une infinité. Hermés qui étoit une même chose avec sa mere, a été de ce nombre. Aprés lui ont été plusieurs Rois, Princes, & beaucoup d'autres Sages, tels qu'étoient en ces tems-là Aristote, Avicenne, & autres, lesquels ont délivré le Soûfre : car tous ceux-là ont sçû délier les liens qui tenoient le Soûfre garotté.

*L'Alchymiste.* Seigneur, que leur a-t-il donné pour l'avoir mis en liberté?

*La Voix.* Il leur a donné trois Royaumes. Car quand quelqu'un le sçait dissoudre & délivrer de prison, il subjugue ses Gardes (qui maintenant le gouvernent en son Royaume,) il les lie, & les livre & assujettit à celui qui l'a délivré, & lui donne aussi leurs Royaumes en possession. Mais ce qui est de plus grand, c'est qu'en son Royaume il y a un Miroir, dans lequel on voit tout le monde : Quiconque regarde en ce Miroir, il peut voir & apprendre les trois parties de la sapience de tout le monde ; & de cette maniere il deviendra tres-sçavant en ces trois régnes, comme ont été Aristote, Avicenne, & plusieurs autres, lesquels, aussi-bien que leurs prédécesseurs, ont veu dans ce Miroir comment le monde a été créé. Par son moyen ils ont appris les influences des corps célestes sur les inferieurs, & de quelle façon la Nature compose les choses par le poids du feu : ils ont appris encore le mouvement du Soleil & de la Lune ; mais principalement ce mouvement universel, par lequel sa mere est gouvernée. C'est par lui qu'ils ont connu les degrez de chaleur, de froideur, d'humidité & de sécheresse, & les vertus des herbes de toute autre chose : A raison dequoi ils sont devenus tresbons Medecins. Et certainement un Medecin ne peut pas être habile & solide en son Art, s'il n'a appris, non pas des Livres de Galien ou d'Avicenne, mais de la fontaine de la Nature, à connoître la raison pour laquelle cette herbe est telle ou telle, pourquoi elle est chaude, ou séche, ou humide en tel degré : & c'est de là que ces Anciens ont tiré leur connoissance. Ils ont diligemment consideré toutes ces choses, & les ont laissé par écrit à leurs successeurs, afin d'attirer les Hommes à de plus hautes méditations, & leur apprendre à délivrer le Soûfre, & dissoudre ses liens. Mais les Hommes de ce siécle ont pris leurs Ecrits pour un fondement final, & ne veulent pas porter leur recherche plus outre ; ils se contentent de sçavoir dire qu'Aristote ou Galien l'ont ainsi écrit.

*L'Alchymiste.* Et que dites-vous, Seigneur ! peut-on connoître une herbe sans Herbier ?

*La Voix.* Les anciens Philosophes ont puisé toutes leurs Receptes de la fontaine

taine même de la Nature.

*L'Alchymiste.* Seigneur, comment cela ?

*La Voix.* Sçaches que toutes les choses qui sont dans la Terre & sur la Terre, sont engendrées & produites par les trois Principes, mais quelquefois par deux, ausquels toutefois le troisiéme est adherant. Celui donc qui connoîtra les trois Principes & leurs poids, de même que la Nature les a conjoints, il pourra facilement connoître selon le plus ou le moins de leur coction, les degrez du feu dans chaque sujet, & s'il a été bien, ou mal, ou mediocrement cuit : Car ceux qui connoissent les trois Principes, connoissent aussi tous les Vegetaux.

*L'Alchymiste.* Et comment cela ?

*La Voix.* Par la veuë, par le goût, & par l'odorat ; car dans ces trois sens sont terminez les trois Principes des choses, & le degré de leur décoction.

*L'Alchymiste.* Seigneur, ils disent que le Soûfre est une Medecine.

*La Voix.* Il est la Medecine & le Medecin lui-même, & il donne pour reconnoissance son sang, qui est une Medecine à celui qui le délivre de prison.

*L'Alchymiste.* Seigneur, combien peut

T

vivre celui qui posséde cette Medecine universelle?

*La Voix.* Jusqu'au terme de la mort: toutefois il en faut user sagement, car plusieurs Sçavans sont morts avant le terme de leur vie, par l'usage de cette Medecine.

*L'Alchymiste.* Que dites-vous, Monseigneur? est-ce un venin?

*La Voix.* Ne sçavez-vous pas qu'une grande flâme de feu en consume une petite? Plusieurs de ces Philosophes ayant appris cét Art, au moyen des enseignemens qui leur avoient été donnez par les autres, n'ont pas d'eux-mêmes recherché si profondément la vertu de cette Medecine; ils ont crû que plus cette Medecine étoit puissante & subtile, elle étoit aussi plus propre pour donner la santé: Que si un grain de cette Medecine pénétre une grande quantité de métal, à plus forte raison s'insinuë-elle dans toutes les parties du corps humain.

*L'Alchymiste.* Seigneur, comment donc en doit-on user?

*La Voix.* Plus elle est subtile, moins il en faut prendre, de crainte qu'elle n'éteigne la chaleur naturelle: Il en faut user si discretement, qu'elle nourrisse & corrobore nôtre chaleur, & non pas qu'elle la surmonte.

*L'Alchymiste.* Seigneur, je sçai bien faire cette Medecine.

*La Voix.* Tu es bienheureux, si tu la sçais faire, car le sang du Soûfre est cette intrinseque vertu & siccité qui convertit & congele l'argent-vif & tous les autres métaux en Or pur, & qui donne la santé au corps humain.

*L'Alchymiste.* Seigneur, je sçai faire l'huile de Soûfre, qui se prépare avec des crystaux calcinez : j'en sçai encore sublimer une autre par la campane.

*La Voix.* Vrayement tu es aussi un des Philosophes de cette belle Assemblée : car tu interpretes tres-bien mes paroles, de même ( si je ne me trompe ) que celles de tous les Philosophes.

*L'Alchymiste.* Seigneur, cette huile n'est-ce pas le sang du Soûfre ?

*La Voix.* O mon ami ! il n'y a que ceux qui sçavent délivrer le Soûfre de ses prisons, qui peuvent tirer le sang du Soûfre.

*L'Alchymiste.* Seigneur, le Soûfre peut-il quelque chose és Métaux ?

*La Voix.* Je t'ai dit qu'il sçait tout faire : toutefois il a encore plus de pouvoir sur les Métaux, que sur toute autre chose : mais à cause que ses Gardes sçavent qu'il en peut aisément sortir, ils le gardent étroitement en de très-fortes prisons, de maniere qu'il ne peut respirer ; car ils craignent qu'il n'arrive au Palais du Roy.

*L'Alchymiste.* Seigneur, le Soûfre est-il de la sorte étroitement emprisonné dans tous les Métaux ?

*La Voix.* Il est emprisonné dans tous les Métaux, mais d'une differente maniere : il n'est pas si étroitement renfermé dans les uns que dans les autres.

*L'Alchymiste.* Seigneur, & pourquoi est-il retenu dans les Métaux avec tant de tyrannie ?

*La Voix.* Parce que s'il étoit parvenu à son Palais Royal, il ne craindroit plus ses Gardes : Car pour lors il pourroit regarder par les fenêtres avec liberté, & se faire voir à tous, parce qu'il seroit dans son propre régne, quoi qu'il n'y fût pas encore dans l'état le plus puissant, auquel il desire arriver.

*L'Alchymiste.* Seigneur, que mange-t-il ?

*La Voix.* Le vent est sa viande, lorsqu'il est libre ; il mange du vent cuit ;

& lorſqu'il eſt en priſon, il eſt contraint d'en manger du crud.

*L'Alchymiſte.* Seigneur, pourroit-on reconcilier l'inimitié qui eſt entre lui & ſes Gardes?

*La Voix.* Oüi, ſi quelqu'un étoit aſſez prudent pour cét effet.

*L'Alchymiſte.* Pourquoi ne leur parle-t-il point d'accord?

*La Voix.* Il ne le ſçauroit faire de lui-même, car incontinent il entre en colére & en furie contr'eux.

*L'Alchymiſte.* Que n'interpoſe-t-il donc un tiers pour moyenner une paix?

*La Voix.* Celui qui pourroit faire cette paix entr'eux, feroit à la verité le plus heureux de tous les hommes, & digne d'une éternelle memoire: mais cela ne peut arriver que par le moyen d'un homme tres-ſage, qui auroit intelligence avec la mere du Soûfre, & traiteroit avec elle. Car s'ils étoient une fois amis, l'un n'empêcheroit point l'autre; mais leurs forces étant unies enſemble, ils produiroient des choſes immortelles. Certainement celui qui feroit cette reconciliation, feroit recommandable à toute la poſterité, & ſon nom devroit être conſacré à l'éternité.

*L'Alchymiste.* Seigneur, je terminerai bien les differends qu'ils ont entr'eux, & je délivrerai bien le Soûfre hors de sa prison : car d'ailleurs, je suis homme tres-docte & tres-sage ; je suis encore bon praticien, principalement lorsqu'il est question de traiter quelque accord.

*La Voix.* Mon ami, je voi bien que tu es assez grand, & que tu as une grande tête : mais je ne sçai pas si tu pourras faire ce que tu dis.

*L'Alchymiste.* Seigneur, peut-être ignorez-vous le sçavoir des Alchymistes ; ils sont toûjours victorieux en matiére d'accommodemens ; & en verité je ne tiens pas la derniere place parmi eux, pourveu que les ennemis du Soûfre veüillent m'entendre pour moyenner cette paix : asseurez-vous que s'ils traitent, ils perdront leur cause. Seigneur, croyez-moi, les Alchymistes sçavent faire des accords. Le Soûfre sera bien-tôt délivré de sa prison, si ses ennemis veulent seulement traiter avec moi.

*La Voix.* Vôtre esprit me plaît, & j'apprens que vous êtes Homme de réputation.

*L'Alchymiste.* Seigneur, dites-moi encore, si cela est le vrai Soûfre des Philosophes.

*La Voix.* Vrayement ce que vous me montrez est bien du Soûfre ; mais c'est à vous à sçavoir, si c'est le Soûfre des Philosophes, car je vous en ai assez parlé.

*L'Alchymiste.* Seigneur, si je trouvois ses prisons, le pourrois-je faire sortir ?

*La Voix.* Si vous le sçavez, vous le pourrez facilement faire ; car il est plus aisé de le délivrer, que de le trouver.

*L'Alchymiste.* Seigneur, je vous prie, dites-moi encore, si je le trouvois en pourrois-je faire la Pierre des Philosophes ?

*La Voix.* O mon ami ! ce n'est pas à moi à le deviner ; mais pensez-y vous-même : Je vous dirai néanmoins que si vous connoissez sa mere, & que vous la suiviez, aprés avoir délivré le Soûfre, incontinent la Pierre se fera.

*L'Alchymiste.* Seigneur, dans quel sujet se trouve ce Soûfre ?

*La Voix.* Sçaches pour certain que ce Soûfre est doüé d'une grande vertu ; sa miniere sont toutes les choses du monde ; car il se trouve dans les Métaux, dans les herbes, les arbres, les animaux, les pierres, les minieres, &c.

*L'Alchymiste.* Et qui diable le pourra trouver, étant caché entre tant de choses & tant de divers sujets? Dites-moi, quelle est la matiére de laquelle les Philosophes extrayent leur Soûfre.

*La Voix.* Mon ami, vous en voulez trop sçavoir : toutefois pour vous contenter, sçachez que le Soûfre est par tout, & en tout sujet. Il a néanmoins certains Palais où il a accoûtumé de donner audience aux Philosophes : mais les Philophes l'adorent, quand il nage dans sa propre mer, & qu'il joüe avec Vulcan ; & ils s'approchent de lui, lorsqu'ils le voyent vêtu d'un tres-chetif habit, pour n'être point connu.

*L'Alchymiste.* Seigneur, ce n'est point à moi de le chercher en la mer, veu qu'il est caché ici plus prochainement.

*La Voix.* Je t'ai dit que ses Gardes l'ont mis en des prisons tres-obscures, afin que tu ne le puisse voir ; car il est en un seul sujet : mais si tu ne l'as pas trouvé dans ta maison, à grand'peine le trouveras-tu dans les forêts : Néanmoins afin que tu ne perde pas l'espérance dans la recherche que tu en fais, je te jure saintement, qu'il est tres-parfait en l'or & en l'argent ; mais qu'il est tres-facile en l'argent-vif.

*L'Alchymiste.* Seigneur, je ferois bien de bon cœur la Pierre Philosophale.

*La Voix.* Voila un bon souhait, le Soûfre voudroit bien aussi être délivré. Et ainsi Saturne s'en alla. L'Alchymiste déja lassé fut surpris d'un profond sommeil, durant lequel cette vision lui apparut. Il vid en cette Forêt une Fontaine pleine d'eau, autour de laquelle le Sel & le Soûfre se promenoient, contestant l'un contre l'autre, jusqu'à ce qu'enfin ils commencerent à se battre. Le Sel porta un coup incurable au Soûfre, & au lieu de sang, il sortit de cette blessure une eau blanche comme du lait, laquelle s'accrut en un grand fleuve. On vid sortir pour lors de cette Forêt Diane Vierge tres-belle, qui commença à se laver dans ce fleuve. Un Prince qui étoit un homme tres-fort, & plus grand que tous ses Serviteurs, passant en cét endroit, la vid, & admira sa beauté : & à cause qu'elle étoit de même Nature que lui, il fut épris de son amour ; de même qu'elle en le voyant brûla reciproquement d'amour pour lui : c'est pourquoi tombant comme en défaillance, elle se noya. Ce que le Prince appercevant, il commanda à ses Serviteurs de l'aller secourir ; mais ils apprehenderent tous d'approcher de ce fleuve. Ce Prince addreſſant ſes paroles à eux, leur dit : Pourquoi ne ſecourez-vous pas cette Vierge Diane ? Ils lui répondirent : Seigneur, il eſt vrai que ce fleuve eſt petit, & comme deſſéché, mais il eſt tres-dangereux ; car une fois nous le voulûmes traverſer à vôtre déçû, & à grand'peine pûmes-nous éviter la mort éternelle : nous ſçavons encore que quelques-uns de nos prédéceſſeurs ont péri en cét endroit. Pour lors ce Prince ayant quitté ſon gros manteau, tout armé comme il étoit, ſe jetta dans le fleuve pour ſecourir la tres-belle Diane : Il lui tendit la main, qu'elle prit ; & ſe voulant ſauver par ce moyen, elle attira le Prince avec elle, de maniere qu'ils ſe noyerent tous deux.

Peu de tems aprés leurs ames ſortirent du fleuve, voltigerent autour, & ſe réjoüirent, diſans : *Cette ſubmerſion nous a été favorable, car ſans elle nous n'euſſions pû ſortir de nos corps infects.* L'Alchymiſte interrogea ces Ames, & leur demanda : Retournerez-vous encore quelque jour dans vos corps ? Les Ames lui répondirent : Oüi, mais non pas dans des corps ſi ſoüillez ; ce ſera quand ils ſeront purifiez, & lorſque ce fleuve ſera desséché par la chaleur du Soleil, & que cette Province aussi aura été bien souvent examinée par l'air.

*L'Alchymiste.* Et que ferez-vous cependant ?

*Les Ames.* Nous ne cesserons de voltiger sur le fleuve, jusqu'à ce que ces nuages & tempêtes cessent. Cependant l'Alchymiste s'étant encore endormi, fit un agreable songe de son Soûfre : il lui sembla voir arriver en ce lieu plusieurs autres Alchymistes, qui cherchoient aussi du Soûfre ; & ayant trouvé en la Fontaine le cadavre ou corps mort du Soûfre que le Sel avoit tué, ils le partagerent entr'eux : ce que nôtre Alchymiste voyant, il en prit aussi sa part ; & ainsi chacun retourna en sa maison. Ils commencerent dés lors à travailler sur ce Soûfre, & n'ont point cessé jusqu'à present. Saturne vint à la rencontre de cét Alchymyste, & lui demanda : Et bien, mon ami, comment vont tes affaires ?

*L'Alchymiste.* O Seigneur ! j'ai veu une infinité de choses admirables, à peine ma femme les croira-elles : J'ai maintenant trouvé le Soûfre : Je vous prie, Monseigneur, aidez-moi, & nous ferons cette Pierre.

*Saturne.* Mon ami, je t'aiderai tres-volontiers : prépare-moi donc l'argent-vif & le Soûfre, & donne-moi un vaisseau de verre.

*L'Alchymiste.* Seigneur, n'ayez rien à démêler avec le Mercure, car c'est un pendart qui s'est mocqué de mon compagnon, & de plusieurs autres qui ont travaillé sur lui.

*Saturne.* Sçaches que les Philosophes n'ont jamais rien fait sans l'argent-vif, au régne duquel le Soûfre est déja Roi : ni moi pareillement je ne sçaurois rien faire sans lui.

*L'Alchymiste.* Seigneur, faisons la Pierre du Soûfre seul.

*Saturne.* Je le veux bien, mon ami, mais tu verras ce qui en arrivera. Ils prirent donc le Soûfre que l'Alchymiste avoit trouvé, & firent tout suivant la volonté de l'Alchymiste : Ils commencerent à travailler sur ce Soûfre, le traiterent en mille façons differentes, & le mirent en des admirables fourneaux, que l'Alchymiste avoit en grand nombre : Mais la fin de leurs labeurs n'ont été que de petites allumettes soûfrées, que les vieilles vendent publiquement pour allumer du feu. Ils recommencerent de nouveau à sublimer le Soûfre, & à le calciner au gré de l'Alchymiste ; mais quelque chose qu'ils ayent fait, il leur est toûjours arrivé à la fin de leur travail, comme auparavant : car tout ce que l'Alchymiste voulut faire de ce Soûfre, ne se tourna encore qu'en allumettes. Il dit à Saturne : Seigneur, je voi bien que pour vouloir suivre ma fantaisie, nous ne ferons jamais rien qui vaille : c'est pourquoi je vous prie de travailler tout seul à vôtre volonté, & comme vous le sçavez. Alors Saturne lui dit : Regarde-moi donc faire, & apprens. Il prit deux argens-vifs de diverse substance, mais d'une même racine, que Saturne lava de son urine, & les appella les Soûfres des Soûfres : puis mêla le fixe avec le volatil ; & aprés en avoir fait une composition, il les mit en un vaisseau propre ; & de crainte que le Soûfre ne s'enfuit, il lui donna un garde, puis aprés il le mit ainsi dans le bain d'un feu tres-lent, comme la matiere le requeroit, & acheva tres-bien son ouvrage. Ils firent donc la Pierre des Philosophes, parce que d'une bonne matiere, il en vient une bonne chose.

Je vous laisse à penser si nôtre Alchymiste fut bien aise, puisque (pour vous achever) il prit la Pierre avec le verre; & admirant la couleur qui étoit rouge comme du sang, ravi d'une extrême joye, il commença à sauter si fort, qu'en sautant, le vaisseau où la Pierre étoit tomba à terre, & se cassa; & en même tems Saturne disparut. L'Alchymiste étant réveillé, ne trouva rien entre ses mains que les allumettes qu'il avoit faites de son Soûfre, car la Pierre s'envola, & vole encore aujourd'hui; à raison dequoi on l'appelle volatile: De maniere que le pauvre Alchymiste n'a apprit par sa vision qu'à faire des allumettes soûfrées; & voulant acquerir la Pierre des Philosophes, il a si bien operé, qu'à la fin il y acquit une Pierre dans les reins, pour laquelle guérir il voulut devenir Medecin: Et aprés s'être désisté de rechercher la Pierre, il passa enfin sa vie comme tous les autres Chymistes ont accoûtumé de faire, dont la plûpart deviennent Medecins ou Smegmatistes; c'est-à-dire, Savonniers. Et c'est ce qui arrive ordinairement à tous ceux qui entreprennent de travailler en cét Art sans aucun fondement, sur ce qu'ils en ont oüi dire, ou qu'ils en ont appris fortuitement par des Receptes qui leur en ont été données, & par des raisonnemens dialectiques.

Il y en a quelqu'autres qui n'ayans pas réüssi dans leurs opérations, disent : *Nous sommes sages, & nous avons appris que chaque chose se multiplie par le moyen de sa semence : s'il y avoit quelque verité en cette Science, nous en fussions plûtôt venus à bout que tous autres.* Et ainsi pour cacher leur honte, & pour ne point passer pour des gens indignes & opiniâtres comme ils sont, ils la blâment : Que s'ils n'ont pas atteint le but qu'ils s'étoient proposé, & qu'ils ont tant desiré, ce n'est pas que la Science ne soit veritable, mais c'est qu'ils ont (comme les autres) la cervelle trop mal timbrée, & le jugement trop foible, pour comprendre un si haut mystére. Cette Science n'est pas propre à ces sortes de gens, & elle leur fait toûjours voir qu'ils ne sont qu'au commencement, lorsqu'ils croyent être à la fin.

Quant à nous, nous confessons que cét Art n'est rien pour tout à l'égard de ceux qui en sont indignes, parce qu'ils n'en viendront jamais à bout : mais nous asseurons aux Amateurs de la vertu, aux vrais Inquisiteurs, & à tous les Enfans de la Science, que la transmutation métallique est une chose vraye & tres-vraye, comme nous l'avons fait voir par experience à diverses personnes de haute & basse condition, & qui meritoient bien voir ar effet la preuve de cette verité. Ce n'est pas que nous ayons fait cette Medecine de nous-mêmes; mais c'est un intime Ami qui nous l'a donnée : Elle est néanmoins tres-vraye. Nous avons suffisamment instruit les Inquisiteurs de cette Science pour en faire la recherche : Que si nos Ecrits ne leur plaisent pas, qu'ils ayent recours à ceux des autres Auteurs, qu'ils trouveront moins solides : Que ce soit toutefois avec cette précaution ; qu'ils considerent si ce qu'ils liront, est possible à la Nature ou non, afin qu'ils n'entreprennent rien qui soit contre le pouvoir de la Nature : car s'ils pensent faire autre chose, ils s'y trouveront trompez. S'il étoit écrit dans les cayers des Philosophes, que le Feu ne brûle point, il n'y faudroit pas ajoûter foi ; car c'est une chose qui est contre Nature : au contraire, si l'on trouvoit écrit que le Feu échauffe & qu'il dessèche, il le faut croire, parce que cela se fait naturellement, & la Nature s'accorde toûjours bien avec

un

un bon jugement : Il n'y a rien de difficile dans la Nature, & toute verité est simple. Qu'ils apprennent aussi à connoître quelles choses en la Nature ont plus de conformité, & plus de proximité ensemble : ce qu'ils pourront plus aisément apprendre par nos Ecrits, que par aucuns autres : pour le moins telle est nôtre croyance : car nous estimons en avoir assez dit, jusqu'à ce qu'il en vienne peut-être un autre aprés nous, qui écrive entierement la maniere de faire cette Pierre, comme s'il vouloit enseigner à faire un fromage avec la crême du lait : ce qui ne nous est pas permis de faire.

Mais afin que nous n'écrivions pas seulement pour ceux qui commencent, & que nous disions quelque chose en vôtre faveur, vous qui avez déja essuyé tant de peines & de travaux : Avez-vous veu cette région, en laquelle le mari a épousé sa femme, & dont les nôces furent faites en la maison de la Nature ? Avez-vous entendu comme le vulgaire a aussi-bien veu ce Soûfre que vous-mêmes, qui avez pris tant de soins à le chercher ? Si vous voulez donc que les vieilles femmes mêmes exercent vôtre Philosophie, montrez la dealbation de ces Soûfres, & dites

V

ouvertement au commun peuple : Venez, & voyez, l'eau est déja divisée, & le Soûfre en est sorti ; il retournera blanc, & coagulera les eaux.

Brûlez donc le Soûfre tiré du Soûfre incombustible ; lavez-le, blanchissez-le, & le rubifiez, jusqu'à ce que le Soûfre soit fait Mercure, & que le Mercure soit fait Soûfre : puis après enrichissez-le avec l'ame de l'Or. Car si du Soûfre, vous n'en tirez le Soûfre par sublimation, & le Mercure du Mercure, vous n'avez pas encore trouvé cette eau qui est la quinte-essence distillée & créée du Soûfre & du Mercure. Celui-là ne montera point, qui n'a pas décendu. Plusieurs perdent en la préparation ce qui est de plus remarquable en cét Art : car nôtre Mercure s'aiguise par le Soûfre, autrement il ne nous serviroit de rien. Le Prince est misérable sans son peuple, aussi-bien que l'Alchymiste sans le Soûfre & le Mercure. J'ai dit, si vous m'avez entendu.

L'Alchymiste étant de retour à son logis, déploroit la Pierre qu'il avoit perduë, & s'attristoit particulierement de n'avoir pas demandé à Saturne quel étoit ce Sel qui lui avoit apparu dans son songe, veu qu'il y a tant de sortes de Sels. Puis il dit le reste à sa femme.

## Conclusion.

TOUT Inquisiteur de cét Art doit en premier lieu examiner d'un meur & sain jugement la création des quatre Elemens, leurs opérations, leurs vertus, & leurs actions : car s'il ignore leur origine & leur Nature, il ne parviendra jamais à la connoissance des Principes, & ne connoîtra point la vraye matiére de la Pierre : moins encore pourra-il arriver à une bonne fin, parce que toute fin est déterminée par son Principe. Quiconque connoît bien ce qu'il commence, connoîtra bien aussi ce qu'il achevera. L'origine des Elemens est le Chaos duquel Dieu, Auteur de toutes choses, a créé & séparé les Elemens : ce qui n'appartient qu'à lui seul. Des Elemens la Nature a produit les Principes des choses : ce qui n'appartient qu'à la Nature seule, par le vouloir de Dieu. Des Principes la

Nature a puis après produit les Minieres, & toutes les autres choses. Et enfin de ces mêmes Principes l'Artiste en imitant la Nature, peut faire beaucoup de choses merveilleuses : Car de ces Principes, qui sont le Sel, le Soûfre & le Mercure, la Nature produit les Minieres, les Métaux, & toutes sortes de choses ; & ce n'est pas simplement & immédiatement des Elemens qu'elle produit les Métaux, mais c'est par les Principes, qui lui servent de moyen & de milieu entres les Elemens & les Métaux.

Si donc la Nature ne peut rien produire des quatre Elemens sans les trois Principes, beaucoup moins l'Art le pourra-il faire. Et ce n'est pas seulement en cét exemple qu'il faut garder une moyenne disposition, mais encore dans tous les procedez naturels. C'est pourquoi nous avons dans ce Traité assez amplement décrit la Nature des Elemens, leurs actions & leurs opérations, comme aussi l'origine des Principes ; & nous en avons parlé plus clairement qu'aucun des Philosophes qui nous ont précédé, afin que le bon Inquisiteur de cette Science puisse facilement considerer en quel degré la Pierre est distante des Métaux, & les Métaux des Elemens : car il y a bien de la différence entre l'Or & l'Eau; mais elle est moindre entre l'Eau & le Mercure. Elle est encore plus petite entre l'Or & le Mercure, parce que la maison de l'Or, c'est le Mercure; & la maison du Mercure, c'est l'Eau. Mais le Soûfre est celui qui coagule le Mercure : Que si la préparation de ce Soûfre est tres-difficile, l'invention l'est encore davantage, puisque tout le secret de cét Art consiste au Soûfre des Philosophes, qui est aussi contenu és entrailles du Mercure. Nous donnerons quelque jour dans nôtre troisiéme Principe du Sel la préparation de ce Soûfre, sans laquelle il nous est inutile, parce que nous ne traitons pas en cét endroit de la pratique du Soûfre, ni de la maniere de nous en servir, mais seulement de son origine & de sa vertu.

Toutefois nous n'avons pas composé ce Traité pour vouloir reprendre les anciens Philosophes, mais plûtôt pour confirmer tout ce qu'ils ont dit, ajoûtant seulement à leurs Ecrits ce qu'ils ont obmis : parce que tous Philosophes qu'ils soient, ils sont hommes comme les autres, & qu'ils n'ont pas pû traiter de toutes les choses exactement, dautant qu'un seul homme ne peut pas suffisamment fournir à toutes sortes de choses. Quelques-uns aussi de ces grands Personnages ont été déçûs par des miracles, en telle maniere qu'ils se sont écartez de la voye de la Nature, & n'ont pas bien jugé de ses effets : comme nous lisons en Albert le Grand, Philosophe tres-subtil, qui écrit que de son tems on trouva dans un sépulchre des grains d'Or entre les dents d'un homme mort. Il n'a pas bien pû rencontrer la raison certaine de ce miracle, puisqu'il a attribué cét effet à une force minerale qu'il croyoit être en l'homme, ayant fondé son opinion sur ce dire de Morienes : *Et cette matiere, ô Roy ! se tire de vôtre corps.* Mais c'est une grande erreur, & il n'en va pas ainsi que l'a pensé Albert le Grand : car Morienes a voulu entendre ces choses Philosophiquement, dautant que la vertu minerale, de même que l'animale, demeure chacune dans son régne, suivant la distinction & la division que nous avons fait de toutes les choses en trois régnes dans nôtre petit Livre des douze Traitez, parce que chacun de ces régnes se conserve & se multiplie en soi-même, sans emprunter quelque chose d'étranger, & qui soit pris d'un autre régne : Il est bien vrai qu'au régne animal il y a un Mercure qui sert comme de matiére, & un Soûfre qui tient lieu de forme ou de vertu ; mais ce sont matiére & vertu animales, & non pas minerales.

S'il n'y avoit pas en l'homme un Soûfre animal, c'est-à-dire, une vertu ou une force sulfurée, le sang qui est son Mercure, ne se coaguleroit pas, & ne se convertiroit pas en chair & en os : De même si dans le régne vegetable il n'y avoit point de vertu de Soûfre vegetable, l'Eau ou le Mercure ne se convertiroit point en herbes & en arbres. Il faut entendre le même au régne mineral, dans lequel le Mercure mineral ne se coaguleroit jamais sans la vertu du Soûfre mineral. A la verité ces trois régnes, ni ces trois Soûfres ne different point en vertu, puisque chaque Soûfre a le pouvoir de coaguler son Mercure, & que chaque Mercure peut être coagulé par son Soûfre : ce qui ne se peut faire par aucun autre Soûfre, ni par aucun autre Mercure étranger, c'est-à-dire, qui ne soit pas de même régne.

Si on demande donc la raison pour laquelle quelques grains d'Or ont été trouvez ou produits dans les dents d'un homme mort, c'est que pendant sa vie par ordonnance du Medecin, il avoit avalé du Mercure ; ou bien il s'étoit servi du Mercure, ou par onction, ou par turbith, ou par quelqu'autre maniere que ce soit : Et la nature du vif-argent est de monter à la bouche de celui qui en use, & d'y faire des ulcéres, par lesquels il s'évacue avec son flegme. Le malade donc étant mort tandis qu'on le traitoit, le Mercure ne trouvant point de sortie, lui demeura dans la bouche entre les dents ; & ce cadavre servit de vase naturel au Mercure : en telle sorte qu'ayant été enfermé par un long espace de tems, & ayant été purifié par le flegme corrosif du corps humain, au moyen de la chaleur naturelle de la putrefaction, il fut enfin congelé en Or par la vertu de son propre Soûfre. Mais ces grains d'Or n'eussent jamais été produits dans ce cadavre, si avant sa mort il ne se fût servi du Mercure mineral.

Nous en avons un exemple tres-veritable en la Nature, laquelle dans les entrailles de la Terre produit du seul Mercure l'Or, l'Argent, & tous les autres Métaux, suivant la disposition du lieu ou de la matrice où le Mercure entre, parce

qu'il

qu'il a en soi son propre Soûfre qui le coagule & le convertit en Or, s'il n'est empêché par quelque accident, soit par le défaut de la châleur, soit qu'il ne soit pas bien enfermé. Ce n'est donc pas la vertu du Soûfre animal qui congele & convertit le Mercure animal en Or, elle ne peut seulement que convertir le Mercure animal en chair ou en os : Car si cette vertu se trouvoit dans l'Homme, cette conversion arriveroit dans tous les corps : ce qui n'est pas.

Tels & plusieurs autres semblables miracles & accidens qui arrivent, n'étans pas bien considerez par ceux qui en écrivent, font errer ceux qui les lisent. Mais le bon Inquisiteur de cette Science doit toûjours rapporter toutes choses à la possibilité de la Nature : car si ce qu'il trouve par écrit ne s'accorde point avec la Nature, il faut qu'il le laisse.

Il suffit aux diligens Studieux de cét Art d'avoir appris en cét endroit l'origine de ces Principes : car lorsque le Principe est ignoré, la fin est toûjours douteuse. Nous n'avons pas parlé dans ce Traité énigmatiquement à ceux qui recherchent cette Science, mais le plus clairement qu'il nous a été possible, &

X

autant qu'il nous est permis de le faire. Que si par la lecture de ce petit ouvrage Dieu éclaire l'entendement à quelqu'un, il sçaura combien les Héritiers de cette Science sont redevables à leurs Prédécesseurs, puisqu'elle s'acquiert toûjours par des esprits de même trempe que ceux qui l'ont auparavant possedée.

Aprés donc que nous en avons fait une tres-claire démonstration, nous la remettons dans le sein du Dieu tres-haut nôtre Seigneur & Créateur ; & nous nous recommandons, ensemble tous les bons Lecteurs, à sa grace & à son immense misericorde : Auquel soit loüange & gloire, par les infinis siécles des siécles.

*Fin du present Traité du Soûfre.*

# TRAITÉ
## DU
## SEL,
### TROISIEME PRINCIPE
#### DES CHOSES MINERALES,

*De nouveau mis en lumiere.*

## AU LECTEUR.

AMI Lecteur, Ne veüille point, je te prie, t'enquerir quel est l'Auteur de ce petit Traité, & ne cherche point à pénétrer la raison pour laquelle il l'a écrit. Il n'est pas besoin non plus que tu sçaches qui je suis moi-même. Tiens seulement pour tres-asseuré que l'Auteur de ce petit Ouvrage possede parfaitement la Pierre des Philosophes, & qu'il l'a déja faite. Et parce que nous avions une sincere & mutuelle bienveillance l'un pour l'autre, je lui demandai pour marque de son amitié qu'il m'expliquât les trois premiers Principes, qui sont le Mercure, le Soûfre & le Sel. Ie le priai aussi de me dire s'il faloit chercher la Pierre des Philosophes en ceux que nous voyons & qui sont communs; ou que s'il y en avoit d'autres, il me le déclarât en paroles tres-claires & d'un stile simple & non embarassé. Ce que m'ayant accordé, aprés avoir écrit ce que je pûs de ces petits Traitez à la dérobée, je me suis persuadé qu'en les faisant imprimer, bien que contre le plaisir de l'Auteur, qui est du tout hors d'ambition, les vrais Amateurs de la Philosophie m'en auroient obligation : Car je ne doute point que les ayant lû & bien exactement consideré, ils se donneront mieux garde des imposteurs, & feront moins de perte de tems, d'argent, d'honneur & de réputation. Prens donc (ami Lecteur) en bonne part l'intention que nous avons de te rendre service ; mets toute ton esperance en Dieu ; adores-le de tout ton cœur, & le reveres avec crainte : Gardes le silence avec soin ; aimes le prochain avec bienveillance; & Dieu t'accordera toutes choses.

Le commencement de la Sagesse, est de craindre Dieu.

# TABLE
## DES CHAPITRES
Contenus en ce Traité du Sel.

CHAP. I. *De la qualité & condition du Sel de la Nature.* pag. 249

CHAP. II. *Où est-ce qu'il faut chercher nôtre Sel.* p. 253

CHAP. III. *De la dissolution.* p. 264

CHAP. IV. *Comment nôtre Sel est divisé en quatre Elemens, selon l'intention des Philosophes.* p. 271

CHAP. V. *De la préparation de Diane plus blanche que la neige.* p. 276

CHAP. VI. *Du mariage du serviteur rouge avec la femme blanche.* p. 290

CHAP. VII. *Des degrez du feu.* p. 294

CHAP. VIII. *De la vertu admira-*

X iiij

# TABLE

ble de nôtre Pierre salée & aqueuse.
p. 297
Recapitulation. p. 303
Dialogue de la Vision & de l'Alchymiste.
p. 312

# TRAITÉ DU SEL,

TROISIEME PRINCIPE DES CHOSES MINERALES.

---

## CHAPITRE I.

*De la qualité & condition du Sel de la Nature.*

E Sel est le troisiéme Principe de toutes choses, duquel les anciens Philosophes n'ont point parlé. Il nous a été pourtant expliqué & comme montré au doigt par I. Isaac Hollandois, Basile Valentin, & Theophi

Paracelse : Ce n'est pas que parmi les Principes il y en ait quelqu'un qui soit premier, & quelqu'un qui soit dernier, puisqu'ils ont une même origine, & un commencement égal entre-eux : mais nous suivons l'ordre de nôtre Pere, qui a donné le premier rang au Mercure, le second au Soûfre, & le troisiéme au Sel. C'est lui principalement qui est un troisiéme être, qui donne le commencement aux Mineraux, qui contient en soi les deux autres Principes, sçavoir le Mercure & le Soûfre, & qui dans sa naissance n'a pour Mere que l'impression de Saturne, qui le restraint & le rend compact, de laquelle le corps de tous les Métaux est formé.

Il y a de trois sortes de Sels. Le premier est un Sel central, que l'esprit du monde engendre sans aucune discontinuation dans le centre des Elemens par les influences des Astres, & qui est gouverné par les rayons du Soleil & de la Lune en nôtre Mer Philosophique. Le second est un Sel spermatique, qui est le domicile de la semence invisible, & qui dans une douce chaleur naturelle, par le moyen de la putrefaction donne de soi la forme & la vertu vegetale, afin que cette invisible semence tres-volatile, ne soit pas dissipée, & ne soit pas entierement détruite par une excessive chaleur externe, ou par quelqu'autre contraire & violent accident : car si cela arrivoit, elle ne seroit plus capable de rien produire. Le troisiéme Sel est la derniere matiere de toutes choses, lequel se trouve en icelles, & qui reste encore aprés leur destruction.

Ce triple Sel a pris naissance dés le premier poinct de la Création, lorsque Dieu dit : Soit fait ; & son existance fut faite du néant, dautant que le premier Chaos du Monde n'étoit autre chose qu'une certaine crasse & salée obscurité, ou nuée de l'abîme, laquelle a été concentrée & créée des choses invisibles par la parole de Dieu, & est sortie par la force de sa voix, comme un être qui devoit servir de premiere matiere, & donner la vie à chaque chose, & qui est actuellement existant. Il n'est ni sec, ni humide, ni épais, ni délié, ni lumineux, ni ténébreux, ni chaud, ni froid, ni dur, ni mol ; mais c'est seulement un chaos mélangé, duquel puis aprés toutes choses ont été produites & séparées. Mais en cét endroit nous pasferons ces choses sous silence, & nous traiterons seulement de nôtre Sel, qui est le troisiéme Principe des Mineraux, & qui est encore le commencement de nôtre œuvre Philosophique.

Que si le Lecteur desire tirer du profit & de l'avancement de ce mien discours, & comprendre ma pensée, il faut avant toute œuvre qu'il lise avec tres-grande attention les Ecrits des autres veritables Philosophes, & principalement ceux de Sendivogius dont nous avons fait mention ci-dessus, afin que de leur lecture il connoisse fondamentalement la génération & les premiers Principes des Métaux, qui procédent tous d'une même racine. Car celui qui connoît exactement la génération des Métaux, n'ignore pas aussi leur melioration & leur transmutation : Et aprés avoir ainsi connu nôtre fontaine de Sel, on lui donnera ici le reste des instructions qui lui sont nécessaires, afin qu'ayant prié Dieu devotement, il puisse par sa sainte grace & benediction acquerir ce précieux Sel blanc comme neige ; qu'il puisse puiser l'eau vive du Paradis ; & qu'il puisse avec icelle préparer la Teinture Philosophique, qui est le plus grand trésor & le plus noble don que Dieu ait jamais donné en cette vie aux sages Philosophes.

## Discours traduits de Vers.

*Priez Dieu qu'il vous donne sa Sagesse, sa clemence & sa grace,*
*Par le moyen desquelles on peut acquerir cét Art.*
*N'appliquez point vôtre esprit à d'autres choses,*
*Qu'à cét Hylech des Philosophes.*
*Dans la fontaine du Sel de nôtre Soleil & Lune,*
*Vous y trouverez le trésor du fils du Soleil.*

## CHAPITRE II.

### Où est-ce qu'il faut chercher nôtre Sel.

COMME nôtre Azoth est la semence de tous les Métaux, & qu'il a été établi & composé par la Nature dans un égal tempérament & proportion des Elemens, & dans une concordance des sept

Planettes ; c'est aussi en lui seulement que nous devons rechercher & que nous devons espérer de rencontrer une puissante vertu d'une force émerveillable, que nous ne sçaurions trouver en aucune autre chose du monde : car en toute l'université de la Nature, il n'y a qu'une seule chose par laquelle on découvre la verité de nôtre Art, en laquelle il consiste entierement, & sans laquelle il ne sçauroit être. C'est une Pierre & non Pierre : Elle est appellée Pierre par ressemblance, premierement parce que sa miniere est véritablement Pierre, au commencement qu'elle est tirée hors des cavernes de la Terre. C'est une matiere dure & séche, qui se peut réduire en petites parties, & qui se peut broyer à la façon d'une Pierre. Secondement, parce qu'aprés la destruction de sa forme ( qui n'est qu'un Soûfre puant qu'il faut auparavant ôter ) & aprés la division de ses parties qui avoient été composées & unies ensemble par la Nature, il est nécessaire de la réduire en une essence unique, & la digerer doucement selon Nature en une Pierre incombustible, résistante au feu, & fondante comme Cire.

Si vous sçavez donc ce que vous cherchez, vous connoiſſez auſſi ce que c'eſt que nôtre Pierre. Il faut que vous ayez la ſemence d'un ſujet de même nature que celui que vous voulez produire & engendrer. Le témoignage de tous les Philoſophes & la raiſon même, nous démontrent ſenſiblement que cette Teinture métallique n'eſt autre choſe que l'Or extrémement digeſte, c'eſt-à-dire, réduit & amené à ſon entiere perfection : car ſi cette Teinture aurifique ſe tiroit de quelqu'autre choſe que de la ſubſtance de l'Or, il s'enſuivroit néceſſairement qu'elle devroit teindre toutes les autres choſes, ainſi qu'elle a accoûtumé de teindre les Métaux : ce qu'elle ne fait pas. Il n'y a que le Mercure métallique ſeulement, lequel par la vertu qu'il a de teindre & perfectionner, devient actuellement Or ou Argent, parce qu'il étoit auparavant Or ou Argent en puiſſance : ce qui ſe fait, lorſqu'on prend le ſeul & unique Mercure des Métaux, en forme de ſperme crud & non encore meur, ( lequel eſt appellé Hermaphrodite, à cauſe qu'il contient dans ſon propre ventre ſon mâle & ſa femelle, c'eſt-à-dire, ſon agent & ſon patient ; & lequel étant digeré juſqu'à une blancheur pure & fixe, devient Argent,

& étant pouſſé juſqu'à la rougeur, ſe fait Or : ) Car il n'y a ſeulement que ce qui eſt en lui d'homogène & de même nature, qui ſe meurit & ſe coagule par la coction : dont vous ayez une marque finale tres-aſſeurée lorſqu'il parvient à un ſuprême degré de rougeur, & que toute la maſſe réſiſte à la plus forte flâme du feu, ſans qu'elle jette tant ſoit peu de fumée ou de vapeur, & qu'elle devienne d'un poids plus leger : Aprés cela, il la faut derechef diſſoudre par un nouveau menſtruë du Monde ; en ſorte que cette portion tres-fixe s'écoulant par tout, ſoit receuë en ſon ventre, dans lequel ce Soûfre fixe ſe réduit à une beaucoup plus facile fluidité & ſolubilité : Et le Soûfre volatil pareillement, par le moyen d'une tres-grande chaleur magnetique du Soûfre fixe, ſe meurit promptement, &c. Car une Nature Mercuriale ne veut pas quitter l'autre : mais alors l'on voit que cét Or rouge ou blanc de la maniere que nous avons dit ci-deſſus, ou plûtôt que l'Antimoine meur, fixe & parfait, vient à ſe congeler au froid, au lieu qu'il ſe liquifiera tres-aiſément à la chaleur comme de la Cire, & qu'il deviendra tres-facile à réſoudre dans quelque liqueur que ce ſoit

soit, & se répandra dans toutes les parties de ce sujet, en lui donnant couleur par tout, de même qu'un peu de Saffran colore beaucoup d'eau. Donc cette fixe liquabilité jettée sur les Métaux fondus, se réduisant en forme d'eau dans une tres-grande chaleur, pénétrera jusqu'à la la moindre partie d'iceux ; & cette eau fixe retiendra tout ce qu'il y a de volatil, & le preservera de combustion. Mais une double chaleur de feu & de Soûfre agira si fortement, que le Mercure imparfait ne pourra aucunement résister ; & presque dans l'espace d'une demie heure on entendra un certain bruit ou petillement, qui sera un signe évident que le Mercure a été surmonté, & qu'il a mis au dehors ce qu'il avoit dans son interieur, & que tout est converti en un pur métal parfait.

Quiconque donc a jamais eu quelque teinture, ou Philosophique, ou particuliere, il ne l'a pû tirer que de ce seul Principe : comme dit ce grand Philosophe natif de l'Alsace superieure, nôtre Compatriote Allemand Basile Valentin, qui vivoit en ma Patrie il y a environ cinquante ans, dans son Livre intitulé : *Le Chariot Triomphal de l'Antimoine*, où

Y

traitant des diverses Teintures que l'on peut tirer de ce même Principe, il écrit: " Que la Pierre de feu ( faite d'Antimoine ) ne teint pas universellement comme la Pierre des Philosophes, laquelle se prépare de l'essence du Soleil: moins encore que toutes les autres Pierres; car la Nature ne lui a pas donné tant de vertu pour cét effet: mais elle teint seulement en particulier, sçavoir l'Estain, le Plomb & la Lune en Soleil. Il ne parle point du Fer ou du Cuivre, si ce n'est en tant qu'on peut tirer d'eux la Pierre d'Antimoine par séparation, & qu'une partie d'icelle n'en sçauroit transmuer plus de cinq parties, à cause qu'elle demeure fixe dans la Coupelle & dans l'Antimoine même, dans l'inquart, & dans toutes les autres épreuves: là où au contraire cette veritable & tres-ancienne Pierre des Philosophes peut produire des effets infinis. Semblablement dans son augmentation & multiplication, la Pierre de feu ne peut pas s'exalter plus outre: mais toutefois l'Or est de soi pur & fixe. Au reste, le Lecteur doit encore remarquer qu'on trouve des Pierres de differente espece, lesquelles

„ teignent en particulier : car j'appelle
„ Pierres toutes les Poudres fixes & tein-
„ gentes : mais il y en a toûjours quel-
„ qu'une qui teint plus efficacement, &
„ en plus haut degré que l'autre. La
„ Pierre des Philosophes tient le premier
„ rang entre toutes les autres. Seconde-
„ ment, vient la teinture du Soleil & de
„ la Lune au rouge & au blanc. Aprés,
„ la teinture du Vitriol & de Venus, &
„ la teinture de Mars, chacune desquel-
„ les contient aussi en soi la teinture du
„ Soleil, pourveu qu'elle soit aupara-
„ vant amenée jusqu'à une fixation per-
„ severante. Ensuite, la teinture de Ju-
„ piter & de Saturne, qui servent à coa-
„ guler le Mercure : Et enfin, la tein-
„ ture du Mercure même. Voilà donc
„ la difference & les diverses sortes de
„ Pierres & de Teintures : Elles sont
„ néanmoins toutes engendrées d'une
„ même semence, d'une même mere, &
„ d'une même source : d'où a été aussi
„ produit le veritable œuvre universel,
„ hors lequel on ne peut trouver d'autre
„ teinture métallique ; je dis même en
„ toutes choses que l'on puisse nommer.
„ Pour les autres Pierres, quelles qu'elles
„ soient, tant les nobles, que les non

» nobles & viles, ne me touchent point,
» & je ne prétends pas même en parler
» ni en écrire, parce qu'elles n'ont point
» d'autres vertus que pour la Medecine.
» Je ne ferai point mention non plus
» des Pierres animales & vegetales, parce
» qu'elles ne servent seulement que pour
» la préparation des Medicamens, &
» qu'elles ne sçauroient faire aucun œu-
» vre métallique, non pas même pour
» produire de soi la moindre qualité :
» De toutes lesquelles Pierres, tant mi-
» nerales, vegetales, qu'animales, la
» vertu & la puissance se trouvent accu-
» mulées ensemble dans la Pierre des
» Philosophes. Les Sels de toutes les
» choses n'ont aucune vertu de teindre,
» mais ce sont les clefs qui servent pour
» la préparation des Pierres, qui d'ail-
» leurs ne peuvent rien d'eux-mêmes :
» cela n'appartient qu'aux Sels des Mé-
» taux & des Mineraux. Je dis mainte-
» nant quelque chose : Si tu voulois bien
» entendre, je te donne à connoître la
» difference qu'il y a entre les Sels des
» Métaux, lesquels ne doivent pas être
» ômis ni rejettez pour ce qui regarde les
» Teintures ; car dans la composition
» nous ne sçaurions nous en passer, parce

„ que dans eux on trouve ce grand Tré-
„ for, d'où toute fixation tire son ori-
„ gine, avec sa durée, & son veritable
„ & unique fondement. Ici finissent les
termes de Basile Valentin.

Toute la verité Philosophique consiste donc en la racine que nous avons dit, & quiconque connoît bien ce Principe, sçavoir que tout ce qui est en haut, se gouverne entierement comme ce qui est en bas : ainsi au contraire celui-là sçait aussi l'usage & l'opération de la clef Philosophique, laquelle par son amertume pontique calcine & réincrude toutes choses, quoi que par cette réincrudation des corps parfaits l'on trouveroit seulement ce même sperme, qu'on peut avoir déja tout préparé par la Nature, sans qu'il soit besoin de réduire le corps compact, mais plûtôt ce sperme, tout mol & non meur, tel que la Nature nous le donne, lequel pourra être mené à sa maturité.

Appliquez-vous donc entierement à ce primitif sujet métallique, à qui la Nature a veritablement donné une forme de métal : mais elle l'a laissé encore crud, non meur, imparfait & non achevé, dans la molle montagne duquel vous pourrez plus facilement foüir une fosse, & tirer d'icelle nôtre pure Eau pontique que la Fontaine environne, laquelle seule (à l'exclusion de toute autre Eau) est de sa Nature disposée pour se convertir en pâte avec sa propre farine, & avec son ferment solaire ; & aprés, de se cuire en ambrosie. Et encore que nôtre Pierre se trouve de même genre dans tous les sept Métaux, selon le dire des Philosophes, qui asseurent que les pauvres (sçavoir les cinq Métaux imparfaits) la possédent aussi-bien que les riches (sçavoir les deux parfaits Métaux) toutefois la meilleure de toutes les Pierres se trouve dans la nouvelle demeure de Saturne, qui n'a jamais été touchée ; c'est-à-dire, de celui dont le fils se presente, non sans grand mystere, aux yeux de tout le monde jour & nuit, & duquel le monde se sert en le voyant, & que jamais les yeux ne peuvent attirer par aucune espece, afin qu'on voye, ou du moins qu'on croye, que ce grand Secret soit renfermé dans ce fils de Saturne, ainsi que tous les Philosophes l'affirment & le jurent ; & que c'est le Cabinet de leurs Secrets, & qu'il contient en soi l'esprit du Soleil renfermé dans ses intestins & dans ses propres entrailles.

Nous ne sçaurions pour le present décrire plus clairement nôtre œuf vitriolé, pourveu que l'on connoisse quelqu'un
» des enfans de Saturne, sçavoir : L'An-
» timoine triomphant : Le Bismuth ou
» Estain de glace fondant à la chandelle :
» Le Cobaltum noircissant plus que le
» Plomb & le Fer : Le Plomb qui fait
» les épréuves : Le *Plombites* ( matiere
» ainsi appellée ) qui sert aux Peintres :
» Le Zinck colorant, & qui paroît ad-
» mirable, en ce qu'il se montre diver-
» sement presque sous la forme du Mer-
» cure : Une matiere métallique, qui
» se peut calciner & vitrioliser par l'air,
» &c. Quoi que ce serain Vulcan inévitable, cuisinier du genre humain, procrée de noirs parens, sçavoir du noir cailloux & du noir Acier, puisse & ait la vertu de préparer les Remedes les plus excellens, de chacune des matieres ci-dessus mentionnées : mais nôtre Mercure volatil est bien different de toutes ces choses.

## Discours traduits de Vers.

C'est une Pierre & non Pierre,
En laquelle tout l'Art consiste ;
La Nature l'a fait ainsi ;
Mais elle ne l'a pas encore mené à perfection.
Vous ne la trouverez pas sur la terre, parce qu'elle n'y prend point croissance :
Elle croît seulement és cavernes des Montagnes.
Tout cet Art dépend d'elle :
Car celui qui a la vapeur de cette chose,
A la dorée splendeur du Lion rouge,
Le Mercure pur & clair ;
Et qui connoît le Soufre rouge qui est en lui,
Il a en son pouvoir tout le fondement.

---

# CHAPITRE III.

### De la dissolution.

Veu que le tems s'approche, auquel cette quatriéme Monarchie viendra pour régner vers le Septentrion, laquelle sera

sera bien-tôt suivie de la calcination du Monde, il seroit à propos de commencer à découvrir clairement à tous en général la calcination ou solution Philosophique, (qui est la Princesse souveraine en cette Monarchie Chymique) & dont la connoissance étant acquise, il ne seroit pas difficile à l'avenir que plusieurs traitassent de l'Art de faire de l'Or, & d'obtenir en peu de tems tous les Tresors les plus cachez de la Nature. Ce qui seroit le seul & unique moyen capable de bannir de tous les coins du Monde cette faim insatiable que les Hommes ont pour l'Or, laquelle entraîne malheureusement le cœur de presque tous ceux qui habitent sur la Terre, & de jetter à bas (à la gloire de Dieu) la Statuë du Veau d'or, que les grands & petits de ce siécle adorent. Mais comme toutes ces choses, aussi-bien qu'une infinité d'autres secrets cachez, n'appartiennent qu'à un bon Artiste Elie, nous lui exposerons presentement ce que Paracelse a ci-devant dit: A sçavoir, que la troisiéme partie du Monde périra par le glaive, l'autre par la peste & la famine; en sorte qu'à peine en restera-il une troisiéme part. Que tous les ordres (c'est-à-dire

Z

de cette Bête à sept têtes) seroient détruits, & entierement ôtez du Monde. Et alors (dit-il) toutes ces choses retourneront en leur entier & premier lieu, & nous joüirons du siécle d'or : L'Homme recouvrera son sain entendement, & vivra conformément aux mœurs des Hommes, &c. Mais quoi que toutes ces choses soient au pouvoir de celui que Dieu a destiné pour ces merveilles, cependant nous laissons par écrit tout ce qui peut être utile à ceux qui recherchent cét Art ; & nous disons, suivant le sentiment de tous les Philosophes, que la vraye dissolution est la clef de tout cét Art : qu'il y a trois sortes de dissolutions; la premiere est la dissolution du corps crud ; la seconde de la terre Philosophique ; & la troisiéme est celle qui se fait en la multiplication.

Mais dautant que ce qui a déja été calciné, se dissout plus aisément que ce qui ne l'a pas été, il faut nécessairement que la calcination & la destruction de l'impureté sulfurée & de la puanteur combustible, précédent avant toutes choses : il faut aussi puis aprés séparer toutes les eaux ou menstruës, desquelles on pourroit s'être servi, comme des aides en cét Art, afin que rien d'étranger & d'autre nature n'y demeure ; & prendre cette précaution, que la trop grande chaleur externe ou autre accident dangereux ne fasse peut-être exhaler ou détruire la vertu intérieure générative & multiplicative de nôtre Pierre, comme nous en avertissent les Philosophes en la Turbe, disans : Prenez garde principalement en la purification de la Pierre, & ayez soin que la vertu active ne soit point brûlée ou suffoquée, parce qu'aucune semence ne peut croître ni multiplier, lorsque sa force générative lui a été ôtée par quelque feu extérieur. Ayant donc le sperme ou la semence, vous pourrez alors par une douce coction parfaire heureusement vôtre œuvre : Car nous ceüillons premierement le sperme de nôtre magnésie ; étant tiré, nous le putrifions ; étant putrifié, nous le dissolvons ; étant dissout, nous le divisons en parties ; étant divisé, nous le purifions ; étant purifié, nous l'unissons ; & ainsi nous achevons nôtre œuvre.

C'est ce que nous enseigne en ces paroles l'Auteur du tres-ancien Duel, ou du Dialogue de la Pierre avec l'Or & le
» Mercure vulgaires. Par le Dieu Tout-
» puissant & sur le salut de mon ame, je

» vous indique & vous découvre, ô
» Amateurs de cét Art tres-excellent,
» par un pur mouvement de fidelité & de
» compassion de vôtre longue recherche,
» que tout nôtre ouvrage ne se fait que
» d'une seule chose, & se perfectionne
» en soi-même, n'ayant besoin que
» de la dissolution & de la congelation :
» ce qui se doit faire sans addition d'au-
» cune chose étrangere. Car comme
» la glace dans un vase sec, mise sur
» le feu, se change en eau par la cha-
» leur : de même aussi nôtre Pierre n'a
» pas besoin d'autre chose que du secours
» de l'Artiste, qu'on obtient par le moyen
» de sa manuelle opération, & par l'a-
» ction du feu naturel. Car encore qu'elle
» fût éternellement cachée bien avant
» dans la terre, néanmoins elle ne s'y
» pourroit perfectionner en rien ; il
» la faut donc aider, non pas toutefois
» en telle sorte qu'il lui faille ajoûter
» aucune chose étrange & contraire à sa
» nature, mais plûtôt il la faut gou-
» verner à la même façon que Dieu nous
» fait naître des fruits de la Terre pour
» nous nourrir ; comme sont les bleds,
» lesquels en aprés il faut battre & por-
» ter au moulin pour en pouvoir faire

„ pain. Il en va ainsi en nôtre œuvre, Dieu
„ nous a créé cét Airain, que nous pre-
„ nons seulement : nous détruisons son
„ corps crud & crasse, nous tirons le
„ bon noyau qu'il a en son intérieur,
„ nous rejettons le superflu, & nous pré-
„ parons une medecine de ce qui n'étoit
„ qu'un venin.

Vous pouvez donc connoître que vous ne sçauriez rien faire sans la dissolution : Car lorsque cette Pierre Saturnienne aura resserré l'Eau Mercurielle, & qu'elle l'aura congelée dans ses liens, il est nécessaire que par une petite chaleur elle se putrefie en soi-même, & se résolve en sa premiere humeur ; afin que son esprit invisible, incompréhensible & tingent, qui est le pur feu de l'Or, enclos & emprisonné dans le profond d'un Sel congelé, soit mis au dehors, & afin que son corps grossier soit semblablement subtilisé par la régénération, & qu'il soit conjoint & uni indivisiblement avec son esprit.

## Discours traduits de Vers.

Resolvez donc vôtre pierre d'une maniere convenable,
Et non pas d'une façon sophistique ;
Mais plûtôt suivant la pensée des Sages,
Sans y ajoûter aucun corrosif :
Car il ne se trouve aucune autre Eau
Qui puisse dissoudre nôtre Pierre,
Excepté une petite Fontaine tres-pure & tres-claire,
Laquelle vient à couler d'elle-même,
Et qui est cette humeur propre pour la dissoudre.
Mais elle est cachée presque à tout le Monde.
Elle s'échauffe si fort par soi-même,
Qu'elle est cause que nôtre Pierre en suë des larmes :
Il ne lui faut qu'une lente chaleur externe ;
C'est dequoi vous devez vous souvenir principalement.
Mais il faut encore que je vous découvre une autre chose :
Que si vous ne voyez point de fumée noire au dessus,

*Et une blancheur au dessous,*
*V'ôtre œuvre n'a pas été bien fait,*
*Et vous vous êtes trompé en la dissolution*
 *de la Pierre.*
*Ce que vous connoîtrez d'abord par ce si-*
 *gne.*
*Mais si vous procedez comme il faut,*
*Vous apercevrez une nuée obscure,*
*Laquelle sans retardement ira au fonds,*
*Lorsque l'esprit prendra la couleur blan-*
 *che.*

## CHAPITRE VI.

*Comment nôtre Sel est divisé en quatre Elemens, selon l'intention des Philosophes.*

PARCE que nôtre Pierre extérieurement est humide & froide, & que sa chaleur interne est une huile séche, ou un soûfre & une teinture vive, avec laquelle on doit conjoindre & unir naturellement la quinte-essence ; il faut nécessairement que vous sépariez l'une de l'autre toutes ces qualitez contraires, & que

que fera nôtre séparation, qui s'apelle dans *l'Echelle Philosophique*, la séparation ou dépuration de la vapeur aqueuse & liquide d'avec les noires feces, la volatilisation des parties rares, l'extraction des parties conjoignantes, la production des principes, la disjonction de l'homogeneïté : Ce qui se doit faire en des bains propres & convenables, &c.

Mais il faut auparavant digerer les Elemens en leur propre fumier : car sans la putrefaction, l'esprit ne sçauroit se séparer du corps ; & c'est elle seule qui subtilise, & cause de la volatilité. Et quand vôtre matiere sera suffisamment digerée, en telle sorte qu'elle puisse être séparée, elle devient plus claire par cette séparation, & l'argent-vif devient en forme d'eau claire.

Divisez donc la Pierre & les quatre Elemens en deux parties distinctes, sçavoir en une partie qui soit volatile, & en une autre qui soit fixe. Ce qui est volatile est eau & air, & ce qui est fixe est terre & feu. De tous ces quatre Elemens la Terre & l'Eau seulement paroissent sensiblement devant nos yeux ; mais non pas le Feu ni l'Air. Et se sont là les deux substances Mercurielles, ou le double du

*Traité du Sel.* 273

Mercure de Trevisan, auquel les Philosophes dans la Turbe ont donné les noms qui s'ensuivent.

1. Le Volatil. —— 1. Le Fixe.
2. L'Argent-vif. —— 2. Le Soûfre.
3. Le Superieur. —— 3. L'inférieur.
4. L'Eau. —— 4. La Terre.
5. La femme. —— 5. L'homme.
6. La Reyne. —— 6. Le Roy.
7. La femme blanche. —— 7. Le serviteur rouge.
8. La Sœur. —— 8. Le frere.
9. Beya. —— 9. Gabric.
10. Le Soûfre volatile. —— 10. Le Soûfre fixe.
11. La Vaultour. —— 11. Le Crapaut.
12. Le vif. —— 12. Le mort.
13. L'Eau-de-vie. —— 13. Le noir plus noir que le noir.
14. Le froid humide. —— 14. Le chaud sec.
15. L'ame ou l'esprit. —— 15. Le corps.
16. La queuë du dragon. —— 16. Le dragon dévorant sa queuë.
17. Le Ciel. —— 17. La Terre.
18. Sa Sueur. —— 18. Sa cendre.
19. Le Vinaigre tres-aigre. —— 19. L'Airain ou le Soûfre.

20. La fumée blanche.—20. La fumée noire.
21. Les nuées noires.—21. Les corps d'où ces nuées sortent, &c.

En la partie superieure, spirituelle & volatile, réside la vie de la terre morte; & en la partie inferieure, terrestre & fixe, est contenu le ferment qui nourrit & qui fige la pierre; lesquelles deux parties sont d'une même racine, & l'une & l'autre se doivent conjoindre ensemble en forme d'eau.

Prenez donc la terre, & la calcinez dans le fumier de Cheval, tiede & humide, jusqu'à ce qu'elle devienne blanche, & qu'elle apparoisse grasse. C'est ce Soûfre incombustible, qui par une plus grande digestion, peut être fait un Soûfre rouge; mais il faut qu'il soit blanc auparavant qu'il devienne rouge : Car il ne sçauroit passer de la noirceur à la rougeur, qu'en passant par la blancheur, qui est le milieu : Et lorsque la blancheur apparoît dans le vaisseau, sans doute que la rougeur y est cachée. C'est pourquoi il ne faut pas tirer vôtre matiere, mais il la faut seulement cuire & digerer, jusqu'à ce qu'elle devienne rouge.

## Discours traduits de Vers.

L'Or des Sages n'est nullement l'Or vulgaire,
Mais c'est une certaine eau claire & pure,
Sur laquelle est porté l'esprit du Seigneur ;
Et c'est de là que toute sorte d'être prend & reçoit la vie.
C'est pourquoi nôtre Or est entierement rendu spirituel :
Par le moyen de l'esprit il passe par l'alembic ;
Sa terre demeure noire,
Laquelle toutefois n'apparoissoit pas auparavant ;
Et maintenant elle se dissout soi-même,
Et elle devient pareillement en eau épaisse,
Laquelle desire une plus noble vie,
Afin qu'elle puisse se rejoindre à soi-même.
Car à cause de la soif qu'elle a, elle se dissout & se derompt,
Ce qui lui profite beaucoup :

*Parce que si elle ne devenoit pas eau & huile,*

*Son esprit & son ame ne pourroient se conjoindre,*

*Ni, se mêler avec elle, comme il advient alors :*

*En sorte que d'iceux n'est faite qu'une seule chose,*

*Laquelle s'éleve en une entiere perfection,*

*Dont les parties sont si fortement jointes ensemble,*

*Qu'elles ne peuvent plus être séparées.*

---

## CHAPITRE V.

### De la préparation de Diane plus blanche que la neige.

CE n'est pas sans raison que les Philosophes appellent nôtre Sel, le lieu de Sapience : car il est tout plein de rares vertus & de merveilles divines : c'est de lui principalement que toutes les couleurs du monde peuvent être tirées. Il est blanc, d'une blancheur de neige en son extérieur ; mais il contient extérieurement une rougeur comme celle du sang. Il est encore rempli d'une saveur tres-douce, d'une vie vivifiante, & d'une teinture céleste, quoi que toutes ces choses ne soient pas dans les proprietez du Sel, parce que le Sel ne donne seulement qu'une acrimonie, & n'est que le lien de sa coagulation ; mais sa chaleur interieure est pure, un pur feu essentiel, la lumiere de Nature, & une huile tres-belle & transparente, laquelle a une si grande douceur, qu'aucun sucre ni miel ne la peut égaler, lorsqu'il est entierement séparé & dépoüillé de toutes ses autres proprietez.

Quant à l'esprit invisible qui demeure dans nôtre Sel, il est, à cause de la force de sa pénétration, semblable & égal au foudre, qui frappe fortement, & auquel rien ne peut résister. De toutes ces parties du Sel unies ensemble, & fixées en un être résistant contre le feu, il en résulte une teinture si puissante, qu'elle pénétre tout corps en un coin d'œil, à la façon d'un foudre tres-véhément, & qu'elle chasse incontinent tout ce qui est contraire à la vie.

Et c'est ainsi que les Métaux imparfaits sont teints ou transmuez en Soleil : car dés le commencement ils sont Or en puissance, ayant tiré leur origine de l'unique essence du Soleil ; mais par l'ire & malediction de Dieu, ils ont été corrompus par sept diverses sortes de lepre & de maladies : Et s'ils n'avoient pas été Or auparavant, nôtre teinture ne les pourroit jamais réduire en Or ; de même façon que l'Homme ne devient pas Or, encore bien qu'il avale une prise de nôtre teinture, qui a le pouvoir de chasser du corps humain toutes les maladies.

On voit aussi par l'exacte anatomie des Métaux qu'ils participent en leur intérieur de l'Or, & que leur extérieur est entouré de mort & de malediction. Car premierement l'on observe en ces Métaux, qu'ils contiennent une matiere corruptible, dure & grossiere, d'une terre maudite ; sçavoir, une substance crasse, pierreuse, impure & terrestre, qu'ils apportent dés leur miniere. Secondement, une eau puante, & capable de donner la mort. En troisiéme lieu, une terre mortifiée qui se rencontre dans cette eau puante ; & enfin une qualité veneneuse, mortelle & furibonde. Mais quand les Métaux sont délivrez de toutes ces impuretez maudites, & de leur heterogeneïté, alors on y trouve *la noble essence de l'Or;* c'est-à-dire, nôtre Sel beni, tant loüé par les Philosophes, lesquels nous en parlent si souvent, & nous l'ont recommandé en ces termes. *Tirez le Sel des Métaux sans aucune corrosion ni violence, & ce Sel vous produira la Pierre blanche & la rouge.* Item, *tout le secret consiste au Sel, duquel se fait nôtre parfait Elixir.*

Maintenant il paroît assez combien il est difficile de trouver un moyen de faire & avoir ce Sel, puisque cette science jusqu'à ce jour n'a point encore été entierement découverte à tous, & qu'à presènt même il ne s'en trouve pas encore de mille un qui sçache, quel sentiment il doit avoir touchant le dire surprenant de tous les Philosophes, sur cette seule, unique & même matiere, qui n'est autre chose que de l'Or veritable & naturel, & toutefois tres-vil, qu'on jette par les chemins, & qu'on peut trouver en iceux. Il est de grand prix, & d'une valeur inestimable; & toutefois ce n'est que fiente: c'est un feu qui brûle plus fortement que tout autre feu; & néanmoins il est froid: c'est une eau qui lave tres-nettement; & néanmoins elle est séche: c'est un marteau d'acier, qui frappe jusques sur les atomes impalpables ; & toutefois il est comme de l'eau molle : c'est une flâme qui met tout en cendres ; & néanmoins elle est humide : c'est une neige qui est toute de neige, & néanmoins qui se peut cuire & entierement s'épaissir : c'est un oyseau qui vole sur le sommet des montagnes ; & néanmoins c'est un poisson : c'est une Vierge qui n'a point été touchée, & toutefois qui enfante & abonde en lait : ce sont les rayons du Soleil & de la Lune, & le feu du Soûfre ; & toutefois c'est une glace tres-froide : c'est un arbre brûlé, lequel toutefois fleurit lorsqu'on le brûle, & rapporte abondance de fruits : c'est une mere qui enfante, & toutefois ce n'est qu'un homme : & ainsi au contraire c'est un mâle, & néanmoins il fait office de femme : c'est un métal tres-pesant, & toutefois il est plume, ou comme de l'alun de plume : c'est aussi une plume que le vent emporte, & toutefois plus pesante que les Métaux : c'est aussi un venin plus mortel que le Basilic même, & toutefois qui chasse toutes sortes de maladies, &c.

Toutes ces contradictions & autres semblables, & qui sont toutefois les propres noms de nôtre Pierre, aveuglent tellement

tellement ceux qui ignorent comment cela se peut entendre, qu'il y en a une infinité qui dénient absolument que cette chose soit veritable, quoi que d'ailleurs ils croyent avoir tout l'esprit le mieux tourné du monde. Ils s'en rapportent plûtôt à un seul Aristote, qu'à un nombre infini de fameux Auteurs, qui depuis plusieurs siécles ont confirmé toutes ces choses, & par les épreuves qu'ils en ont fait, & par les écrits qu'ils nous en ont laissez : jurans que toutes les paroles qu'ils ont avancées portoient verité, ou qu'autrement ils vouloient en rendre compte au grand jour du Jugement. Mais quoi que tout cela ne serve de rien, ceux qui possédent la Science sont toûjours méprisez : ce qui ne se fait pas sans un juste jugement de Dieu, qui d'autant mieux il a mis ce don précieux dans quelque vaisseau, d'autant plus il permet qu'on le considere comme une folie, afin que ceux qui en sont indignes le méprisent & le rejettent plûtôt à leur propre perte & à leur propre dommage. Mais les Fils de la Science gardent avec crainte ce dépost secret de la Providence, considerans que les paraboles, tant de l'Ecriture-Sainte, que de tous les Sages, signifient bien autre chose que ne porte le sens litteral : C'est pourquoi suivant le commandement du Psalmiste, ils méditent jour & nuit sur leur matiere, & cherchent cette précieuse Pierre avec soin & avec peine, jusqu'à ce qu'ils la trouvent par leurs prieres & leur travail. Car si Dieu ( comme on n'en peut douter ) ne donne point à connoître cette admirable Pierre ( quoi que terrestre seulement ) à tous les Hommes de mauvaise volonté, à cause qu'elle est un petit crayon de cette sainte & céleste Pierre angulaire, quel sentiment devons-nous avoir de cette authentique & inestimable Pierre que tous les Anges & Archanges adorent ? Bien toutefois qu'il n'y ait aucun Homme qui ne se tienne asseuré de l'acquerir sans peine, pourveu qu'étant régénéré il fasse profession de la Foi, qu'il la publie de bouche, qu'il n'en conçoive aucun doute, & qu'il n'en forme point de contestation, il entrera dans la porte étroite du Paradis, avec tous les saints Personnages du vieil & du nouveau Testament.

Quant à nous, nous sçavons très-certainement que toute la Theologie & la Philosophie sont vaines sans cette huile incombustible. Car tout ainsi que les cinq

Métaux imparfaits meurent dans l'examen du feu, s'ils ne sont teints & amenez à leur perfection par le moyen de cette huile incombustible, (que les Philosophes nomment leur Pierre) de même les cinq Vierges folles qui à l'avenuë de leur Roy & leur Epoux, n'auront point la veritable huile dans leurs lampes, periront indubitablement. Car le Roy
» (comme il se voit *en Saint Mathieu,*
» Chap. 25. 41. 42. 43.), rangera à sa
» gauche ceux qui n'ont point l'huile
» de charité & de misericorde, & leur
» dira : Eloignez-vous de moi, maudits
» que vous êtes, allez au feu éternel, qui
» est préparé au Diable & à ses Anges.
» Car j'ai eu faim, & vous ne m'avez
» point donné à manger : j'ai eu soif, &
» vous ne m'avez point donné à boire :
» j'étois étranger, & vous ne m'avez point
» logé : j'étois nud, & vous ne m'avez
» point couvert : j'étois malade & prisonnier, & vous ne m'avez point visité.
Au contraire, tout ainsi que ceux qui s'efforcent sans cesse à connoître les merveilleux secrets de Dieu, & demandent avec grand zéle au Pére des Lumiéres qu'il les veüille illuminer, reçoivent enfin l'esprit de la Sagesse divine, qui les

conduit en toute verité, & les unit par leur vive foi avec ce Lion vainqueur de la tribu de Juda, lequel seul délie & ouvre le Livre de la régénération, scellé aux sept scéaux dans chacun des Fidéles. De sorte qu'en lui naît cét Agneau, qui dés le commencement fut sacrifié, qui seul est le Seigneur des Seigneurs, & qui attache le vieil Adam à la Croix de son humilité & de sa douceur, & rengendre un nouvel Homme par la semence du Verbe divin.

De même aussi voyons-nous une représentation fidéle de cette régénération en l'œuvre des Philosophes, dans lequel il y a ce seul Lion verd, qui ferme & ouvre les sept scéaux indissolubles des sept esprits métalliques, & qui tourmente les corps jusqu'à ce qu'il les ait entierement perfectionnez, par le moyen d'une longue & ferme patience de l'Artiste. Car celui-là ressemble aussi à cét Agneau, auquel & non à d'autres, les sept scéaux de la Nature seront ouverts.

O Enfans de la Lumiere ! qui êtes toûjours victorieux par la vertu de l'Agneau divin, toutes les choses que Dieu a jamais créé, serviront pour vôtre bonheur temporel & éternel, comme nous en avons une promesse de la propre bouche de Nôtre-Seigneur JESUS-CHRIST, par laquelle il a voulu marquer de suite ces seize sortes de Beatitudes, qu'il a réiterées, en S. Math. chap. 5. & en l'Apocal. chap. 2. & 21. dans ces termes.

1.
> Bien-heureux sont les pauvres d'esprit ; car le Royaume des Cieux est à eux.
> A celui qui vaincra, je lui donnerai à manger de l'Arbre de vie, lequel est au Paradis de mon Dieu.

2.
> Bien-heureux sont ceux qui meinent deuil : car ils seront consolez.
> Celui qui vaincra, ne sera point offensé par la mort seconde.

3.
> Bien-heureux sont les débonnaires : car ils habiteront la terre par droit d'heritage.
> A celui qui vaincra, je lui donnerai à manger de la Manne qui est cachée, & lui donnerai un caillou blanc, & au caillou un nouveau nom écrit, que nul ne connoît, sinon celui qui le reçoit.

4. { *Bien-heureux sont ceux qui ont faim & soif de justice : car ils seront saoulez.*
*Celui qui aura vaincu, & aura gardé mes œuvres jusqu'à la fin, je lui donnerai puissance sur les Nations : Et il les gouvernera avec une verge de fer, & seront brisées comme les vaisseaux du Potier. Comme j'ai aussi receu de mon Pere. Et je lui donnerai l'Etoille du matin.*

5. { *Bien-heureux sont les misericordieux : car misericorde leur sera faite.*
*Celui qui vaincra, sera ainsi vêtu de vêtemens blancs : & je n'effacerai point son nom du Livre de vie : & je confesserai son nom devant mon Pere, & devant ses Anges.*

6. { *Bien-heureux sont ceux qui sont nets de cœur : car ils verront Dieu.*
*Celui qui vaincra, je le ferai être une colomne au Temple de mon Dieu : & il ne sortira plus dehors : & j'écrirai sur lui le nom de mon Dieu, & le nom de la Cité de mon Dieu, qui est la nouvelle Jerusalem, là*

{ quelle descend du Ciel de devers mon Dieu ; & mon nouveau nom.

7. { Bien-heureux sont ceux qui procurent la paix : car ils seront appellez Enfans de Dieu.
Celui qui vaincra, je le ferai seoir avec moi en mon Trône : ainsi que j'ai aussi vaincu, & suis assis avec mon Pere à son Trône.

8. { Bien-heureux sont ceux qui sont persecutez par justice : car le Royaume des Cieux est à eux.
Celui qui sera vainqueur, obtiendra toutes choses par un droit hereditaire ; & je serai son Dieu, & il sera mon fils.

Reprenons donc, mes freres, par la grace de Dieu nôtre misericordieux un esprit laborieux, pour combattre un bon combat : car celui qui n'aura pas deuëment combattu, ne sera point couronné, parce que Dieu ne nous accorde point ses dons temporels qu'à force de sueur & de travail, selon le témoignage universel de tous les Philosophes, & de Hermés même, qui asseure que pour acquerir cette benoîte Diane & cette Lunaire blanche comme lait, il a souffert plusieurs travaux d'esprit, de même que chacun peut conjecturer. Car comme nôtre Sel au commencement est un sujet terrestre, pesant, rude, impur, chaotique, gluant, visqueux, & un corps ayant la forme d'une eau nebuleuse, il est nécessaire qu'il soit dissout, qu'il soit séparé de son impureté, de tous ses accidens terrestres & aqueux, & de son ombre épaisse & grossiere; & sur tout, qu'il soit extrémement sublimé, afin que ce Sel cryftallin des Métaux exempt de toutes feces, purgé de toute sa noirceur, de sa putrefaction & de sa lépre, devienne tres-pur, & souverainement clarifié, blanc comme neige, fondant & fluant comme Cire.

Discours

## Discours traduits de Vers.

Le Sel est la seule & unique clef,
Sans Sel nôtre Art ne sçauroit aucunement
 subsister.
Et quoy que ce Sel ( afin que je vous en
 avertisse )
N'ait point apparence de Sel au commen-
 cement,
Toutefois c'est veritablement un Sel, qui
 sans doute
Est tout à fait noir & puant en son com-
 mencement,
Mais qui dans l'operation & par le tra-
 vail
Aura la ressemblance de la presure du
 Sang:
Puis aprés il deviendra tout à fait blanc
 & clair,
En se dissolvant & se fermentant soy-
 mesme.

## CHAPITRE VI.

*Du mariage du serviteur rouge avec la femme blanche.*

IL y en a plusieurs qui croyent sçavoir la maniere de faire la Teinture des Philosophes : mais lors qu'ils sont aux épreuves avec nôtre serviteur rouge, à peine croiroit-on combien le nombre de ceux qui réüssissent est tres-petit, & combien il s'en rencontre peu en tout le monde qui meritent le nom de veritables Philosophes. Car où est-ce qu'on peut trouver un Livre qui donne une suffisante instruction sur ce sujet, puisque tous les Philosophes l'ont enveloppé dans le silence & qu'ils l'ont ainsi voulu cacher exprés, de même que nôtre bien aimé pere l'a dit en maniere de revelation aux Inquisiteurs de cét Art, ausquels il n'a presque rien laissé d'excellent que ce peu de paroles : *Une seule chose, mêlée avec une eau Philosophique.*

Et il ne faut point douter que cette chose n'ait donné beaucoup de peine à quelques Philosophes, avant que de passer cette forest, pour commencer leur premiere operation, comme nous en avons un exemple considerable en l'Autheur de l'*Arche-ouverte*, communément appellé le disciple du grand & petit paysan ( qui possede les manuscrits de défunt son venerable & digne précepteur, & qui a eu une parfaite connoissance de l'Art Philosophique il y a déja trente ans ) lequel nous a raconté ce qui arriva à son maître en ce point, c'est à dire en sa premiere operation, par laquelle il ne pût de prime abord, quelque moyen ou industrie qu'il apportât, faire en sorte que les Soûfres se mélassent ensemble & fissent coit : parce que le Soleil nageoit toûjours au dessus de la Lune. Ce qui luy donna un grand déplaisir & fut cause qu'il entreprit de nouveau plusieurs voyages fâcheux & difficiles, dans le dessein de s'éclaircir en ce point par quelqu'un qui seroit peut-être possesseur de la Pierre, comme il luy arriva selon son souhait, en telle sorte qu'il ne s'est encore trouvé personne qui ait surpassé son experience, car il connoissoit effectivement la plus prochaine & la plus abregée voye de cét œuvre, dautant qu'en l'es-

Bb ij

pace de trente jours, il achevoit le secret de la Pierre, au lieu que les autres Philosophes sont obligez de tenir leur matiere en digestion premierement pendant sept mois, & aprés, pendant dix mois continus.

Ce que nous avons voulu faire remarquer à ceux qui s'imaginent & se croyent être grands Philosophes, & qui n'ont jamais mis la main aux operations, afin qu'ils considerent en eux-mêmes si quelque chose leur manque ; car avant ce passage il arrive souventefois que les Artistes présomptueux sont contraints d'avoüer leur ignorance & leur temerité. Il s'en rencontre même quelques-uns parmi les plus grands Docteurs, & parmi les personnes de grand sçavoir, qui se persuadent que nôtre serviteur rouge digeste se doit extraire de l'or commun par le moyen d'une eau Mercuriale, laquelle erreur, le tres-sçavant Autheur *de l'ancien duel Chymique* a autrefois démontré, en un discours qu'il a composé ; où il fait parler la Pierre de cette sorte :
„ Quelques-uns se sont tellement écar-
„ tez loin de moy, qu'encore qu'ils
„ ayent sçeu extraire mon esprit tingent,
„ qu'ils ont mêlé avec les autres metaux

„ & mineraux, aprés plusieurs travaux
„ je ne leur ay accordé que la joüissance
„ de quelque petite portion de ma vertu,
„ pour en ameliorer les metaux qui me
„ sont les plus prochains & les plus alliez;
„ mais si ces Philosophes eussent recher-
„ ché ma propre femme, & qu'ils m'eus-
„ sent joint avec elle, j'aurois produit
„ mille fois davantage de teinture, &c.

Quant à ce qui regarde nôtre conjonction, il se trouve deux differentes manieres de conjoindre, dont l'une est humide, & l'autre seche. Le Soleil a trois parties de son eau, sa femme en a neuf, ou le Soleil en a deux & sa femme en a sept. Et tout ainsi que la semence de l'homme est en une seule fois toute infuse dans la matrice de la femme qui se ferme en un moment jusqu'à l'enfantement, de même dans nôtre œuvre nous conjoignons deux eaux, le Soûfre de l'or, & l'ame & le corps de son Mercure: le Soleil & la Lune : le mary & la femme : deux semences : deux argens-vifs, & nous faisons de ces deux nôtre Mercure vif, & de ce Mercure la Pierre des Philosophes.

## Discours traduits de Vers.

*Aprés que la terre est bien preparée,*
*Pour boire son humidité,*
*Alors prenez ensemble l'Esprit, l'ame & la vie,*
*Et les donnez à la terre.*
*Car qu'est-ce que la terre sans semence ?*
*Et un corps sans ame ?*
*Vous remarquerez donc & vous obser-*
  *verez*
*Que le Mercure est ramené à sa mere,*
*De laquelle il a pris son origine ;*
*Jettez-le donc sur icelle, & il vous sera utile :*
*La semence dissoudra la terre,*
*Et la terre coagulera la semence.*

---

## CHAPITRE VII.

### Des degrez du feu.

Dans la coction de nôtre Sel, la chaleur externe de la premiere operation s'appelle elixation, & elle se fait dans l'humidité ; mais la tiedeur de la seconde operation, se paracheve dans la sécheresse, & elle est nommée assation. Les Philosophes nous ont designé ces deux feux en cette sorte : *Il faut cuire nôtre Pierre par elixation & assation.*

Nôtre benît ouvrage desire d'être reglé conformément aux quatre saisons de l'année : Et comme la premiere partie qui est l'Hyver, est froide & humide ; la seconde qui est le Printemps, est tiede & humide ; la troisiéme, qui est l'Esté, est chaude & seche ; & la quatriéme qui est l'Automne, est destinée pour cueillir les fruits ; De même le premier regime du feu doit être semblable à la chaleur d'une poule qui couve ses œufs, pour faire éclorre ses poulets, ou comme la chaleur de l'estomac qui cuit & digere les viandes, qui nourrissent le corps ; ou comme la chaleur du Soleil lors qu'il est au signe du Bélier, & cette tiedeur dure jusqu'à la noirceur, & même jusqu'à ce que la matiere devienne blanche. Que si vous ne gardez point ce regime, & que vôtre matiere soit trop échauffée, vous ne verrez point la desirée teste du corbeau ; mais vous verrez malheureusement une prompte & passagere rougeur semblable au pavot sauvage, ou bien une huile rousse surnageante, ou que vôtre matiere aura commencé de se sublimer; que si cela arrive, il faut necessairement retirer vôtre composé, le dissoudre & l'imbiber de nôtre lait virginal, & commencer derechef vôtre digestion avec plus de précaution, jusqu'à ce que tel défaut n'apparoisse plus. Et quand vous verrez la blancheur, vous augmenterez le feu jusqu'à l'entier dessechement de la Pierre, laquelle chaleur doit imiter celle du Soleil, lors qu'il passe du Taureau dans les Gemeaux; & aprés la dessication, il faut encore prudemment augmenter vôtre feu, jusqu'à la parfaite rougeur de vôtre matiere, laquelle chaleur est semblable à celle du Soleil dans le signe du Lion.

## Discours traduits de Vers.

*Prenez bien garde aux avertissemens que je vous ay donné,*
*Pour le regime de vôtre feu doux,*
*Et ainsi vous pourrez esperer toute sorte de prosperitez,*
*Et participer quelque jour à ce trésor;*
*Mais il faut que vous connoissiez auparavant,*
*Le feu vaporeux suivant la pensée des Sages,*

*Parce que ce feu n'est pas Elementaire,*
*Ou materiel & autre semblable ;*
*Mais c'est plûtôt une eau seche tirée du Mercure :*
*Ce feu est surnaturel,*
*Essentiel, celeste & pur,*
*Dans lequel le Soleil & la Lune sont conjoints.*
*Gouvernez ce feu par le regime d'un feu exterieur,*
*Et conduisez vôtre ouvrage jusqu'à la fin.*

## CHAPITRE VIII.

### De la vertu admirable de nôtre Pierre salée & aqueuse.

CEluy qui aura reçû tant de graces du pere des lumieres, que d'obtenir en cette vie le don inestimable de la pierre Philosophale, peut non seulement être asseuré qu'il possede un tresor de si grand prix, que tout le monde ensemble, & tous les Monarques mêmes qui l'habitent de toutes parts ne le sçauroient jamais payer, mais encore il doit être per-

suadé qu'il a une marque tres-évidente de l'amour que Dieu luy porte, & de la promesse que la Sagesse divine ( qui donne un tel don ) a fait en sa faveur de luy accorder pour jamais une éternelle demeure avec elle, & une parfaite union d'un mariage celeste, laquelle nous souhaittons de tout nôtre cœur à tous les Chrétiens; car c'est le centre de tous les trésors, suivant le témoignage de Salo-
» mon, *au 7. de la Sag.* où il dit; J'ay
» preferé la Sagesse au Royaume & à la
» Principauté, & je n'ay point fait état
» de toutes les richesses en comparaison
» d'icelle. Je n'ay pas mis en paralelle
» avec elle aucune pierre précieuse ; car
» tout l'Or n'est qu'un sable vil à son
» égard, & l'Argent n'est que de la bouë.
» Je l'ay aimé par dessus la santé & la
» beauté du corps, & je l'ay choisi pour
» ma lumiere ; les rayons de laquelle ne
» s'éteignent jamais. Sa possession m'a
» donné tous les biens imaginables, &
» j'ay trouvé qu'elle avoit dans sa main
» des richesses infinies, &c.

Quant à nôtre Pierre Philosophale, l'on y peut assez commodément remarquer toutes ces merveilles, premierement le sacré mystere de la tres-sainte Trinité, l'œuvre de la création, de la redemption, de la régénération, & l'état futur de la felicité éternelle.

Secondement nôtre pierre chasse & guerit toutes sortes de maladies quelles qu'elles soient, & conserve un chacun en santé, jusqu'au dernier terme de sa vie, qui est lorsque l'esprit de l'homme venant à s'éteindre à la façon d'une chandelle, s'évanoüit doucement, & passe dans la main de Dieu.

En troisiéme lieu elle teint & change tous les métaux en argent & en or, meilleurs que ceux que la Nature a coûtume de produire : & par son moyen les pierres & tous les crystaux les plus vils peuvent être transformez en pierres precieuses. Mais parce que nôtre intention est de changer les métaux en or, il faut qu'ils soient auparavant fermentez avec de l'or tres-bon & tres-pur : car autrement les métaux imparfaits ne pourroient pas supporter sa trop grande & suprême subtilité, mais il arriveroit plûtôt de la perte & du dommage dans la projection. Il faut aussi purifier les métaux imparfaits & impurs, si l'on en veut tirer du profit. Une dragme d'or suffit pour la fermentation au rouge, & une dragme d'argent pour la fermentation au blanc. Et il ne faut pas se mettre en peine d'acheter de l'or ou de l'argent pour faire cette fermentation, parce qu'avec une seule tres-petite partie l'on peut en aprés augmenter de plus en plus la teinture, en telle sorte qu'on pourroit charger des navires entiers du métal precieux qui proviendroit de cette confection. Car si cette medecine est multipliée, & qu'elle soit derechef dissoute & coagulée par l'eau de son Mercure blanc ou rouge, de laquelle elle a été preparée, alors cette vertu tingente augmentera à chaque fois de dix degrez de perfection, ce que l'on pourra recommencer autant de fois que l'on voudra.

» *Le Rosaire* dit, Celuy qui aura une
» fois paracheve cet Art, quand il de-
» vroit vivre mille milliers d'années, &
» chaque jour nourrir quatre mille hom-
» mes, neanmoins il n'auroit point d'in-
» digence.

L'Autheur de l'*Aurore apparoissante*
» dit, C'est elle qui est la fille des Sages,
» & qui a en son pouvoir l'authorité,
» l'honneur, la vertu & l'empire, qui a
» sur sa teste la couronne fleurissante du
» Royaume, environnée des rayons des

„ sept brillantes Etoilles, & comme l'é-
„ pouse ornée par son mary, elle porte
„ écrit sur ses habits en lettres dorées
„ Grecques, Barbares & Latines; Je suis
„ l'unique fille des Sages, tout-à-fait in-
„ connuë aux fols. Ô heureuse science,
„ ô heureux sçavant! car quiconque la
„ connoît, il possede un trésor incom-
„ parable, parce qu'il est riche devant
„ Dieu & honoré de tous les hommes,
„ non pas par usure, par fraude, ni par
„ de mauvais commerces, ni par l'op-
„ pression des pauvres, comme les riches
„ de ce monde font gloire de s'enrichir,
„ mais par le moyen de son industrie &
„ par le travail de ses propres mains.

C'est pourquoy ce n'est pas sans raison que les Philosophes concluent qu'il faut expliquer les deux Enigmes suivantes de la Teinture blanche ou rouge, ou de leur Urim & Thumim.

## Discours traduits de Vers.

### LA LUNE.

*Icy est née une divine & Auguste Impe-*
    *ratrice,*
*Les Maîtres d'un commun consentement*

la nomment leur fille.
Elle se multiplie soy-même, & produit
 un grand nombre d'enfans
Purs, Immortels, & sans tache.
Cette Reyne a de la haine pour la mort &
 pour la pauvreté;
Elle surpasse par son excellence l'or, l'ar-
 gent, & les pierres precieuses.
Elle a plus de pouvoir que tous les reme-
 des quels qu'ils soient.
Il n'y a rien en tout le monde qui luy
 puisse être comparé,
A raison dequoy nous rendons Graces à
 Dieu, qui est és Cieux.

## LE SOLEIL.

Icy est né un Empereur tout plein d'hon-
 neurs,
Il n'en peut jamais naître un plus grand
 que luy,
Ny par Art, ny par Nature,
Entre toutes les choses creées.
Les Philosophes l'appelent leur fils,
Qui a le pouvoir & la force de produire
 divers effets.
Il donne à l'homme tout ce qu'il desire
 de luy.
Il luy octroye une santé perseverante,

*L'or, l'argent, les pierres precieuses,*
*La force, & une belle & sincere jeunesse.*
*Il détruit la colere, la tristesse, la pauvreté, & toutes les langueurs.*
*O trois fois heureux celuy qui a obtenu de Dieu une telle grace.*

## RECAPITVLATION.

Mon cher frere & fils Inquisiteur de cét Art, reprenons dés le commencement toutes les choses qui te sont principalement necessaires, si tu desires que ta recherche soit aidée & suivie d'un bon succez.

Premierement & avant toutes choses tu dois fortement t'imprimer en la memoire, que sans la misericorde de Dieu tu es tout-à-fait malheureux, & plus miserable que le Diable même, au pouvoir duquel sont tous les damnez, parce que t'ayant donné une ame immortelle, veüilles ou ne veüilles pas, tu dois vivre toute une éternité, ou avec Dieu parmi les Saints dans un bonheur inconcevable, ou avec Sathan parmi les damnez dans des tourmens qu'on ne peut exprimer. C'est pourquoy adores Dieu de tout ton cœur, afin qu'il veüille te sauver pour toute l'éternité, employe toutes tes forces pour suivre ses saints commandemens, qui sont la regle de ta vie, comme le Sauveur nous l'a enjoint par ces paroles: *Cherchez premierement le Royaume de Dieu & toutes les autres choses vous seront données.* Par ce moyen vous imiterez les Sages nos prédécesseurs, & vous observerez la methode dont ils se sont servy pour se mettre en grace auprés de ce redoutable Seigneur ( devant lequel Daniel le Prophete a veu un mille millions d'assistans & un grand nombre de myriades qui le servoient ) De même que ce tres-Sage Salomon nous a fidelement indiqué le chemin qu'il a gardé pour obtenir la veritable Sagesse par le moyen de cette doctrine qui est la meilleure, & qu'il nous faut entierement imiter.

„ J'ay été ( dit-il ) un enfant doüé de
„ bonnes qualitez, & parce que j'avois
„ receu une bonne éducation, je me
„ trouvay avoir atteint l'âge d'adoles-
„ cence dans une vie sans crime & sans
„ reproche : mais aprés que j'eus recon-
„ nu que j'avois encore de moindres dis-
„ positions qu'aucun autre homme pour
„ devenir vertueux, si Dieu ne m'accor-
„ doit cette grace, ( & que cela même
étoit

» étoit Sapience de sçavoir de qui étoit
» ce don ) je m'en allay au Seigneur, je
» le priay, & luy dis de tout mon cœur:
» O Dieu de mes Peres, & Seigneur de
» misericorde, qui avez fait toutes cho-
» ses par vôtre parole, & qui par vôtre
» Sagesse avez constitué l'homme pour
» dominer sur toutes les créatures que
» vous avez faites, pour disposer toute
» la terre en justice, & pour juger en
» équité de cœur : donnez-moy je vous
» prie la Sagesse, qui environne sans
» cesse le trône de vôtre divine Majesté;
» & ne me rejettez point du nombre de
» vos enfans : Car je suis vôtre servi-
» teur, & le fils de vôtre servante, je
» suis homme foible, & de petite durée,
» & encore trop incapable en intelli-
» gence de jugement & des loix, &c.

En cette maniere tu pourras aussi plaire à Dieu, pourvû que ce soit là ton principal étude ; puis aprés, il te sera licite & même convenable que tu songes au moyen de t'entretenir honnêtement pendant cette vie, de sorte que tu vives non seulement sans être à charge à ton prochain, mais encore que tu aides aux pauvres selon que l'occasion s'en presentera. Ce que l'Art des Philosophes donne tresfacilement à tous ceux auſquels Dieu permet que cette ſcience, comme une de ſes graces particulieres, ſoit connuë : Mais, il n'a pas coûtume de le faire à moins qu'il n'y ſoit excité par de ferventes prieres & par la ſainteté de vie de celuy qui demande cette inſigne faveur, & il ne veut pas mêmes accorder immediatement la connoiſſance de cét Art à quelque perſonne que ce ſoit, mais toûjours par des diſpoſitions moyennes, ſçavoir par les enſeignemens & par le travail des mains, auſquels il donne entierement ſa benediction, s'il en eſt invoqué de bon cœur; au lieu que quand on ne le prie pas, il en arréte l'effet, ſoit en mettant obſtacle aux choſes commencées, ſoit en permettant qu'elles finiſſent par un mauvais évenement.

Au reſte, pour acquerir cette ſcience, il faut étudier, lire & méditer, afin que tu puiſſe connoître la voye de la Nature, que l'Art doit neceſſairement ſuivre. L'étude & la lecture conſiſtent dans les bons & veritables Autheurs qui ont en effet experimenté la verité de cette ſcience, & l'ont communiqué à la poſterité, & auſquels il y a de la certitude de croire dans leur Art; Car ils ont été hommes de conscience & éloignez de tous mensonges, encore bien que pour plusieurs raisons ils ayent écrit obscurement. Pour toy tu dois rapporter ce qu'ils ont enveloppé dans l'obscurité avec les operations de la Nature, & prendre garde de quelle semence elle se sert pour produire & engendrer chaque chose : par exemple, cét arbre cy, ou cét arbre là ne se fait pas de toute sorte de choses ; mais seulement d'une semence ou d'une racine qui soit de son même genre. Il en va de même de l'Art des Philosophes, lequel pareillement a une détermination certaine & assurée ; car il ne teint rien en or ou en argent, que le genre Mercurial metallique, lequel il condense en une masse malleable & qui souffre le marteau, perseverante au feu, laquelle soit colorée d'une couleur tres-parfaite, & qui en communiquant sa teinture, nettoye & separe du metal toutes les choses qui ne sont pas de sa nature : il s'ensuit donc que la teinture pareillement est du genre Mercurial metallique destiné pour la perfection de l'or, & qu'il faut tirer son origine, sa racine & sa vertu seminaire du même sujet, duquel sont produits les corps metalliques vulgaires qui souffrent & qui s'étendent sous le marteau. Je te décris clairement en ce lieu la matiere de l'Art, laquelle si tu ne comprends pas encore, tu dois soigneusement t'appliquer à la lecture des Autheurs, jusqu'à ce qu'enfin toutes choses te soient devenuës familieres.

Aprés avoir jetté un ferme & solide fondement sur la doctrine des veritables & legitimes possesseurs de la Pierre, il faut venir aux operations manuelles, & à une deuë preparation de la matiere qui requiert que toutes les feces & superfluitez soient ôtées par nôtre sublimation, & qu'elle acquiert une essence crystalline, salée, aqueuse, spiritueuse, oleagineuse, laquelle sans addition d'aucune chose heterogene & de differente nature, & sans aucune diminution & aucune perte de sa vertu seminale générative & multiplicative, doit être amenée jusqu'à un égal temperament d'humide & de sec, c'est à dire du volatil & du fixe, & suivant le procedé de la Nature, élever cette même essence par le moyen de nôtre Art, jusqu'à une entiere perfection, afin qu'elle devienne une Medecine tres-fixe, qui se puisse resoudre dans toute humeur comme aussi dans toute chaleur aisée,

& qu'elle devienne potable, en sorte neanmoins qu'elle ne s'évapore pas, comme font ordinairement les remedes vulgaires, lesquels manquent toûjours de cette principale vertu qu'elles doivent avoir pour remedier, parce que comme impuissans & imparfaits, ou ils sont élevez par la chaleur, ou ils ne le sont pas: que s'ils sont élevez, ce ne sont peut-être que certaines eaux subtiles distillées, c'est à dire des esprits, si legeres & si faciles à s'élever, que par la chaleur du corps, laquelle elles augmentent jusqu'à causer fremissement, elles sont aussi-tôt sublimées & portées en haut, montans à la teste & là cherchans une sortie (de même que l'esprit de vin a coûtume de faire en ceux qui sont yvres) & l'évaporation ne s'en pouvant faire à cause que le crane est fermé, elles s'efforcent de sortir impetueusement, de la même maniere qu'il a coûtume d'arriver en la distillation artificielle, lors quelquefois que les esprits ramassez & devenus puissans font rompre le vaisseau qui les contient. Que si les remedes vulgaires ne se peuvent élever, ce sont peut-être des sels qui sont privez de tout suc de vie à cause d'un feu tres-violent, & ne peuvent que

tres-peu remedier à une maladie langou-
reuse : car comme une lampe ardente se
nourrit d'huile & de graisse, laquelle
étant consommée s'éteint : de même auſ-
si la meche qui entretient la vie, se suſ-
tente d'un baume de vie succulent & hui-
leux, & se mouche par le moyen des plus
excellens remedes, comme on fait communément une chandelle par une mou-
chette ; & parce que nôtre Medecine tres-
asseurément est composée du Soleil, & de
ses rayons mêmes, l'on peut conjecturer
combien elle a de vertu par dessus tous
les autres medicamens, puisque le seul
Soleil dans toute la Nature allume &
conserve la vie ; car sans Soleil toutes choses geleroient & rien ne croîtroit en ce
monde ; les rayons du Soleil font ver-
doyer & croître toutes choses : & le Soleil donne vie à tous les corps sublunai-
res, les fait pousser, vegeter, mouvoir,
& multiplier, ce qui se fait par l'irradia-
tion vivifiante du Soleil. Mais cette vertu solaire est mille fois plus forte, plus
efficace, & plus salutaire dans son veritable fils, qui est le sujet des Philosophes, car là où il est engendré, il faut
auparavant que les rayons du Soleil, de
la Lune, des Etoilles & de toutes les ver-

rus de la Nature se soient accumulez en ce lieu magnetique par l'espace de plusieurs siecles, & qu'ils se soient comme renfermez ensemble dans un vase tres-clos & serré, lesquels puis après étans empêchez de sortir, réprimez & rétrecis se changent en cét admirable sujet, & engendrent d'eux-mêmes l'or du vulgaire ; ce qui marque assez combien son origine est remplie de vertu, puis qu'il triomphe entierement de toute la violence du feu quel que ce puisse être, en sorte qu'il ne se trouve rien dans tout le monde de plus parfait après nôtre sujet; & si l'on le trouvoit dans son dernier état de perfection, fait & composé par la Nature, qu'il fût fusible comme de la cire ou du beurre, & que sa rougeur, & sa diaphaneïté & clarté parût au dehors, ce seroit là veritablement nôtre benoite Pierre : ce qui n'est pas. Neanmoins la prenant dés son premier principe, on la peut mener à la plus haute perfection qu'il y ait par le moyen de ce souverain Art Philosophique, fondamentalement expliqué dans les Livres des Anciens Sages.

# DIALOGUE

## QUI DECOUVRE PLUS amplement la préparation de la Pierre Philosophale.

Vous avez veu par les Traitez précédens que l'Assemblée des Alchymistes & Distillateurs qui disputoient fortement de la Pierre des Philosophes, fût interrompuë par un orage imprévû ; comme ils furent dispersez & divisez en plusieurs differentes Provinces sans avoir pris aucune détermination certaine, & comme chacun d'eux est demeuré sans conclusion. Ce qui a donné lieu à un nombre infiny de Sophistications & de procédez trompeurs & erronez, parce que cette malheureuse tempeste ayant empêché une finale décision de tous leurs différens, un chacun d'eux a resté dans l'opinion imaginaire qu'il s'étoit figuré, laquelle il a suivy aprés dans ses operations. Une partie de ces docteurs Chymistes

miſtes qui avoient aſſiſté à cette Aſſemblée, avoit lû les écrits des veritables Philoſophes qui nous propoſent tantôt que le Mercure, tantôt que le Soûfre, tantôt que le Sel eſt la matiere de leur Pierre. Mais parce que ces Sophiſticateurs ont mal entendu la penſée des anciens, & qu'ils ont crû que l'argent-vif, le Soûfre & le Sel vulgaires étoient les choſes qu'il falloit prendre pour la confection de la Pierre, & aprés avoir été diſperſé en pluſieurs endroits de la terre, ils en ont fait des épreuves de toutes les façons imaginables. Quelqu'un d'entre-eux a remarqué dans Geber cette maxime „ digne de conſideration ; Les anciens „ parlans du Sel ont conclu que c'étoit „ le ſavon des Sages, la clef qui ferme & „ ouvre, & qui ferme derechef & per- „ ſonne n'ouvre ; ſans laquelle clef ils diſent qu'aucun homme dans ce monde „ ne ſçauroit parvenir à la perfection de „ cét œuvre, c'eſt à dire s'il ne ſçait cal- „ ciner le Sel aprés l'avoir preparé, & „ alors il s'appelle Sel fuſible : De même qu'il a lû en un autre Autheur que, *Celuy qui connoît le Sel & ſa diſſolution, ſçait le ſecret caché des anciens Sages.* Cét Alchymiſte ſe perſuada par

D d

ces paroles qu'il falloit travailler sur le Sel commun, dont il apprit à préparer un esprit subtil, avec lequel il dissolvoit l'or du vulgaire, & en tiroit sa couleur citrine, & sa teinture, laquelle il s'étudioit de joindre & unir aux metaux imparfaits, afin que par ce moyen ils se changeassent en or : mais tous ses travaux n'eurent aucun bon succez, quelque peine qu'il y pût prendre ; Ce qu'il devoit déja sçavoir
,, du même Geber lors qu'il dit, Que
,, tous les corps imparfaits ne se peuvent
,, aucunement perfectionner, par le mé-
,, lange avec les corps que la Nature a
,, rendu simplement parfaits, parce que
,, dans le premier degré de leur perfe-
,, ction, ils ont seulement acquis une
,, simple forme pour eux, par laquelle
,, ils étoient perfectionnez par la Nature,
,, & que comme morts ils n'ont aucune
,, perfection superfluë qu'ils puissent com-
,, muniquer aux autres, & ce pour deux
,, raisons ; la premiere, à cause que par ce
,, mélange d'imperfection, ils sont ren-
,, dus imparfaits, vû qu'ils n'ont pas plus
,, de perfection qu'ils en ont besoin pour
,, eux-mêmes : & la derniere, à cause que
,, par cette voye leurs principes ne peu-
,, vent pas se mêler intimement & en tou-

» tes les plus petites parties, dautant que
» les corps ne se penetrent point l'un
» l'autre, &c. Aprés cela, cette autre
sentence de Hermés tomba dans la pensée de nôtre Artiste, sçavoir que *le Sel des metaux est la Pierre des Philosophes.*
Il concluoit donc en luy-même que le Sel du vulgaire ne devoit pas être la chose dont les Philosophes entendoient parler, mais qu'il la falloit extraire des metaux. C'est pourquoy il se mit à calciner les metaux avec un feu violent, à les dissoudre en des eaux fortes, les corroder, les détruire, preparer les Sels : il inventoit pour son dessein plusieurs manieres de dissoudre les metaux, pour les faire fondre aisément, & telles autres infinies operations vaines & superfluës : mais il ne pût jamais par tous ces moyens venir à la fin de son desir. Ce qui le faisoit encore douter touchant les Sels & les matieres dont nous avons parlé, en sorte qu'il ne cessoit de regarder dans les livres des uns & des autres Philosophes. Il feüilletoit toûjours esperant de rencontrer quelque passage formel touchant la matiere, & il fit tant qu'il découvrit cét axiome. *Nôtre Pierre est Sel, & nôtre Sel est une terre, & cette terre est vierge,*

S'arrêtant à peser profondement ces paroles, il luy sembla tout à coup que son esprit étoit fort éclairé, & il commençoit à reconnoître que ses travaux précédens n'avoient point réüssi selon son souhait, à cause que jusqu'à present il avoit manqué de ce Sel virginal, & qu'on ne sçauroit en aucune façon avoir ce Sel vierge sur la terre, ny sur sa superficie universelle, parce que tout le dessus de la terre est couvert d'herbes, de fleurs, & de plantes, dont les racines par leurs fibres attireroient & succeroient le Sel vierge, d'où elles prendroient leur croissance, & ainsi tout ce Sel seroit privé de sa virginité, & se trouveroit comme empregné. Il s'étonnoit encore d'où provenoit sa premiere stupidité de ce qu'il n'avoit pû comprendre plûtôt ces choses dans les Livres des Philosophes qui en parlent si clairement, comme dans *Morienus* qui dit : Nôtre eau croît dans les montagnes & dans les vallées. Dans *Aristote* : Nôtre eau est seche. Dans *Danthyn* : Nôtre eau se trouve dans les vieilles étables, les retraits, & les égoûts puans. Dans *Alphidius* : Nôtre pierre se rencontre en toutes les choses, qui sont au monde, & par tout, & elle se trouve jettée dans le chemin, & Dieu ne la point mis à un haut prix pour l'acheter, afin que les pauvres aussi bien que les riches la puissent avoir. Et quoy ! ( pensoit-il en soi-même ) ce Sel n'est-il pas marqué manifestement en tous ces endroits ? Il est veritablement la pierre & l'eau seche, qui se peut trouver en toutes choses, & dans les cloaques mêmes ; dautant que tous corps sont composez de luy, se nourrissent de luy, & s'augmentent par son moyen, & par leurs corruptions se resolvent en luy, & aussi parce qu'une grande quantité de ce Sel gras cause la fertilité. Ce que les plus ignorans laboureurs possedent mieux que nous qui sommes doctes, lors que pour refaire les lieux qui sont steriles à cause de la secheresse, ils se servent d'un fumier poutry, & d'un Sel gras & enflé, considerans tres-bien qu'une terre maigre ne peut pas être fertile. La Nature a aussi découvert à quelques-uns, que la maigreur d'une terre sans humeur se pouvoit ameliorer semblablement par un Sel de cendres ; c'est pour cela qu'en quelques endroits les laboureurs prennent du cuir, qu'ils couppent en pieces, le brûlent & en jettent la cendre sur des terres maigres pour leur donner la fertilité, comme on fait en Denfbighshire qui est une Province d'Angleterre ; Nous avons encore un ancien témoignage de cét usage dans Virgile. Ce que les Philosophes nous ont declaré lors qu'ils ont écrit, que leur sujet étoit la force forte de toute force, & c'est à vray dire, le Sel de la terre qui se montre tel : Car où est-ce qu'on trouva jamais une force & une vertu plus épouvantable que dans le Sel de la terre, sçavoir le nitre, qui est un foudre à l'impetuosité duquel rien ne peut resister ?

Nôtre Alchymiste par cette consideration & autres semblables croyoit déja avoir atteint le but de la vérité, & se réjoüissoit grandement en luy-même, de ce qu'entre un mille million d'autres luy seul étoit parvenu à une connoissance si haute & si relevée ; il faisoit déja mépris des plus sçavans, voire même presque de tous les autres hommes, de ce qu'ils croupissoient toûjours dans le bourbier de l'ignorance, & qu'ils n'étoient pas encore monté comme luy jusqu'au faist de la plus fine Philosophie, & que là ils n'étoient pas devenus riches d'eux-mêmes, puis qu'il y avoit une infinité de trésors cachez dans le Sel vierge des Philosophes ; aprés, il se mettoit en l'esprit que pour acquerir ce Sel de virginité, il foüilleroit jusques sous le fondement des racines, en un certain lieu de terre grasse, pour en extraire une terre vierge qui n'eût point encores été impregnée ; établissant mal-à-propos cette maxime que, *pour obtenir l'eau vive de Sel nitre, il falloit foüir dans une fosse profondément jusqu'aux genoux,* laquelle rêverie il ne se contenta pas seulement de poursuivre par son labeur ; mais encore il la rendit publique par un discours qu'il fit imprimer, dans lequel il soûtenoit que c'étoit la véritable pensée de tous les Philosophes. Il s'aheurtoit si fortement à cette opinion vaine & imaginaire, qu'il dépensoit tout son bien, de sorte qu'il se vid reduit en grande pauvreté & accablé de douleurs & d'ennuy, déplorant la perte irréparable de son argent, de son tems, & de ses peines. Ce dommage fut accompagné de soins fâcheux, d'angoisse, d'inquietude & de veilles, lesquelles augmentans de jour en jour, il se résolut enfin de retourner au lieu où il avoit été auparavant pour foüir profondément cette terre qu'il avoit crû être la terre Philosophique, & il continua de vomir ses injures & ses imprécations jusqu'à ce qu'il fut surpris du sommeil, dont il avoit été privé quelque jours par tant de chagrin & de tristesse; étant plongé dans ce profond sommeil, il vid paroître en songe une grande troupe d'hommes tous rayonnans de lumiere, l'un desquels s'approcha de luy, & le reprit de cette sorte. Mon amy, pourquoy est-ce que vous vomissez tant d'injures, de maledictions & d'exécrations contre les Philosophes qui reposent en Dieu? Cét Alchymiste tout étonné répondit en tremblant ; Seigneur, j'ay lû en partie leurs Livres, où j'ay vû qu'on ne pouvoit imaginer de loüanges qu'ils ne donnassent à leur Pierre, laquelle ils élevent jusqu'aux Cieux ; Ce qui a excité en moy un extrême désir de mettre la main à l'œuvre, & j'ay operé en toutes choses selon leurs écrits & leurs préceptes, afin d'être participant à leur Pierre : mais je reconnois que leurs paroles m'ont trompé, vû que par ce moyen j'ay perdu tous mes biens.

*La Vision.* Vous leurs faites tort, & c'est injustement que vous les accusez d'imposture, car tous ceux que vous voyez icy sont gens bien-heureux ; ils n'ont jamais écrit aucun mensonge, au contraire ils ne nous ont laissé que la pure vérité, quoy qu'en des paroles cachées & occultes, afin que de si grands mysteres ne fussent pas connus par les indignes, car autrement il en naîtroit de grands maux & desordres dans le monde ; vous deviez interpreter leurs écrits non pas à la lettre, mais selon l'operation & la possibilité de la Nature ; vous ne deviez pas entreprendre auparavant les operations manuelles, qu'aprés avoir posé un solide fondement par vos ferventes prieres à Dieu, par une assiduë lecture, & par une étude infatigable ; & vous deviez remarquer en quoy les Philosophes s'accordent tous, sçavoir en une seule chose, qui n'est autre que Sel, Soûfre, & Mercure Philosophiques.

L'ALCHIMISTE. Comment sçauroit-on s'imaginer que le Sel, le Soûfre, & le Mercure ne puissent être qu'une seule & même chose, puisque ce sont trois choses distinctes ?

*La Vif.* C'est maintenant que vous faites voir que vous avez la cervelle dure, & que vous n'y entendez rien ; les Philosophes n'ont seulement qu'une chose, qui contient corps, ame & esprit, ils la nomment Sel, Soûfre & Mercure, lesquels trois se trouvent en une même substance,

& ce sujet est leur Sel.

L'Alch. D'où est-ce qu'on peut avoir ce Sel ?

*La Vif.* Il se tire de l'obscure prison des métaux ; vous pouvez avec luy faire des operations admirables, & voir toute sorte de couleurs ; comme aussi transmuer tous les vils métaux en or, mais il faut auparavant que ce sujet soit rendu fixe.

L'Alch. Il y a déja long-tems que je me romps l'esprit pour travailler à ces operations metalliques, sans y avoir jamais rien pû trouver de semblable.

*La Vif.* Vous avez toûjours cherché dans les métaux qui sont morts, & qui n'ont pas en eux la vertu du Sel Philosophique : comme vous ne pouvez pas faire que le pain cuit vous serve de semence, non plus que vous ne sçauriez engendrer un poulet d'un œuf cuit ; mais si vous desirez faire une génération, il faut que vous vous serviez d'une semence pure, vive, & sans avoir été gâtée; puisque les métaux du vulgaire sont morts, pourquoy donc cherchez-vous une matiere vivante parmy les morts ?

L'Alch. L'or & l'argent ne peuvent-ils pas être vivifiez derechef par le moyen de la dissolution ?

*La Vis.* L'or & l'argent des Philosophes sont la vie même, & n'ont point besoin d'être vivifiez ; on les peut même avoir pour rien ; mais l'or & l'argent vulgaires se vendent bien cherement, & ils sont morts, & demeurent toûjours morts.

L'Alch. Par quel moyen peut-on avoir cét or vif ?

*La Vis.* Par la dissolution.

L'Alch. Comment se fait cette dissolution ?

*La Vis.* Elle se fait en soy-même & par soy-même, sans y ajoûter aucune chose étrangere : car la dissolution du corps se fait en son propre sang.

L'Alch. Tout le corps se change-t-il entierement en eau ?

*La Vis.* A la verité il se change tout, mais le vent porte aussi dans son ventre le fils fixe du Soleil, lequel est ce poisson sans os, qui nage dans nôtre mer Philosophique.

L'Alch. Toutes les autres eaux n'ont-elles pas cette même proprieté ?

*La Vis.* Cette eau Philosophique n'est pas une eau de nuées, ou de quelque fontaine commune ; mais c'est une eau salée, une gomme blanche, & une eau permanente, laquelle étant conjointe à son corps, ne le quitte jamais, & quand elle a été digerée pendant l'espace de tems qui luy est necessaire, on ne l'en peut plus separer; Cette eau est encore la substance réelle de la vie en la Nature, laquelle a été attirée par l'aymant de l'or, & qui se peut resoudre en une eau claire par l'industrie de l'Artiste : ce que nulle autre eau du monde ne sçauroit faire.

L'ALCH. Cette eau ne donne-elle point de fruits ?

*La Vif.* Puisque cette eau est l'arbre metallique, on y peut anter un petit rejetton, ou un petit rameau Solaire, lequel s'il vient à croître, fait que par son odeur tous les métaux imparfaits luy deviennent semblables.

L'ALCH. Comment est-ce qu'on procede avec elle ?

*La Vif.* Il faut la cuire par une continuelle digestion, laquelle se fait premierement dans l'humidité, puis après dans la secheresse.

L'ALCH. Est-ce toûjours une même chose ?

*La Vif.* En la premiere operation il faut separer le corps, l'ame & l'esprit, &

derechef les conjoindre ensemble : Que si le Soleil s'est uny à la Lune, pour lors l'ame de soy se separe de son corps, & ensuite retourne de soy à luy.

L'Alch. Peut-on separer le corps, l'ame & l'esprit ?

*La Vis.* Ne vous mettez point en peine sinon de l'eau & de la terre feüillée; Vous ne verrez point l'esprit, car il nage toûjours sur l'eau.

L'Alch. Qu'entendez-vous par cette terre feüillée ?

*La Vis.* N'avez-vous point lû qu'il paroît en nôtre mer Philosophique une certaine petite Isle ? il faut mettre en poudre cette terre ; & puis elle deviendra comme une eau épaisse mêlée avec de l'huile, & c'est là nôtre terre feüillée, laquelle il vous faut unir par un juste poids avec son eau.

L'Alch. Quel est ce juste poids ?

*La Vis.* Le poids de l'eau doit être pluriel, & celuy de la terre feüillée blanche ou rouge doit être singulier.

L'Alch. O Seigneur, vôtre discours dans ce commencement me semble trop obscur.

*La Vis.* Je ne me sers point d'autres termes, & d'autres noms que de ceux que les Philosophes ont inventé, & qu'ils nous ont laissé par écrit. Et toute cette troupe de personnes bien-heureuses que vous voyez, ont été pendant leur vie de veritables Philosophes? Une partie desquels étoient grands Princes, & l'autre des Roys, ou des Monarques puissans, qui n'ont point eu honte de mettre la main à l'œuvre, pour rechercher par leur travail & par leurs sueurs les secrets de la Nature, & dont ils nous ont écrit la verité. Lisez donc diligemment leurs Livres, & ne les injuriez plus dorénavant : mais remarquez leurs tresdoctes traditions & maximes ; fuyez toutes Sophistiqueries & tous les Alchymistes trompeurs, & enfin vous joüirez du miroir caché de la Nature.

La Vision ayant achevé ce discours, s'évanoüit en un instant, l'Alchymiste s'éveillant aussi-tôt, lequel considerant en luy-même ce qui s'étoit passé, ne sçavoit ce qu'il en devoit juger ; mais parce que toutes les paroles de la Vision luy avoient resté dans la memoire, il s'en alla promptement dans sa chambre pour les mettre par écrit. Aprés il lût avec attention les Livres des Philosophes, il reconnut par leur lecture ses lourdes fautes pasfées & ses premieres folies. Ayant ainsi découvert le veritable fondement de plus en plus, pour en conserver le souvenir il le mit en Rithmes Allemandes, comme il s'ensuit.

## Discours traduits de Vers.

On trouve une chose en ce monde,
  Qui est aussi par tout & en tout lieu,
Elle n'est ny terre, ny feu, ny air, ny
  eau,
Toutefois elle ne manque d'aucune de ces
  choses,
Neanmoins elle peut devenir feu,
Air, eau & terre,
Car elle contient toute la Nature
En soy, purement & sincerement;
Elle devient blanche & rouge, elle est
  chaude & froide,
Elle est humide & seche, & se diversifie
  de toutes les façons.
La troupe des Sages la seulement con-
  nuë,
Et la nomment son Sel.
Elle est tirée de leur terre,
Et elle a fait perdre quantité de fols.
Car la terre commune ne vaut icy rien,
Ny le Sel vulgaire en aucune façon,

Mais plûtôt le Sel du monde,
Qui contient en soy toute la vie.
De luy se fait cette Medecine,
Qui vous garantira de toute maladie.
Si donc vous desirez l'Elixir des Philo-
 sophes,
Sans doute cette chose doit être metal-
 lique,
Comme la Nature l'a fait,
Et l'a reduit en forme metallique,
Qui s'appelle nôtre magnesie,
De laquelle nôtre Sel est extrait ;
Quand vous aurez donc cette même cho-
 se,
Preparez la bien pour vôtre usage,
Et vous tirerez de ce Sel clair
Son cœur qui est tres-doux.
Faites-en aussi sortir son ame rouge,
Et son huile douce & excellente.
Et le sang du Soûfre s'appelle,
Le souverain bien dans cét ouvrage.
Ces deux substances vous pourront en-
 gendrer
Le souverain trésor du Monde.
Maintenant, comment est-ce que vous
 devez preparer ces deux substances
Par le moyen de vôtre Sel de terre,
Je n'ose pas l'écrire ouvertement,
Car Dieu veut que cela soit caché ;

*Et*

*Et il ne faut en aucune façon donner aux pourceaux*
*Une viande faite de marguerites precieuses.*
*Toutefois apprenez de moy avec grande fidelité,*
*Que rien d'étranger ne doit entrer en cét œuvre ;*
*Comme la glace par la chaleur du feu*
*Se convertit en sa premiere eau ;*
*Il faut aussi que cette Pierre*
*Devienne eau en soy-même.*
*Elle n'a besoin que d'un bain doux & moderé,*
*Dans lequel elle se dissout par soy.*
*Au moyen de la putrefaction.*
*Separez-en l'eau,*
*Et reduisez la terre en une huile rouge ;*
*Qui est cette ame de couleur de pourpre.*
*Et quand vous aurez obtenu ces deux substances,*
*Liez-les doucement ensemble,*
*Et les mettez dans l'œuf des Philosophes*
*Clos hermetiquement.*
*Et vous les placerez sur un Athanor,*
*Que vous conduirez selon l'exigence & la coûtume de tous les Sages,*
*En luy administrant un feu tres-lent*
*Tel que la poule donne à ses œufs pour*

faire éclorre ses poussins ;
Pour lors l'eau par un grand effort
Attirera en soy tout le Soûfre,
En sorte qu'il n'apparoîtra plus rien de luy,
Ce qui toutefois ne peut pas durer long-temps.
Car par sa chaleur & sa siccité
Il s'efforcera derechef de se rendre manifeste,
Ce qu'au contraire la froide Lune tâchera d'empêcher.
C'est icy que commence un grand combat entre ces deux substances,
Durant lequel l'une & l'autre montent en haut où elles s'élevent par un admirable moyen.
Mais le vent les contraint de descendre en bas,
Elles ne laissent pas neanmoins de voler derechef en haut,
Et aprés qu'elles ont continué long-temps ces mouvemens & circulations,
Elles demeurent enfin stables au bas
Et s'y liquefient alors avec certitude
Dans leur premier chaos tres-profondement.
Et puis toutes ces substances se noircissent,

Comme fait la suie dans la cheminée ;
Ce qui se nomme la teste du corbeau,
Lequel n'est pas une petite marque de la grace de Dieu.
Quand donc cela sera ainsi advenu, vous y verrez en bref
Des couleurs de toutes les manieres,
La rouge, la jaune, la bleuë & les autres,
Lesquelles neanmoins disparoîtront bien-tôt toutes.
Et vous verrez aprés de plus en plus
Que toutes choses deviendront vertes, comme feüilles & comme l'herbe.
Puis enfin la lumiere de la Lune se fait voir ;
C'est pourquoy il faut alors augmenter la chaleur,
Et la laisser en ce degré ;
Et la matiere deviendra blanche comme un homme chenu, dont le teint envieilly ressemble à de la glace,
Elle blanchira aussi presque comme de l'argent.
Gouvernez vôtre feu avec beaucoup de soin ;
Et ensuite vous verrez dans vôtre vaisseau
Que vôtre matiere deviendra tout-à-fait

blanche comme de la neige ;
Et alors vôtre Elixir est achevé pour l'œuvre au blanc ;
Lequel avec le temps deviendra rouge pareillement.
A raison dequoy augmentez vôtre feu derechef,
Et il deviendra jaune ou de couleur de citron par tout.
Mais à la parfin il deviendra rouge comme un rubis.
Alors rendez graces à Dieu nôtre Seigneur,
Car vous avez trouvé un si grand trésor,
Qu'il n'y a rien en tout le monde qu'on luy puisse comparer pour son excellence.
Cette Pierre rouge teint en or pur
L'étain, l'airain, le fer, l'argent, & le plomb,
Et tous les autres corps metalliques que ce soient.
Elle opere & produit encore beaucoup d'autres merveilles.
Vous pouvez par son moyen chasser toutes les maladies qui arrivent aux hommes,
Et les faire vivre jusqu'au terme prefix de leur vie.

C'est pourquoy rendez graces à Dieu de tout vôtre cœur,
Et avec elle donnez volontiers secours & aide à vôtre prochain
Et employez l'usage de cette Pierre à l'honneur du Tres-haut,
Lequel nous fasse la grace de nous recevoir en son Royaume des Cieux.

Soit gloire, honneur & vertu à jamais au Saint, Saint, Saint Sabaoth Dieu tout-puissant, lequel seul est Sage, & éternel, le Roy des Roys, & le Seigneur des Seigneurs, qui est environné d'une lumiere inaccessible, qui seul a l'immortalité, qui a empêché la violence de la mort, & qui a produit & mis en lumiere un esprit impérissable. Ainsi soit-il.

# FIN.

# TRAITEZ
## DU
## COSMOPOLITE
*Nouvellement découverts.*

Où aprés avoir donné une idée d'une Societé de Philosophes, on explique dans plusieurs Lettres de cét Autheur la Theorie & la Pratique des Veritez Hermetiques.

A PARIS,

Chez LAURENT D'HOURY, ruë Saint Jacques, devant la Fontaine Saint Severin, au Saint Esprit.

---

M. DC. XCI.

*Avec Privilege du Roy.*

# IDÉE

D'une nouvelle Societé de Philosophes.

### PREFACE.

APRE's avoir couru long-tems les mers inconnuës de la Philosophie des Anciens, nous voicy par la misericorde de Dieu, heureusement arrivez au port. Mais puisque ce n'est pas sans une veuë particuliere de la Providence, que nous avons évité les écüeils d'une si perilleuse navigation, nous ne croïons pas pouvoir mieux satisfaire à tout ce que Dieu exige de nous, qu'en lui consacrant les trésors infinis qu'il a bien voulu mettre entre nos mains,

A ij

# PREFACE.

& les employant à sa gloire & au service du prochain. En effet, quand une fois on se voit en possession des plus grands biens qu'on peut souhaiter en terre, où doit-on porter ses desirs qu'au Ciel ? ce sont donc les sentimens que nous inspirent la raison & le soin de nôtre propre salut, la reconnoissance même ne nous y engage pas moins fortement: mais quand nous n'aurions ni l'un, ni l'autre de ces motifs, la charité seule suffiroit ; car enfin dans des tems aussi miserables que ceux où nous vivons, & où tout le monde Chrétien gemit, pour ainsi dire, sous l'esclavage de l'impieté, ne seroit-ce pas un crime, que de cacher & tenir renfermé un dépost que nous n'avons reçû du Ciel, que pour le soulagement des pauvres & la consolation des miserables, dont tout le monde est remply.

Animez de ces nobles desirs, loin de nous borner à une seule partie

PREFACE.

de la Terre, nous resolumes incontinent de la parcourir toute entiere, afin qu'en tous lieux, & principalement dans la Chrétienté, les personnes affligées se ressentissent du bien-fait que la bonté divine, qui est la source de tout bien, nous avoit accordé, & que par tout chacun de nous pût travailler à reparer les Eglises abatuës, & rétablir les lieux saints desolez, en y faisant des fondations asseurées.

Tels ont été d'abord nos projets; mais helas, nous nous sommes bientôt apperçûs, que nous ne les pouvions pas executer, sans y trouver mille contradictions ; & la malice des hommes a même été si loin, que pour mon particulier je me suis vû plus d'une fois en danger de ma propre vie, sans parler des malheurs qui menaçoient nôtre République, si je songeois à passer outre.

Contraints donc de suivre d'autres pensées & de chercher d'autres moyens pour venir à bout de nos fins : & aprés une meure déliberation, rien ne m'a parû de plus fûr que d'établir entre nous une certaine Societé de Philosophes, dont aucun à la verité ne fût connu en particulier, mais qui neanmoins ne general se rendît celebre, & se répandît ainsi en peu de tems par tous les Royaumes, afin qu'il n'y en eût point, où il ne se trouvât quelqu'un des Associez qui y fût, pour ainsi dire, un sage & liberal dispensateur du precieux trésor de la Science Hermetique.

C'est dans cette veuë qu'aprés avoir demandé les lumieres du saint Esprit, j'ay crû premierement devoir coucher par écrit certains Statuts & Reglemens de cette nouvelle Cabale, qui continssent la maniere dont se devroient gouverner ceux qui y seroient aggregez. En second lieu, pour en venir au fait, j'ay moy-même choisi des person-

# PREFACE.

nes à mon gré qui en fussent comme les fondateurs : Enfin en faveur de ceux-là, aussi bien que de ceux qu'on peut esperer d'admettre dans la suite, j'ay composé quelques Traitez sur cette Science, où j'ay mis ce que ma propre experience m'en a appris, afin que par cette voye ceux de cette compagnie qui seroient dans les lieux les plus éloignez, pussent s'instruire.

En effet, s'ils veulent un peu les mediter, j'espere qu'ils y reconnoîtront aisément le point essentiel & ce qui fait comme le fondement de nôtre Philosophie secrete ; c'est à dire le sujet ou la matiere sur laquelle on doit travailler. C'est cette matiere que je souhaite que chacun des Patrons declare tout d'abord à ceux qu'il associera. Pour ce qui est du reste de la Theorie & de la Pratique on le leur doit laisser acquerir, par l'étude, par la lecture, & par les operations mêmes ; & ils en viendront aifément à bout, fi ce n'eft que Dieu, qui penetre le fond des cœurs, qui connoît les deffeins, la malice, & jufques où vont les penfées des hommes, ne permette qu'il fe répande dans leur efprit une certaine obfcurité, qui comme un voile les empêche d'appercevoir ce qui eft plus clair que le plain midy, leur cachant par là ce que peuvent les caufes naturelles, ou du moins leur en fufpendant la connoiffance pour un tems, & jufqu'à ce qu'ils fe foient convertis.

Or de ces Traitez que j'ay compofé, j'ay fouffert qu'on en ait imprimé quelques-uns. Quant aux autres qui expliquent un peu plus au long la doctrine des premiers Principes; ou je n'ay pas voulu les donner au Public, ou fi quelques-uns ont parû, je les ay fupprimez auffi-tôt, eftimant qu'il feroit plus convenable & plus utile d'en differer l'Edition en un autre tems.

# PREFACE.

Cependant afin que ce retardement n'apportât point de prejudice à nôtre Societé naiſſante, j'ay jugé à propos de communiquer par lettres aux plus Anciens, ce que ces écrits contenoient de meilleur, le tout d'un ſtyle facile & épiſtolaire; & j'ay ordonné qu'on en fiſt auſſi-tôt part aux autres Aſſociez, ſelon les Statuts & Reglemens qui vont ſuivre.

# STATUTS
## Des Philosophes inconnus.

### CHAPITRE I.
*Division de toute la Compagnie.*

## Article I.
*De quel païs doivent être les Associez.*

CEtte Compagnie ne doit pas être bornée par une Contrée, une Nation, un Royaume, une Province, en un mot par un lieu particulier, mais elle doit se répandre par toute la terre habitable, & principalement par tout où JESUS-CHRIST est adoré, où regne sa Loy, où la vertu est connuë, & où la raison est suivie ; car un bien universel ne doit pas être enfermé dans un petit lieu reservé, au contraire il doit être porté par tout où il se rencontre des sujets propres à le recevoir.

## Article II.

*En quels Corps particuliers on les peut diviser.*

DE peur neanmoins qu'il n'arrive de la confusion d'une si vaste étenduë de païs, nous avons trouvé bon de diviser toute la Compagnie en Colonies, les Colonies en Troupes, les Troupes en Assemblées, & que ces Corps particuliers soient tellement distribuez que chacun ait son lieu marqué, & sa Province déterminée. Par exemple, que chaque Colonie se renferme dans un Empire, & que là il n'y ait qu'un seul Chef; qu'une Troupe se borne dans une Province; & que les Assemblées ne s'étendent point plus loin que dans un canton de païs limité. Si donc il arrive qu'il se presente une personne pour être associé avec nous, qui ne soit pas d'un païs stable, & que l'on connoisse; qu'on l'oblige d'en choisir un, où il établisse son domicile, de peur qu'il ne se trouve à même tems dans deux Colonies, Troupes ou Assemblées.

## Article III.

### Le nombre des Associez.

AU reste pour ce qui est du nombre des Associez, dans chaque Colonie, Troupe ou Assemblée, il n'est ni facile ni utile de le prescrire, par les raisons qu'on verra ci-aprés. La Providence y pourvoira, puis qu'en effet c'est uniquement la gloire & le service de Dieu qu'on s'est proposé pour but dans toute cette Institution. Ce qu'on peut dire en general, c'est qu'il s'en faut rapporter là-dessus à la prudence de ceux qui associeront, lesquels selon le tems, le lieu & les necessitez presentes admettront plus ou moins de personnes dans leur Corps. Ils se souviendront seulement que la veritable Philosophie ne s'accorde gueres avec une multitude de personnes, & qu'ainsi il sera toûjours plus sûr de se retrancher au petit nombre. Le plus ancien ou le premier de chaque Colonie, Troupe ou Assemblée, aura chez luy le Catalogue de tous les Associez, dans lequel seront les noms & le païs de ceux de son Corps, avec l'ordre de leur Reception, pour les raisons que nous dirons tantôt.

## CHAPITRE II.
*Des qualitez de ceux qu'on doit recevoir.*

## Article I.
*De quelle Condition & Religion ils doivent être.*

IL n'est nullement necessaire que ceux qu'on recevra dans cette Compagnie, soient tous d'une même Condition, Profession ou Religion. Ce qui sera requis en eux, c'est sur tout qu'ils reverent J. C. qu'ils ayment la vertu, & qu'ils ayent l'esprit propre pour la Philosophie : il n'en faudra pas davantage, pourvû qu'ils soient doüez d'ailleurs des qualitez d'un honnête homme. Car n'ayant point d'autre fin que d'aider tous les pauvres de la Republique Chrétienne, & de donner du soulagement à tous les affligez du genre humain, en quelque lieu, & de quelque condition qu'ils soient : Les Associez d'une mediocre naissance, y pourront aussi bien réüssir, que ceux qui seroient d'une qualité plus relevée. Ce seroit donc au détriment du Christianisme qu'on les banniroit de nôtre Corps, vû principalement que ces sortes de personnes, sont d'ordinaire plus portez à pratiquer les Vertus morales, que ceux qui sont les plus constituez en dignité.

Pour ce qui est de ceux qui ne seroient pas de la Religion Romaine, il n'y a pas sujet de craindre qu'ils abusent dans la suite des trésors que la Philosophie leur aura mis entre les mains, & qu'ils s'en servent pour faire la guerre aux Catholiques, & renverser le saint Siege Apostolique. Car il n'est pas probable que Dieu permette qu'ils conduisent à une heureuse fin ce grand Ouvrage, dont nôtre Philosophie découvre les principes, s'ils n'ont auparavant purgé leur cœur de toutes sortes de mauvaises intentions : ils ne seront point éclairez sur les mysteres de la Pierre des Philosophes, s'ils ne cessent d'être aveugles dans les mysteres de la Foy. S'il s'en trouvoit pourtant qui sous un faux pretexte de zele & de Religion se declarassent contre le Christianisme, & sur tout contre la Religion Romaine, ou qu'on ne les admette point du tout, ou qu'on les congedie du Corps, aprés même qu'on les y auroit admis.

## Article II.

*On n'y admettra point de Religieux.*

Quoy qu'il soit indifferent, comme je le viens de dire, de quelle condition soient les Associez ; je souhaite pourtant, qu'on n'en prenne jamais parmy les Religieux, ou gens engagez par des Vœux monastiques, sur tout de ces Ordres qu'on appelle Mendians, si ce n'est dans une extrême disette d'autres personnes propres à nôtre Institut. Que la même Loy soit pour les Esclaves, & toutes personnes qui sont comme consacrez aux services & aux volontez des Grands. Car la Philosophie demande des personnes libres, & qui soient maîtres d'eux-mêmes, qui puissent travailler quand il leur plaira, & qui sans aucun empêchement puissent employer leur tems & leurs biens, pour enrichir la Philosophie de leurs nouvelles découvertes.

## Article III.

*Rarement les Souverains.*

Or entre les personnes libres les moins propres à cette sorte de

Vacation, ce sont les Roys, les Princes & autres Souverains. On doit juger le même de certaines petites gens que la naissance a mis à la verité un peu au dessus du commun, mais que la fortune laisse dans un rang inferieur. Car ni les uns ni les autres ne nous sont gueres propres, à moins que certaines vertus distinguées qui brillent dans toute leur conduite, tant en public qu'en particulier, ne les sauvent de cette exception. La raison de cela, c'est qu'il ne se peut gueres faire que l'ambition ne soit la passion dominante de ces sortes d'Etats ; Or par tout où ce malheureux principe a lieu, l'on n'y agit plus par les motifs d'une pieté & d'une charité Chrétienne.

Il faut encore donner la même exclusion, à tous les miserables, & gens destituez de toutes sortes de biens ; mais pour une raison differente, c'est qu'il seroit à craindre que dans la suite des tems, la pauvreté & le manque de tout, ne les contraignist de rendre un secret qui dans toute la nature n'a rien qui le puisse valoir, que la possession même de l'ouvrage qu'il enseigne de faire.

Article

## Article IV.

*Qu'on regarde sur tout leurs mœurs.*

EN general que personne de quelque état ou condition qu'il puisse être, ne pretende point entrer dans cette Compagnie, s'il n'est veritablement homme de bien : il seroit fort à souhaiter qu'il fist profession du Christianisme, & qu'il en pratiquât les vertus, qu'il eût une Foy scrupuleuse, une ferme esperance, une ardente charité ; que ce fût un homme de bon commerce, honnête dans les conversations, égal dans l'adversité & dans la prosperité ; enfin dans lequel il ne parût aucune mauvaise inclination, de peur que les personnes par lesquelles on pretendroit aider au salut des autres, ne servissent eux-mêmes à leur perte. Qu'on se garde par dessus toutes choses de gens adonnez au vin ou aux femmes, car Harpocrates luy-même garderoit-il sa liberté parmy les verres ? & quand ce seroit Hermés, seroit-il sage au milieu des femmes ? Or quel desordre ! que ce qui doit faire la recompense de la plus haute vertu, devint le prix d'un infâme plaisir.

## Article V.
### Que ce soient gens qui ayent de la curiosité naturelle.

CE n'est pas assez que les mœurs soient irreprochables, il faut qu'on remarque en outre dans nos Proselites un veritable desir de pénétrer dans les secrets de la Chymie, & une curiosité qui paroisse venir du fond de l'ame, de sçavoir non pas les fausses receptes des Charlatans, mais les admirables Operations de la science Hermetique, de peur qu'ils ne viennent peu à peu à mépriser un Art, dont ils ne peuvent pas tout à coup connoître l'excellence. Cecy aprés tout ne se doit pas entendre de telle maniere, que dés qu'un homme est curieux, & autant que le sont la plûpart des Alchymistes, il soit aussi-tôt censé avoir ce qu'il faut pour être aggregé parmy nous, car jamais la curiosité ne fut plus vive que dans ceux qui ayant été prévenus de faux principes, donnent dans les Operations d'une Chymie Sophistique; d'ailleurs il n'en fut jamais de plus incapables & de plus indignes d'entrer dans le sanctuaire de nos veritez.

## Article VI.
*Le silence, condition essentielle.*

POur conclusion qu'à toutes ces bonnes qualitez on joigne un silence incorruptible, & égal à celuy qu'Harpocrate sçavoit si bien garder. Car si un homme ne sçait se taire, & ne parler que quand il faut, jamais il n'aura le caractere d'un veritable & parfait Philosophe.

---

## CHAPITRE III.
*De la maniere de recevoir ceux que l'on associera.*

### Article I.
*L'origine des Patrons.*

QUiconque une fois aura été admis au nombre de nos Elus, il pourra luy-même à son tour en recevoir d'autres, & alors il deviendra leur Patron. Qu'il garde dans le choix qu'il en doit faire les Regles precedentes, & qu'il ne fasse rien sans que le Patron par lequel il avoit été luy-même aggregé en soit averty, & sans qu'il y consente.

## Article II.

*La forme de la Reception.*

SI donc quelqu'un attiré par la reputation que s'acquierera cette Compagnie, souhaitoit d'y être admis, & si pour cét effet il s'attachoit à quelqu'un de ceux qu'il soupçonneroit en être, celuy-cy commencera d'abord par observer diligemment les mœurs & l'esprit de son postulant, & le tiendra durant quelque tems en suspens sans l'asseurer de rien, jusqu'à ce qu'il ait eu des preuves suffisantes de sa capacité, si ce n'est que sa reputation fût si bien établie, qu'on n'eût aucun lieu de douter de sa vertu, & des autres qualitez qui luy sont requises.

En ce cas, l'Associé proposera la chose à celuy qui luy avoit à luy-même servy de Patron; il luy exposera nettement, sans déguisement & sans faveur, ce qu'il aura reconnu de bien & de mal dans celuy qui demande ; mais en luy cachant à même tems sa personne, sa famille, & son nom propre, à moins que le postulant n'y consente, & que même il ne vienne à le demander instamment, instruit qu'il aura été de la défense expresse qu'on a sans cela de le nommer dans la Societé.

Car c'est une des constitutions des plus saintes de cette Compagnie, que tous ceux qui en seront, non seulement soient inconnus aux étrangers, mais qu'ils ne se connoissent pas même entr'eux, d'où leur est venu le Nom *de Philosophes inconnus*. En effet, s'ils en usent de la sorte, il arrivera que tous se preserveront plus facilement des embûches & des pieges, qu'on a coûtume de dresser aux veritables Philosophes, & particulierement à ceux qui auroient fait la Pierre, lesquels sans cette précaution, deviendroient peut-être par l'instinct du Demon en proye à leurs propres amis, & toute la Societé courreroit risque de se voir ruïnée en peu de tems. Mais au contraire en prenant ces mesures, quand il se trouveroit parmy elle quelque traître, ou quelqu'un qui sans qu'il y eût de sa faute, fût assez malheureux pour avoir été découvert : comme les autres, qui par prudence sont demeurez inconnus, ne pourront être déferez ni accusez, ils ne pourront aussi avoir part au malheur de leur Associé, & continuëront sans crainte leurs études & leurs exercices. Que si aprés ces avis, quelqu'un est assez imprudent que de se faire connoître, qu'il ne s'en prenne qu'à luy-même, s'il s'en trouve mal dans la suite.

## Article III.

### Devoirs des Patrons.

AFin que l'ancien Patron, qui est sollicité par le Patron futur de donner son consentement pour l'immatriculation de son nouveau Proselite, ne le fasse pas à la legere ; il doit auparavant faire plusieurs questions à l'Associé qui luy en parle, & même pour peu qu'il puisse douter de sa sincerité, l'obliger par serment de luy promettre de dire les choses comme elles sont. Qu'aprés cela on propose la chose à l'Assemblée, c'est à dire à ceux de ses Associez qui luy seront connus, & qu'on suive leur avis là-dessus.

## Article IV.

### Privilege des Chefs generaux.

LE Chef ou le plus ancien d'une Colonie, non d'une Troupe, ou d'une Assemblée, sera dispensé de la Loy susdite, aussi bien que de plusieurs autres choses de la même nature. Si cependant il arrivoit que le nombre des Associez, venant à diminuer, on fût obligé de ne faire plus qu'une Troupe de toute la Colonie, alors ce Chef general perdra son privilege ; en quoy l'on doit s'en rapporter à sa propre conscience. Aprés sa mort aussi personne ne luy succedera, jusqu'à ce que la multitude des Associez n'ait obligé de les diviser en plusieurs Troupes.

## Article V.
### De la Reception.

TOut cela fait, & le consentement donné suivant ladite forme, le nouveau Postulant sera reçû en la maniere que je vais dire.

Premierement, on demandera les lumieres du Saint Esprit, en faisant celebrer à cette intention une Messe solemnelle, si le lieu & la religion de celuy qu'on doit recevoir le permettent ; si la chose ne se peut faire en ce tems, qu'on la differe en un autre, selon qu'en ordonnera celuy qui reçoit.

Ensuite que celuy qu'on va recevoir promette de garder inviolablement les Statuts susdits, & sur toutes choses qu'il s'engage à un secret inviolable, de quelque maniere que les choses puissent tourner, & quelque évenement, bon ou mauvais, qu'il en puisse arriver.

De plus, il promettra de conserver la fidelité, & qu'il aymera toûjours tous ceux qu'il viendra à connoître de ses Associez, comme ses propres freres. Qu'enfin si jamais il se voit en possession de la Pierre, il s'engagera même par serment, si son Patron l'exige ainsi ( surquoy comme dans toutes les autres Loix de la Reception il faudra avoir égard, à la qualité & au merite de ceux qu'on recevra ), qu'il en usera, selon que le prescrivent les constitutions de la Compagnie.

Aprés cela, celuy qui luy aura servy de Patron en recevant ses promesses, luy fera les siennes à son tour au nom de toute la Societé & de ses Associez ; il l'asseurera, de leur amitié, de leur fidelité, de leur protection, & qu'ils garderont en sa faveur tous les Statuts, comme il vient de promettre de les garder à leur égard. Ce qui étant finy, il luy dira tout bas à l'oreille, & en langage des Sages, le nom de la *Magnesie*, c'est-à-dire de la vraye & unique matiere, de laquelle se fait la Pierre des Philosophes.

Il sera neanmoins plus à propos de luy en donner auparavant quelque description énigmatique, afin de l'engager adroitement à la déchiffrer de luy-même; que s'il reconnoît qu'il desespere d'en venir à bout, il luy donnera courage; & luy aidant peu à peu, mais de telle maniere neanmoins que ce soit de luy-même qu'il découvre le mystere.

## Article VI.

*Le Nom que doit prendre le nouvel Associé.*

LE nouvel Associé prendra un nom Cabalistique, & si faire se peut, commodément tiré par Anagramme de son propre nom, ou des noms de quelqu'un des anciens Philosophes; il le declarera à son Patron, afin qu'il l'inscrive au plûtôt dans le Catalogue ou Journal de la Société : ce qui sera fait par quelqu'un des Anciens, qui prendra soin de le faire sçavoir, tant au Général de chaque Colonie, qu'au particulier de chaque Troupe ou Assemblée.

## Article VII.

*Ce qu'il doit donner par écrit à son Patron.*

Outre cela, si le Patron juge qu'il soit expedient, il exigera, pour engager plus étroitement le nouvel Associé, une Cedule écrite de sa main & souscrite de son nom Cabalistique, qui fera foy de la maniere dont les choses se sont passées, & du serment qu'il a fait ; mais reciproquement le nouvel Associé pourra aussi obliger son Patron de lui donner son signe ou nom Cabalistique au bas d'un des Exemplaires de ces Statuts, par lequel il témoignera à tous ceux de la Compagnie, qu'il l'a associé dans leur nombre.

## Article VIII.

*Les Ecrits qu'il doit recevoir de luy.*

Quand le tems le permettra, on donnera la liberté de transcrire les presens Statuts ; aussi bien que la Table des signes & caracteres Cabalistiques qui servent à l'Art, avec son interpretation. Afin que quand par hazard il se rencontrera avec quelqu'un de la Compagnie, il puisse le connoître & en être reconnu, en se faisant des interrogations mutuelles sur ces caracteres. Enfin il pourra prendre aussi la Liste des noms Cabalistiques des Aggregez que son Patron luy communiquera, en luy cachant leurs noms propres, s'il les sçavoit.

Pour ce qui est de nos autres écrits particuliers que le Patron pourroit avoir chez lui, il sera encore obligé de les faire voir à son nouveau Confrere, ou tous à la fois, ou par parties, selon qu'il le jugera à propos; sans jamais cependant y mêler rien de faux, ou qui soit contraire à nôtre Doctrine; car un Philosophe peut bien dissimuler pour un tems, mais il ne luy est jamais permis de tromper. Le Patron ne sera point tenu de faire ces sortes de communications, ou plus vîte, ou plus amplement qu'il ne voudra; davantage, il ne pourra rien communiquer, qu'il n'ait éprouvé celuy qu'il vient de recevoir, & qu'il ne l'ait reconnu exact Observateur des Statuts, de peur que ce nouvel Aggregé ne vienne à se separer du Corps, & découvrir des mysteres qui doivent être particuliers; quant aux lumieres qu'un chacun aura puisé d'ailleurs, il luy sera libre ou de les cacher, ou d'en faire part.

## Article IX.

*Les Devoirs du nouvel Associé.*

IL ne reste plus rien presentement, sinon d'exhorter ce nouvel Associé, de s'appliquer avec soin, soit à la lecture de nos Livres & de ceux des autres Philosophes approuvez, ou seul en particulier, ou en compagnie de quelqu'un de ses Confreres ; soit à mettre luy-même la main à la pratique, sans laquelle toute la speculation est incertaine.

Qu'il se donne de garde sur tout de l'ennuy qui accompagne la longueur du travail, & que l'impatience d'avoir une chose qu'il attend depuis si long-tems ne le prenne point. Il doit se consoler sur ce que tous les Associez travaillent pour luy, comme luy-même doit aussi travailler pour eux, sans quoy il n'auroit point de part à leurs découvertes ; fondé sur ce que le repos & la science parfaite est la fin & la recompense du travail, comme la gloire l'est des combats quand le Ciel veut bien nous être propice ; & sur ce qu'enfin la paresse & la lâcheté ne sont suivies que d'ignorance & d'erreurs.

## CHAPITRE IV.

*Statuts & Reglemens communs pour tous les Confreres.*

## Article I.

*Anniverſaire de la Reception.*

Tous les Ans à jour pareil de ſa Reception, chaque Aſſocié qui ſera Catholique Romain, offrira à Dieu le ſaint Sacrifice de la Meſſe en action de graces, & pour obtenir du Saint Eſprit le don de Science & de Lumieres. Tout Chrétien en general, ou tout autre de quelque ſecte qu'il puiſſe être, fera la même choſe à ſa maniere ; que ſi on s'oublioit pourtant de le faire on ne doit pas en avoir de ſcrupule, car ce Reglement n'eſt que de conſeil & non pas de precepte.

## Article II.

*Qu'on ne ſe mêle point de Sophiſtications.*

Qu'on s'abſtienne de toutes operations Sophiſtiques ſur les métaux, de quelques eſpeces qu'elles puiſſent être.

Qu'on n'ait aucun commerce avec tous les Charlatans & donneurs de Receptes, car il n'y a rien de plus indigne d'un Philosophe Chrétien qui recherche la verité, & qui veut aider ses freres, que de faire profession d'un Art qui ne va qu'à tromper.

## Article III.

*On peut travailler à la Chymie commune.*

IL sera permis à ceux qui n'ont point encore l'experience des choses qui se font par le feu, & qui ignorent par consequent l'Art de distiller, de s'occuper à faire ces operations sur les Mineraux, les Vegetaux & les Animaux, & d'entreprendre même de purger les Métaux, puisque c'est une chose qui nous est quelquefois necessaire : mais que jamais on ne se mêle de les allier les uns avec les autres, encore moins de se servir de cét alliage ; parce que c'est chose mauvaise, & que nous défendons principalement à nos Associez.

## Article IV.

*On peut détromper ceux qui seroient dans une mauvaise voye.*

ON pourra quelquefois aller dans les Laboratoires de la Chymie vulgaire, pourvû que ceux qui y travaillent, ne soient pas en mauvaise reputation. Comme aussi se trouver dans les Assemblées de ces mêmes gens, raisonner avec eux ; & si l'on juge qu'ils soient dans l'erreur, s'efforcer de la leur faire appercevoir, au moins par des argumens negatifs tirez de nos écrits ; & le tout, s'il se peut, par un pur esprit de charité, & avec modestie, afin qu'il ne se fasse plus de folles dépenses.

Mais en ces occasions qu'on se souvienne de ne point trop parler ; car il suffit d'empêcher l'aveugle de tomber dans le precipice, & de le remettre dans le bon chemin ; On n'est pas obligé de luy servir de guide dans la suite : loin de cela, se seroit quelquefois mal faire, sur tout si l'on reconnoît que la lumiere de l'esprit luy manque, & qu'il ne fait pas de cas de la vertu.

## Article V.

*Donner envie d'entrer dans la Société.*

QUe si entre ceux qui se mêlent de la Chymie, il se trouve quelque honneste homme, qui ait de la reputation, qui ayme la sagesse & la probité, & qui s'attache à la science Hermetique par curiosité & non par avarice ; il n'y aura pas de danger de l'entretenir des choses qui se pratiquent dans nôtre Societé, & des mœurs de nos plus illustres Associez, afin que si quelqu'un étoit appellé du Ciel & destiné pour cét employ, il luy pût par telle occasion venir en pensée de se faire des nôtres, & remplir sa destinée.

Dans ces entretiens cependant on ne se declarera point Associé, jusqu'à ce qu'on ait reconnu dans cette personne les qualitez dont nous avons parlé, & qu'on ait pris avis & consentement de son Patron, car autrement ce seroit risquer de perdre le titre de Philosophe inconnu, ce qui est contre nos Statuts.

## CHAPITRE V.

*Du Commerce que les Associez doivent avoir entr'eux.*

### Article I.

*Se voir de tems en tems.*

Ceux des Confreres qui se connoîtront, de quelque maniere que cela puisse être, & de quelque Colonie, Troupe ou Assemblée qu'ils soient, pourront se joindre ensemble pour conférer, quand & autant de fois qu'ils le trouveront à propos, dans certains jours & lieux assignez. Là on s'entretiendra des choses qui regardent la Societé; on y parlera des lectures particulieres qu'on aura faites, de ses meditations & operations; afin d'apprendre les uns des autres, tant en cette matiere, qu'en toute autre science. Le tout, à condition que rien ne s'y passera contre la sobrieté, & que vivant ensemble soit dans les Auberges, ou autres lieux où ils prendront leurs repas; ils y laisseront toûjours une grande estime d'eux & de leur conduite. Or quoy que ces Assemblées puissent être d'une grande utilité, on n'en impose cependant aucune obligation.

## Article II.

### S'entretenir par Lettres.

IL sera aussi permis d'avoir commerce par Lettres les uns avec les autres, à la maniere ordinaire; pourvû que jamais on n'y mette par écrit le nom & la nature de la chose essentielle qui doit être cachée. Les Associez ne souscriront point ces Lettres autrement que par leurs noms Cabalistiques; pour le dessus, il faudra y mettre le même; & ensuite ajoûter une envelope, sur laquelle on écrira l'adresse, en se servant du nom propre de celuy à qui on écrit. Si l'on craint que ces Lettres soient interceptées, on se servira de chiffres, ou de caracteres hyeroglyphiques, ou de mots allegoriques.

Ce commerce de Lettres peut s'étendre jusqu'à ceux des Associez qui seroient dans les lieux les plus éloignez du monde, en se servant pour cela de leurs Patrons, jusqu'à ce qu'on ait reçû les éclaircissemens dont on peut avoir besoin, sur les difficultez qui naissent dans nos recherches Philosophiques.

# Article III.

## *Maniere de s'entre-corriger.*

SI l'on vient à remarquer que quelqu'un des Associez ne garde pas les Regles que nous venons de prescrire, ou que ses mœurs ne soient pas aussi irreprochables que nous les souhaitons; le premier Associé, & sur tout son Patron, l'avertira avec modestie & charité; & celuy qui sera averty, sera obligé d'écoûter ces avis de bonne grace & avec beaucoup de docilité : s'il n'en use pas ainsi, il ne faut pas tout d'un coup luy interdire tout commerce avec les autres; mais seulement on le dénoncera à tous les Confreres qu'on connoîtra de son Assemblée, Troupe ou Colonie, afin qu'à l'avenir on soit sur la reserve avec luy, & qu'on n'ait pas la même ouverture qu'auparavant. Il faut neanmoins s'y conduire avec sagesse, de peur que venant à s'appercevoir qu'on le veut bannir, il ne nuise aux autres; mais que jamais on ne luy fasse part de la Pierre.

## CHAPITRE VI.
### De l'usage de la Pierre.

## Article I.
### Celuy qui l'aura faite en donnera avis.

SI quelqu'un des Confreres est assez heureux pour conduire l'œuvre à sa fin, d'abord il en donnera avis, non pas de la maniere que nous avons prescrit cy-dessus qu'on écriroit, mais par une Lettre sans jour & sans datte, & s'il se peut, écrite d'une main étrangere, qu'il adressera à tous les Chefs & Anciens des Colonies ; afin que ceux qui ne pourront voir cét Associé fortuné, soient excitez par l'esperance d'un bonheur semblable, & animez par là à ne pas se dégoûter du travail qu'ils auront entrepris.

Il sera libre à celuy qui possedera ce grand trésor de choisir parmy les Associez, tant connus qu'inconnus, ceux ausquels il voudra faire part de ce qu'il a découvert : autrement il se verroit obligé de le donner à tous, même à ceux ausquels la Societé n'a point encore d'obligation ; en quoi il s'exposeroit, & même toute la Compagnie, à de tres-grands perils.

## Article II.

*Il en fera part à ceux qui viendront le trouver.*

ON obligera sur tout cét heureux Associé par un decret qu'on gardera plus inviolablement que tous les autres, de faire part de ce qu'il aura trouvé d'abord à son propre Patron, à moins qu'il n'en soit indigne, ensuite à tous les autres Confreres, connus ou inconnus, qui le viendront trouver, pourvû qu'ils fassent connoître qu'ils ont gardé exactement tous les Reglemens; qu'ils ont travaillé sans relâche; qu'ils sont gens secrets, & incapables de faire jamais aucun mauvais usage de la grace qu'on leur accordera.

En effet, comme il seroit injuste, que chacun conspirât à l'utilité publique, si chaque particulier n'en marquoit en tems & lieu sa reconnoissance : Aussi seroit-il tout-à-fait déraisonnable de rendre participant d'un si grand bonheur, les traîtres, les lâches, & ceux qui craignent de mettre la main à l'œuvre.

## Article III.
*La maniere de le faire.*

OR la maniere de communiquer ce secret, sera laissée entierement à la disposition de celuy qui le possede, de sorte qu'il luy sera libre ou de donner une petite portion de la Poudre qu'il aura faite, ou d'expliquer clairement son procedé, ou seulement d'aider par ses conseils ceux de ses compagnons, qu'il sçaura travailler à la faire. Le plus expedient sera de se servir de cette derniere methode, afin qu'autant qu'il se pourra, chacun ne soit redevable qu'à luy-même & à sa propre industrie d'un si grand trésor.

Pour ceux qui par une semblable voye s'en trouveroient enrichis, ils n'auront pas le pouvoir d'en user de la sorte à l'égard de leurs autres Confreres, non pas même de leur propre Patron, du moins s'ils n'en ont auparavant demandé la permission à celuy de qui ils auront été instruits; car le secret, est la moindre reconnoissance qu'ils lui doivent. Et celuy-cy même ne le permettra pas aisément, mais seulement à ceux qu'il en trouvera tres-dignes.

## Article IV. & dernier.
*L'employ qui en doit être fait.*

ENfin l'usage & l'employ d'un si precieux tresor doit être reglé de la maniere qui suit.

Un tiers sera consacré à Dieu, c'est à dire sera employé à bâtir de nouvelles Eglises, & à reparer les anciennes, à y faire des Fondations, & à d'autres semblables Oeuvres pieuses, comme seroit par exemple la propagation de la Foy, pourvû qu'elle se fasse sans verser de sang humain ; car la verité de la Religion Chrétienne, ne s'établit pas par les armes, mais par de bonnes raisons : JESUS-CHRIST n'a point envoyé ses Apôtres prêcher l'Evangile l'épée à la main, mais il a seulement voulu qu'ils fussent remplis du Saint Esprit, & qu'ils eussent le don des Langues pour se faire entendre de tous les Peuples.

Un autre tiers sera distribué aux pauvres, aux personnes opprimées, & aux affligées, de quelque maniere qu'elles le soient.

Enfin la derniere partie restera au Possesseur, de laquelle il pourra faire ses liberalitez, en aider ses parens & ses amis; & ce de maniere qu'il ne contribuë point à nourrir leur ambition, mais seulement autant qu'il est necessaire, pour qu'ils glorifient Dieu, qu'ils servent la Patrie, & qu'ils fassent en paix leur salut. Qu'il se souvienne que dans un soudain changement de fortune rarement on sçait garder de la moderation ; & même que jusques dans les Aumônes qu'on fait aux pauvres, si on ne les fait que par vanité, l'on peut trouver occasion de se perdre.

*FIN DES STATVTS & Regles de la Societé Cabalistique des Philosophes inconnus.*

LETTRES

# LETTRES
## DE
## MICHEL SENDIVOGIUS, *
## Ou de J. J. D. I. *

*C'est-à-dire, Jean Joachim Destinguel d'Ingrofont.

### Communément appellé
# COSMOPOLITE,
### Sur la Theorie & la Pratique de la Pierre Philosophale.

---

## PREMIER TRAITÉ
### De l'Art général de changer les Métaux les uns dans les autres.

# LETTRES

## PREMIERE LETTRE.

A Monsieur T. **** nouvel Associé dans la Compagnie des Philosophes inconnus.

*Il le congratule de son Association, lui envoye les Statuts, & lui promet de l'aider dans l'étude de cette Science.*

ONSIEUR,

Vos Lettres m'ont fait un fort grand plaisir, aussi-bien que celles de Briscius qui vous a servi de Patron, & qui depuis long-tems est nôtre Associé : car elles m'ont appris avec une joye que je ne puis exprimer, que vous avez été reçû dans nôtre Compagnie, laquelle j'ai grande envie depuis long-tems de voir établie en France.

Ce même Briscius m'a parlé de vos mœurs en termes si avantageux, & vôtre maniere d'écrire tout-à-fait polie soûtient si bien tout ce qu'il me dit de vôtre esprit, que je ne puis que je n'espere un bon succés de tout ce qu'il a fait.

C'est dans cette veuë que je vous envoye volontiers les Statuts de nôtre Societé en Latin, comme vous me les avez demandé ; & je vous prie d'observer vulgairement tout ce qu'ils contiennent, & de recommander à ceux qui vous suivront de faire la même chose.

Vous souhaitez que je vous donne de plus grandes lumieres sur la Chymie, que celles que vous avez reçûës de vôtre Patron ; je le ferai, je vous le promets : mais sçachez pourtant qu'il est nécessaire que vous travailliez de vous-même, lisant, méditant & opérant sans cesse, pour ajoûter de vôtre propre chef tout ce qui manque à ce que l'on vous a appris.

D ij

Au reste, cela ne vous sera pas bien difficile, puisque vous avec la clef, & qu'il n'y a plus qu'à ouvrir la porte pour entrer dans le sanctuaire de nos veritez.

Mais afin que vous y ayez encore moins de peine, je vous ferai connoître d'abord les écueils contre lesquels vous pourrez faire naufrage, & je vous expliquerai les termes ambigus qui me pourroient tromper. Que si en lisant vous trouvez quelques difficultez, sur lesquelles vous me vouliez consulter, je vous promets que je ne vous cacherai ni ne vous dissimulerai aucun de nos Secrets ; & il ne vous manquera que cette sorte de science experimentale, qui ne s'apprend qu'à l'œil & par la manipulation.

Car dans tous les Arts, & sur tout dans le nôtre, il y a certaines choses que des paroles ne peuvent bien expliquer, & où l'on a ordinairement plus besoin de voir une démonstration manuelle & une experience confirmée, pour sçavoir ce dont on ne trouve que rarement une occasion commode, & qui puisse répondre aux souhaits des Philosophes.

Je vous prie de prendre en bonne part ces petits avertissemens, que prend la liberté de vous donner celui qui est,

Monsieur,

Vôtre tres-humble Serviteur,
Michel Sendivogius.

A Bruxelles, le 9e
Février 1646.

---

## LETTRE II.

*Il enseigne quels sont les bons Livres.*

CE n'est pas sans grande raison, mon cher Monsieur, que parmi un si grand nombre de Livres, tant des anciens, que des modernes, vous demandez le choix qu'il en faut faire. Car à la verité il y en a tres-peu de fidéles ; & s'il y en a quelques-uns, ils sont obscurs, embarassez, & pleins de contradictions apparentes, quoi qu'en effet tous disent la même chose, & n'enseignent qu'une même verité ; mais en termes hieroglyphiques, cachez & mysterieux, selon la coûtume de la Cabale. Car cét Art est tout Cabalistique ; & ce seroit un grand abus que de le traiter, en sorte qu'il pût être appris par les faux Philosophes & les Sophistes.

Vous pourrez donc dans le grand nombre des Livres qui se trouvent, vous attacher à ceux que je vas vous nommer, laissant tous les autres comme inutiles ; puisque possedant une fois le petit Poisson nommé *Remora*, qui est tres-rare pour ne pas dire unique dans cette grande Mer, vous n'aurez plus besoin de pêcher, mais seulement de songer à la préparation, à l'assaisonnement, & à la cuisson de ce petit Poisson.

Les principaux Auteurs entre les Anciens, sont HERMÈS, dont tous les Ouvrages sont de tres-grande consequence pour l'intelligence de nôtre œuvre ; mais sur tout deux de ses Livres. Au premier, ses Commentateurs ont donné pour Titre : *Le passage de la Mer rouge* ; & ils ont appellé le second : *L'abord de la Terre promise*. Ces Livres sont tres-rares, & ne se trouvent peut-être nulle part dans l'Europe, qu'à Constantinople, chez certains nommez Martiens, où je les ai lûs & transcris d'un bout à l'autre pour le secours de ma memoire.

Parmi les Modernes, vous avez Paracelse, dont les Ecrits sont autant de lumieres. Mais si vous pouviez recouvrer son Codicile, qui est appellé, *Le Pseautier Chymique*, ou *Manuel de Paracelse*, vous auriez trouvé toute la doctrine de la Science Chymique, tous les mystéres de la Physique démonstrative, & de la plus secrete Cabale.

Ce Livre n'est pas si rare que ceux dont je viens de parler ; car il se trouve dans la Bibliotheque du Vatican à Rome ; & je l'ai veu ailleurs en plusieurs endroits, chez les Cabalistes & Curieux de nôtre Art : il n'est cependant pas commun, & on ne le rencontre pas par tout. C'est pourquoi je l'ai copié aussi pour mon usage ; & je vous en envoyerois un exemplaire, si ce n'est que je vous dirai dans la suite tout ce qu'il contient, & d'une méthode même plus claire que la sienne. Il ne faut pas aussi négliger le *Traité des Teintures* du même Auteur.

En troisiéme lieu, Raymond Lulle est un de ceux que vous devez le plus souvent avoir en main ; & entre tous ses Ouvrages, lisez sur tout son *Vade me-*

*cum*, & son Dialogue appellé *Lignum vitæ*, ou Arbre de vie, *son Testament, & son Codicile*, quoi que ces deux derniers Ouvrages de même que plusieurs autres de cét Auteur, aussi-bien que ceux de Geber & d'Arnaud de Villeneuve, soient remplis d'une infinité de fausses Receptes, & tous pleins de fixions inutiles, & d'erreurs sans nombre, dont moi-même j'aurois peine à tirer la verité.

On a joint & ramassé ensemble quantité d'autres Auteurs anciens, dont une partie est assez bonne, mais dont la plus grande partie est trompeuse & ne vaut rien. Il y a encore une infinité d'autres Ouvrages sans nom & sans réputation, qui pourtant ont été traduits en d'autres Langues, & dont on ne peut bien juger, parce qu'on y a inseré mille fautes en les traduisant.

Entre les Ecrivains du moyen âge, le bon Zachaire, & Bernard Comte de la Marche-Trevisane, Roger Bacon, & un certain Anonyme, qui a fait un ramas des Sentences des Philosophes, & dont le Livre s'appelle *le Rosaire des Philosophes*, me paroissent contenir une bonne doctrine. Pour ceux de ces derniers tems, je n'en estime aucun de fidéle, sinon Jean Fabre, François de Nation, dans ses Livres de la derniere Edition, les premiers étant pleins de fautes. L'Auteur de la *Physique restituée*, a quelque chose de bon, mais mêlé de plusieurs faux préceptes, & de sentimens trompeurs.

Que si vous voulez avoir tout d'un coup une pleine & entiere connoissance de la Chymie, *nôtre nouvelle Lumiere Chymique, avec le Traité du Soûfre, & le Dialogue du Mercure*, vous doivent suffire, puisqu'il n'y manque rien. Ayez donc ces Livres, lisez-les non pas une fois, mais cent. En certains endroits vous y trouverez quelques passages des Anciens mis comme hors d'œuvre, & d'autres qui paroissent contradictoires : Ce que j'ai fait à dessein ; car en d'autres Livres vous verrez le tout concilié. Servez-vous-en donc. Adieu. A Bruxelles, le 9e Mars 1646.

## LETTRE III.

*Il lui promet de le satisfaire sur ses doutes.*

MONSIEUR,

J'AY reçû le cahier que vous m'avez envoyé de Pagesien, comme vous le nommez, traitant de toutes les parties de l'Art. On m'a aussi rendu à même tems celui où sont vos difficultez sur cét Ouvrage, & celles que vous avez rencontrées dans la lecture de *nôtre nouvelle Lumiere Chymique*. J'ai lû l'un & l'autre avec attention. Le premier Traité, quoi qu'erroné dans les principes, ne laisse pas de marquer que l'Auteur a beaucoup de génie. Pour vos doutes, ils me font connoître la subtilité & la pénétration de vôtre esprit. Je ferai ce que vous souhaitez de moi là-dessus, & je vous écrirai dans les Lettres suivantes mon sentiment d'un style dogmatique, puisque vous le voulez ainsi. J'y mettrai des preuves familieres de ce que j'avancerai ; je répondrai aux principales objections ; & quand il en sera besoin, je donnerai des exemples de tout, tirez de nos propres Ouvrages. Adieu. A Bruxelles, le 12e Mars 1646.

## LETTRE IV.

*Le Soûfre & le Mercure sont les Principes de la Pierre, mais non pas les communs.*

MONSIEUR,

Je vous promettois dans ma derniere de vous dire mon sentiment sur la doctrine du Pagesien. Je vas donc dans celle-ci, & dans les suivantes que je vous écrirai le plus souvent qu'il me sera possible, examiner ce qu'elle a de bon & de mauvais. A la place de ses fausses maximes, j'en substituerai de bonnes ; & j'éclaircirai celles où il a laissé quelque obscurité.

Vous sçaurez donc que ce Pagesius,

suivant la méthode des Anciens, a tres-bien divisé son Traité en deux Chapitres. Dans le premier il parle des productions naturelles, & sur tout de celles des Mineraux. Dans le second, il explique celles qui se font par Art, & particulierement la pratique de la Pierre des Philosophes, par le moyen de laquelle on fait de l'Or & de l'Argent.

Tout ce que contient le premier Chapitre est assez bon ; mais son style est si resserré & si raccourci, qu'il est assez difficile de prendre, en le lisant, une connoissance suffisante des principes naturels des choses, & sans qu'il reste bien des doutes.

Le second a une verité ; c'est sur ce qui regarde les principes de la Pierre, du moins les généraux. Il dit que c'est, 1°. un Mercure, mais different de celui qui est actuellement mineral ; & il veut qu'il n'ait point encore été déterminé à aucune des familles des mixtes inferieurs, c'est-à-dire, des Vegetaux, des Mineraux, ou des Animaux. 2°. Il joint à ce Mercure un Soûfre qui n'est pas le commun, combustible & puant ; mais un autre qui ait une forme specifique & déterminée, laquelle il puisse imprimer &

communiquer audit Mercure par voye de fermentation. Tout cela est bien.

Mais presque tout le reste ne vaut rien, comme nous le verrons dans la suite. Adieu. A Bruxelles, le dix-huitiéme Mars 1646.

## LETTRE V.

*Ce Mercure se tire d'une substance chaude & humide.*

# MONSIEUR,

L'ORDRE demande que nous examinions l'article premier du second Chapitre du Livre de Pagesien, dans lequel il s'applique à la recherche de la Fontaine Mercurielle. Il passe pour certain & pour indubitable chez tous les Philosophes, que le Mercure est le veritable & prochain principe de tous les Mineraux, mais principalement des Métaux : & que ce Mercure est une vapeur chaude & humide. C'est ce que nous enseignerons plus au long, quand nous aurons fait avec nôtre Pagesien.

Il ne faut donc plus s'arrêter à chercher ce Mercure dans une Fontaine humide & froide, ou dans une Eau purement élementaire (comme dit fort bien cét Auteur;) mais il la faut tirer d'un corps & d'une substance humide & chaude, à cause de la domination de l'air congelé. Telle est nôtre matiere, comme vous ne l'ignorez pas à present : d'où il vous sera facile de juger de l'erreur dans laquelle est le Pagesien en ce point.

Mais pour ne lui pas ôter la gloire qui lui est dûë, il faut avoüer que je n'ai veu jusques à present personne qui ait approché de plus prés du but, puisque cette substance qu'il indique, convient avec la vraye & naturelle substance qui contient le veritable Mercure, du moins dans les qualitez générales ; & qu'elle a presque tous les caracteres marquez par les Philosophes, par lesquels on connoît leur Mercure, & la source d'où il est tiré. En voilà assez sur le premier article. Adieu, le 23e Mars 1646.

# LETTRE VI.

*Il se tire par la distillation.*

# Monsieur,

Suivons le Pagesien. Le second article de son premier Chapitre tâche d'établir l'extraction du Mercure, & sa préparation, qu'il fait plus mystérieuse qu'elle ne l'est en effet. Il se fonde sur l'autorité de Raymond Lulle qu'il n'a pas bien entendu, ou sur les préceptes de quelqu'autres Philosophes qu'il applique mal. Il prétend qu'il ne faut prendre que la dixiéme partie de sa magnésie, qui est celle qui monte d'abord par la distillation, & qui seule doit être utile, comme étant seule la substance Mercurielle. Pour les neuf autres parties qui viennent ensuite en continuant la distillation, il les rejette comme inutiles. Il ajoûte que cette dixiéme partie gardée, doit être enfin remise sur la terre restante aprés la distillation achevée, ( laquelle terre il appelle sottement le sel & le soûfre du Mercure,) jusqu'à ce qu'enfin par plusieurs réiterées cohobations, inhumations, digestions & sublimations qu'il décrit, ces deux substances soient unies.

Mais il se trompe grossiérement. Car ce que les Auteurs nous disent de la dixiéme partie contenant l'Esprit, & des inhumations qu'il en faut faire dans sa propre terre, se doit rapporter à toute autre chose qu'à la préparation & extraction du Mercure, comme je ferai voir ailleurs.

Il ne faut point d'autres regles pour l'extraction & préparation du Mercure, que la simple distillation de la magnésie, par laquelle l'Esprit & l'huile sont élevez ensemble, jusqu'à ce que les résidences soient séches, que la séparation de l'Esprit d'avec l'huile soit faite, & que la rectification de cét Esprit réiterée plusieurs fois, soit achevée. Mais je me reserve à parler de toutes ces choses plus au long dans la Pratique. Adieu. A Bruxelles, le 30e Mars.

## LETTRE VII.

*Il explique en quoi consiste l'homogénéité que doit avoir le Dissolvant avec l'Or.*

# MONSIEUR,

S'ENSUIVENT le trois & quatriéme article de l'écrit du Pagesien, l'un desquels assigne la miniére, d'où se tire le Soûfre Philosophique requis à l'œuvre. Il parle juste sur ce point; car ce Soûfre n'a point d'autre miniére que l'Or & l'Argent. L'autre article enseigne l'art de tirer ce Soûfre des entrailles, pour ainsi dire, des susdits Métaux. Et en cela, il est encore dans l'erreur.

En effet, il se sert pour cela d'un Dissolvant qui est héthérogéne à l'Or, ou d'un autre nature que lui, & qui par consequent ne peut rien faire sur lui que de violent. Ce Dissolvant est une huile tirée par défaillance du Mercure commun sublimé plusieurs fois avec le Sel armoniac ; & cela est contre l'intention de la Nature, qui veut que l'Or & l'Argent, pour qu'ils soient propres à l'œuvre, soient dissouts dans une eau douce & benigne, qui leur soit homogéne par homogénëité de principe, (comme parle la Cabale) non pas par homogénëité de chose principiée, ou déja déterminée, comme le pensent faussement quelques personnes, qui ne sont pas moins dans l'erreur que le Pagesien. C'est-à-dire, que ce Dissolvant doit être de même nature, que cette matiére ou substance de laquelle immédiatement furent faits l'Or & l'Argent, avant qu'ils se fussent endurcis en Or ou Argent : ( car il y a plusieurs degrez subordonnez dans la composition des Mixtes, comme on le verra dans la suite. ) Et ainsi l'on ne doit pas croire qu'il soit nécessaire que le Dissolvant doive être de la même nature que l'Or & l'Argent, tels qu'ils sont actuellement.

Or il n'y a nulle substance dans la Nature qui puisse avoir une telle homogénëité de principe avec l'Or & l'Argent, que nôtre Mercure tiré de la magnésie que vous connoissez presentement, parce que c'est une vapeur chaude & humide qui n'est point encore déterminée sous une des trois espéces des Mixtes inférieurs, sçavoir des Mineraux, des Végetaux & des Animaux, & qui par consequent est d'une composition plus simple d'un degré au moins, que n'est l'Or ou l'Argent, ou tout autre Mixte naturel.

Toute autre chose, & même le Mercure du vulgaire dont se sert le Pagesien, sont déja réduits & specifiez sous une de ces trois familles. Et ainsi quoi qu'il semble avoir beaucoup de qualitez symboliques avec l'Or & l'Argent, il leur est pourtant tout-à-fait héthérogéne, parce qu'il a une nature & une difference spécifique, comme eux en ont une, mais qui n'est pas la même que la leur, en quoi consiste l'héthérogénéité.

C'est donc nôtre Mercure, & non le vulgaire, qui doit servir de Dissolvant à l'Or & à l'Argent, pour en tirer leur Soûfre: Et c'est-là une des erreurs du Pagesien. Adieu. A Bruxelles, le deuxiéme d'Avril 1646.

## LETTRE VIII.

*Il réfute un certain procedé d'un Philosophe.*

MONSIEUR,

Le cinquiéme article veut que pour la confection de l'œuf Philosophique, on prenne une once à peu prés de Soûfre d'Or ou d'Argent, avec une tres-petite quantité de son Mercure. Il prétend que ses esprits aprés plusieurs distillations & cohobations, dissolvent de telle maniere ledit Soûfre, l'ouvrent & le digerent, qu'ils en font sortir toute l'humidité : ce qui est contre toutes sortes de raisons. Ainsi en prétendant faire le jaune mystérieux de l'œuf, il ne produit qu'un monstre. Car il soûtient que pour faire ce Jaune, il faut séparer plusieurs fois le Soûfre d'Or ou d'Argent ; qu'il faut aussi ôter le blanc de cét œuf, qui est la chose fermentable ; c'est-à-dire, son Mercure, & son humidité naturelle nécessaire pour la génération. Et aprés tout cela, il croit pouvoir faire éclorre le Poulet Philosophique, ou la Caille Cabalistique.

Il n'est pas nécessaire d'examiner ici la fausseté de ces imaginations du Pagesien, puisque le plus ignorant peut de lui-même les appercevoir. Adieu. A Bruxelles, ce cinquiéme Avril 1646.

---

## LETTRE IX.

*Que le Feu extérieur doit toûjours être égal.*

MONSIEUR,

LE sixiéme article de vôtre Auteur parle de la cuisson de l'œuf & du régime du feu, dont il distingue quatre degrez, lesquels il soûtient fortement devoir toûjours aller en augmentant : mais en verité cela ne sent gueres son Philosophe, s'il l'entend du feu actuel, comme apparemment il le pense. C'est ce qui me fait changer de sentiment à son égard : car j'avois crû d'abord qu'il vous avoit insinué des erreurs dans les premiers articles pour cacher la verité, & pour plus adroitement vous tromper. Mais presentement je vois bien & avec douleur, qu'il est entierement dans ces sentimens-là, & que c'est-là l'interprétation qu'il donne aux passages des Philosophes.

Tout Homme un peu habile & experimenté sçait que les quatre degrez du feu, dont parlent les Philosophes, se rapportent au feu virtuel ou central du levain même, qui devant dans la suite surmonter ceux qui lui sont superieurs en proportion & volume, & l'emporter pardessus les qualitez naturelles du Mercure, doit faire cela peu à peu, & par quatre degrez de force differente qu'il acquiert successivement, & qui sont désignez dans lui par les quatre principales couleurs.

Mais comme le feu actuel extérieur, ne fait qu'exciter l'autre, c'est pour cela qu'il doit être continuel, & d'un degré tres-lent & égal. Voilà encore des erreurs du Pagesien. Adieu. A Bruxelles, l'onziéme Avril 1646.

※※※※

## LETTRE X.

*Que la fin de l'Art, c'est de perfectionner la Nature.*

# Monsieur,

Après avoir examiné l'œuvre du Pagesien, il ne reste plus qu'à vous mettre dans le bon chemin, & vous exposer tout le fonds de la Science Hermetique ; laquelle aussi-bien que vôtre Auteur, nous diviserons en deux parties. La premiere, traitera de la Nature. La seconde de l'Art. Le tout est conforme aux principes de la Cabale, lesquels d'abord furent inspirez par Dieu même à nos premiers Peres, & qui depuis sont venus jusqu'à nous, non point par écrit, mais par tradition. En effet, que peut-on se proposer de plus à propos dans cette Science, que de perfectionner la Nature, puisqu'après tout, c'est-là l'unique fin de l'Art ? Or est-il que l'Art ne peut la perfectionner qu'en l'imitant, ni l'imiter qu'en connoissant ses manieres d'agir: Donc il faut premierement montrer quelles sont les opérations de la Nature, & ensuite de quelle maniere l'Art les peut perfectionner. Le premier point a deux membres, dont le premier sera employé à parler de la premiere création de toutes choses. Le second parlera des productions naturelles qui se font tous les jours. L'un & l'autre sont également nécessaires à sçavoir à un Philosophe qui s'applique à connoître la verité: parce que de même que l'Art imite la Nature, ainsi la Nature imite la création; avec cette seule difference, que la création ne présuppose rien d'existant: la Nature au contraire présuppose les principes simples; & l'Art suppose aussi les siens, mais composez; & pour parler ainsi, déja principiez.

Il résulte donc, pour finir cette Lettre, que la connoissance parfaite de l'Art dépend de celle de la Nature, tant de celle qui a reglé la premiere production du Monde, que de celle qui fait encore à présent les diverses générations. Que cela nous serve de préambule: d'ores-en-avant nous allons entrer en matiere. Adieu. A Bruxelles, le 15e Avril 1646.

LETTRE

## LETTRE XI.

*Que la Création s'est faite par solution & coagulation, & que la Nature & l'Art la doivent imiter.*

MONSIEUR,

IL est certain & reçû pour très-véritable, non pas chez les Payens, mais chez les Chrêtiens, qu'il est un premier Auteur qui a créé dans le tems & de rien ce Monde materiel : ( car c'est de celui-là seul que je parle, & non pas de l'intellectuel qui en fut comme l'idée. ) Ils ne tiennent pas cependant que tout ce que nous y voyons, soit sorti immédiatement de la main du Créateur ; mais ils veulent qu'il ait d'abord créé certaine matiere premiere, dont rien du tout ne lui fournit l'idée même ; & que de cette matiere par voye de séparation, ayent été tirez des corps simples, qui ayant ensuite été mêlez les uns avec les autres par voye de composition, servirent à faire ce que nous voyons.

Il paroît par là que par un effet admirable de la Providence, la Création a servi dés le premier moment de modéle à la Nature & à l'Art, puisque dans toutes choses que l'une produit, & que l'autre veut perfectionner, il faut (comme il est arrivé alors) que l'opération commence par la solution, & qu'elle finisse par la coagulation.

Il paroît encore que dans la Création il y a eu une espéce de subordination : si bien que les Estres les plus simples ont servi de principes pour la composition des suivans, & ceux-ci des autres, sans que pourtant il soit nécessaire d'admettre dans ces composez diverses formes distinguées les unes des autres, qui puissent se séparer : Car la derniere forme qui constituë le Mixte, contient éminemment les premieres formes des corps simples, qui ne peuvent la quitter.

Or de sçavoir combien de degrez il y a eu dans cette subordination de principes, c'est ce qui ne se peut pas dire aisément. L'Ecole n'en admet que trois, sçavoir la création de la Nature, la séparation des Elemens, & la composition des Mixtes. Mais la Cabale, qui a receu ses lumieres de Dieu même, & qui seule a bien compris le premier Chapitre de la Genese, admet à la vérité trois degrez differens, qui répondent à ceux qu'établit l'Ecole : Sçavoir, 1°. la production d'une matiére premiere que rien n'a précédé : 2°. La division de cette matiére en Elemens ; & enfin, moyennant ces Elemens, la fabrique & composition des Mixtes. Mais outre cela, elle fait encore bien d'autres subdivisions, que nous allons expliquer par ordre. Adieu. A Bruxelles, le 21<sup>e</sup> Avril 1646.

## LETTRE XII.

*A proprement parler, il n'y a qu'un seul premier Element.*

MONSIEUR,

PREMIEREMENT donc, Dieu créa la matiére de rien, non pas informe, comme le prétendent sottement les faux Philosophes, mais sous la forme (pour m'exprimer ainsi) d'une Eau primitive, qui seule a été proprement le premier Element & le premier Principe.

C'est de là que plusieurs Philosophes, non sans raison, n'ont établi qu'un seul premier Element, auquel ils donnent les deux proprietez primitives, qui sont d'agir & de souffrir, ausquelles répondent trois Actes primitifs : A sçavoir, l'*Hyle*, ou le Corps ; l'*Archée*, ou l'Ame ; & l'*Azoth* médiateur entre l'un & l'autre : c'est cét Azoth ou Esprit Universel, qui leur tient comme la place d'un serviteur. Et enfin ils ont assigné à ce premier Element les quatre qualitez, comme les premiers instrumens de toute action & passion. C'est-là le premier degré fondamental de la Genese. Adieu. A Bruxelles, le vingt-huitiéme Avril 1646.

## LETTRE XIII.

*La distribution des quatre premieres qualitez.*

MONSIEUR,

EN second lieu. Par une distillation mystérieuse Dieu sépara cette Eau primitive en quatre parties & régions, qu'on a appellé *les Elemens*, quoi qu'à proprement parler ils ne soient pas tant des Elemens, que des parties d'un Element. Mais cependant parce qu'ils different un peu du premier, on leur peut donner le nom d'Elemens faits par un Element. Or ces Elemens sont doüez chacun de leurs qualitez dans un degré fort intense, comme l'on parle.

A raison de ces qualitez, chaque Element a ses proprietez. L'une des principales, c'est leur sympathie & leur antipathie. Car comme quelques-unes de leurs qualitez sont contraires, de là il arrive qu'ils sont dans un continuel combat. Dans ce combat, ils perdent toûjours quelques parties ; & quand de ces parties il s'en trouvent plusieurs ensemble qui ont une même qualité, ou du moins sympathisante, il se fait de cela un nouvel être comme par une seconde génération, & ce nouvel être participe à la Nature du Mixte & de l'Element.

Le tout ainsi expliqué, l'on voit pourquoi ces Elemens sont appellez *Principes servans à la constitution des Corps*. On voit encore que nul Mixte ne peut être résout jusques dans ces Elemens, sinon par la toute-puissance de Dieu, parce que les dernieres formes ne peuvent être comme ramenées dans la premiere : De même il ne se peut faire que tous les Elemens s'unissent immédiatement dans un seul Mixte, à cause de la répugnance de leurs qualitez, qui ont besoin d'un certain milieu pour s'unir.

Prenez garde que j'ai dit que tous les Elemens ne s'unissent pas ; car je sçai bien que quelques-uns s'unissent, sçavoir ceux dont les qualitez dominantes ne sont pas opposées, comme nous allons le voir en expliquant le second degré de la Création. Adieu. A Bruxelles, le 3e May 1646.

## LETTRE XIV.

*La formation des Cieux de la quinte-essence des Elemens.*

MONSIEUR,

EN troisiéme lieu, Dieu a tiré comme la quinte-essence de ces Elemens; c'est-à-dire, que par une rectification mystérieuse, il en a séparé les parties les plus pures : Et c'est de ces choses qu'il a fait les Cieux & les Astres, non point par voye de composition ou de coagulation, ce qui marqueroit un mélange contraire à ce qui s'est fait, mais par voye de concretion & de condensation.

Car les Cieux ont été faits des plus pures parties de l'Eau : quelques-uns des Astres, des plus pures parties de l'Air : les autres, de la partie la plus claire du Feu ; & les derniers enfin, des parties de la Terre les plus subtiles & les plus polies.

Cette hypothése se démontre par la seule lumiere naturelle. Car il n'y a point de Paysan si peu versé dans la connoissance de la Nature, qui ne voye que la Lune est opaque ; qu'elle n'a point de lumiere par elle-même, qu'elle l'emprunte du Soleil ; & que par consequent cette Planette tient fort de la Terre, la Terre étant le seul des Elemens qui soit opaque.

Au contraire, on voit que le Soleil est lumineux ; & par consequent qu'il est d'une nature de feu, veu particulierement que c'est lui qui communique la lumiere & la chaleur aux autres corps. Car la lumiere est une proprieté qui sort de son essence, & qui toûjours l'accompagne, quoi qu'elle ne paroisse pas toûjours, à cause de l'interposition des corps opaques. De là vient que pour exprimer le Feu, on se sert quelquefois du mot de *Lumiere* : comme au contraire, celui de de *Feu* désigne à son tour la Lumiere ; comme dans la Genese, où la création du Feu est exprimée par celle de la Lumiere.

La même hypothése se confirme encore par les corps faits de la quinteessence de l'Air. Ce sont de certaines

Estoiles

Eſtoiles pâles, & qui paroiſſent des corps tranſparens, recevant leur lumiere du Soleil, à peu prés comme un verre qui en eſt pénétré, ou comme l'air même dont ils ont été faits.

Ajoûtez à tout cela, que ſi l'on n'admet pas cette ſorte de génération des corps céleſtes, on ne peut dire pourquoi un même Aſtre a tantôt des influences chaudes, & tantôt des froides, ſelon les approches & les aſpects des Planettes, dont les qualitez ſont differentes, ni comment ils peuvent produire dans les corps inferieurs tant de divers changemens. Mais dans cette opinion la choſe eſt aiſée, puiſque les qualitez des Elemens peuvent proceder aiſément des Elemens mêmes, & ſe faire ſentir par tout où elles ſe trouvent.

Enfin vous pourrez voir plus de preuves encore de cette verité dans nôtre Harmonie, que nous avons mis entre les mains de Bréchius pour être imprimée, & où tout ceci eſt démontré bien amplement.

Mais une des choſes qui merite plus nos réfléxions, c'eſt ce qu'on remarque dans les Corps céleſtes : comme par exemple, que chacun d'eux ſe meut ſans

G

cesse d'un mouvement égal, different néanmoins de celui d'un autre Astre : afin que tous ensemble venans par là à faire comme differentes figures, & à se trouver en divers aspects, ils jettent sur les Corps d'ici-bas des influences, par lesquelles ils se trouvent concourir aux actions de la Nature, aux mouvemens, aux générations & corruptions, tant universelles, que particulieres : lesquelles enfin font la varieté des Tems & des Saisons, les durées des choses, & plusieurs autres effets.

Et ici finit la solution ou séparation de la matiere. Parlons de la composition ou coagulation ; laquelle (comme nous l'avons déja insinué) suppose l'union de plusieurs parties diverses ; & ce sera là nôtre matiere prochaine. Adieu. De Bruxelles, le 9e May 1646.

# LETTRE XV.

*L'origine des trois Principes Chymiques.*

MONSIEUR,

QUATRIÉMEMENT donc, Dieu de ces premiers Principes en fit des seconds, qu'on peut appeller *Principes principiez*, ou *Mixtes superieurs*, parce qu'ils tiennent comme le milieu entre les Elemens, & les derniers Mixtes.

Les seconds Principes sont, 1°. le Soûfre, qui est une substance composée de feu & d'air mêlez & unis par l'extrémité de la chaleur, qui est une qualité commune à l'un & à l'autre. 2°. Le Mercure, qui est fait d'air & d'eau unis par l'humidité, ( qualité qui se rencontre dans tous les deux.) 3°. Le Sel composé d'eau & de terre par un agent qui leur est commun, sçavoir la froideur. Or ces seconds Principes ont des proprietez qu'on peut diviser en communes

& en particulieres.

Les communes sont, qu'ils servent comme de milieu pour rassembler dans les Mixtes deux extrémitez opposées : c'est-à-dire, que par leur moyen les Elemens de qualitez antipatiques dominantes s'unissent dans un même Mixte de l'une des trois familles. Car quoi qu'il semble que cette union eût pû se faire, moyennant les qualitez symboliques ; cependant il étoit peu conforme à la maniere d'agir de la Nature, & aux loix que Dieu lui a imposées, que ces contraires se trouvassent ensemble dans les derniers Mixtes, sans s'être veus auparavant ailleurs, & avoir fait quelque alliance dans des Corps qui fussent moins composez.

Ajoûtez que tant de divers temperamens, & des constitutions aussi differentes qu'on en voit dans les Mixtes, n'eussent pû se faire sans cette espéce de mediation, au moins elles n'eussent pû durer long-tems. Les proprietez particulieres seront expliquées dans la Lettre suivante. Adieu. A Bruxelles, le 15ᵉ May 1646.

## LETTRE XVI.

*Leurs proprietez particulieres.*

MONSIEUR,

CEs proprietez particulieres des sus-dits Principes sont differentes, & elles meritent bien que l'on y fasse attention.

Celles du Soûfre sont d'être le siége de la chaleur naturelle, sa nourriture & son entretien : de recevoir immédiatement en soi les influences chaudes & séches des Astres, & ensuite de les communiquer aux Corps dans lesquels il se trouve : de contenir les odeurs, & la teinture de toutes choses, & de recevoir les actions qui en viennent dans le mélange des Mixtes.

Celles du Sel sont d'être dans les Corps la source de toute coagulation, & de disposition à se coaguler ; car c'est lui qui serre & ramasse ensemble en forme solide les autres Principes : d'ouvrir les choses les plus dures, lorsqu'il est ap-

# LETTRES

selon la quantité du Mercure, & où il vient à remuer les Sels dans lesquels consiste le lien des parties homogènes du Composé, en quoi il est aidé par l'action & la force qu'il reçoit des Sels étrangers : de contenir la saveur & le goût des choses qui en ont, de la leur communiquer, & de la recevoir de dehors.

En effet, quand une fois les parties de quelque Animal que ce soit, viennent à perdre leur Sel, elles perdent à même tems leur saveur : car c'est lui qui pique & qui est piqué dans tous les mouvemens de l'appétit. Une de ces propriétez encore, c'est de recevoir les influences chaudes & humides.

Celles du Mercure sont d'être le siége de l'humide radical, de l'entretenir & de le nourrir dans tout, de recevoir toutes les influences froides & humides, & de souffrir les impressions des Corps dans lesquels dominent ces qualitez : de les communiquer aux autres parties du Corps où il est, de résoudre le Sel ; & ainsi d'aider à la solution de tout ce qui est solide.

Voilà quelles sont les proprietez des seconds Principes, ou Principes principiez. Nous passerons dans la suite plus loin. Adieu. A Bruxelles, le 21e May 1646.

---

## LETTRE XVII.

*Ce que c'est que le sperme de la Nature, & le menstruë du Monde.*

# MONSIEUR,

CINQUIÉMEMENT. De ces trois Principes Dieu en a formé deux autres, qu'on peut appeller encore *Principes principiez*, ou *seconds Mixtes*, parce qu'ils se font d'autres Principes. Ce sont, 1°. le sperme de la Nature : 2°. le menstruë du Monde. Or comme ces deux Principes subalternes retiennent les proprietez de ceux dont ils sont faits, aussi en gardent-ils le nom, sçavoir de Soûfre & de Mercure. Le sperme s'appelle *le Soûfre*, & le menstruë *Mercure*. Mais outre les susdites proprietez, ils en ont encore acquis de nouvelles par ce nouvel état. Car le Soûfre qui auparavant étoit échauffé, à cause de la chaleur naturelle qu'il contenoit, par le mélange qui se fait de lui avec le Sel, devient coagulatif & fixatif ; & c'est pour cela qu'il est appellé par les Philosophes, *le Soûfre vif*. De même le Mercure, qui dans son origine est froid, ici ( à cause de son union avec l'Air congelé, lequel lui est apporté par le Sel) devient chaud & humide, & beaucoup mieux digeré ; & c'est ce qui le fait nommer, *le Mercure vif*.

Les proprietez qui suivent la forme nouvelle de ces deux Mixtes, sont comme celles ci-essus, ou communes, ou particulieres. Les communes sont, qu'ils soient des Mixtes subalternes du second ou moyen ordre.

Les particulieres sont premierement du Soûfre, de contenir en soi les semences, tant primitives, que celles de la seconde classe, dont je parlerai dans la suite : non pas qu'elles soient toutes dans lui confusément, mais distinctes, & avec ordre ; selon la nature & condition des lieux, dans lesquels comme dans les reins de la Nature & dans ses vaisseaux spermatiques, il a reçû sa derniere digestion, & sa détermination specifique, avec la force de se multiplier; & c'est pour cela qu'il est appellé *le Sperme de la Nature.*

C'est encore ce même Soûfre vif qui introduit les semences dans une matrice proportionnée, & là les dispose pour faire leurs offices pour la génération : d'où vient qu'on lui attribuë l'énergie de la faculté masculine, comme s'il étoit une racine qui attirât l'Esprit Mercuriel du menstruë. Qualité qui lui a encore fait donner le nom *d'Aimant*, *d'Acier*, & autres semblables.

Secondement, les proprietez singulieres du Mercure, sont de contenir le Mercure, dont j'ai parlé ci-dessus, mais plus cuit & digeré, & dans une disposition prochaine à recevoir les actions des semences & la fermentation, afin qu'il soit changé & coagulé selon leur exigence ; & enfin qu'il se convertisse avec les alimens dans la substance de tout ce qui prend nourriture, comme s'il en étoit une naturelle lui-même. Voilà d'où lui est venu le nom de *Menstruë du Monde.* Adieu. A Bruxelles, le premier de Juin 1646.

## LETTRE XVIII.

*Ce que c'est que l'Esprit Vniversel.*

MONSIEUR,

SIXIÉMEMENT. Ces deux derniers Principes ont servi à Dieu à en faire un dernier, qui retient aussi le nom de *Mercure*, quoi qu'il ait en soi les trois Principes susdits, qui sont conjoints avec lui physiquement & inséparablement. Mais parce que les marques du Mercure sont dans celui-ci celles qui dominent & qui apparoissent le plus aux sens, à sçavoir l'humidité aqueuse, & certaines parties subtiles de terre intimement jointes avec l'eau, cela est cause qu'on l'appelle plûtôt Mercure, que Sel ou Soûfre.

Néanmoins selon les divers degrez de digestion qu'il acquiert, il change de nom, de nature & de proprietez : Car par exemple, s'il passe jusqu'à la digestion du Soûfre vif, il devient Soûfre veritable ; & alors il en portera le nom,

## DU COSMOPOLITE. 85

Mais tandis qu'il demeure dans l'état & dans le temperament du Mercure, il n'est point nommé autrement que Mercure. Voilà pourquoi le Mercure est appellé Hermaphrodite, & Prothée, parce qu'on dit de lui qu'il est mâle & femelle, & plusieurs autres choses semblables.

Ses proprietez sont premierement, d'être le dernier des Principes principiez, ou de ceux qui se font d'autres Principes : d'où vient qu'il est la matiere prochaine, dans laquelle tant dans la premiere, que dans la derniere génération, se font & se multiplient tous les Mixtes, moyennant l'action des semences, tant universelles, que particulieres; le tout par voye de fermentation, & selon la diversité des natures & des semences.

Secondement, de donner aux choses conçûës & produites, nourriture & accroissement de sa propre substance même : d'où vient qu'il est appellé par les Philosophes, *la mere & la matrice des choses.* Il a encore divers noms, selon les fonctions differentes qu'il exerce, & selon qu'il est agent ou patient : mais le principal, & qui sera celui par lequel je le marquerai dans la suite, est celui d'*Esprit Univerſel*; parce que quoi qu'il ait corps & ame, cependant comme ce corps eſt tres-ſubtil, & preſque tout ſpirituel, il mérite mieux d'être nommé Eſprit que Corps: & parce que ſon ame ou ſa partie active, ne paroît point aux ſens, elle s'appelle plûtôt Eſprit qu'Ame.

Aprés tout ce que nous avons dit juſqu'ici, pour repaſſer un peu ſur tant de veritez, il faut avoüer que veritablement tous ces Principes principiez ſont plus compoſez, que les Principes principians qui ſont les Elemens; mais ils ne laiſſent pas pourtant d'être mis entre les Corps ſimples, & cela avec juſtice. En effet, ils ſont de condition pareille aux Elemens, en ce que nul Corps ne peut être réſout en ces Principes principiez, non plus que dans les premiers Elemens, ſi auparavant il n'a comme dépoüillé cette forme qui le faiſoit être tel Mixte & en telle famille, & s'il n'a été réduit en cette même ſimplicité qu'il avoit avant ſa coagulation.

Quoi que puiſſent dire au contraire les faux Chymiſtes, ils n'ont pour ſe détromper qu'à faire réfléxion, que ce qu'ils ſoûtiennent a quelque choſe de contradictoire. Car ils aſſeurent que les faculrez moyennes de leurs trois Principes, Sel, Soûfre & Mercure, se trouvent aprés la résolution les mêmes en espéce qu'elles étoient dans les Corps dont ils ont été tirez, sans autre difference, sinon qu'ils croyent qu'ils ont acquis un plus grand degré de force dans ceux-là que dans ceux-ci. Mais il est impossible que ces facultez soient les mêmes, si ces trois Principes ne retiennent la forme substantielle des Corps où ils étoient ; parce que ces facultez dont ils étoient alors participans, sont des accidens inséparables de ces Corps, lesquelles demeurant ainsi, prouvent évidemment que la forme substantielle de ces Corps est demeurée aussi. Car prenez garde, s'il vous plaît, que si lesdits Principes ne pouvoient être réduits à leur simplicité premiére, alors leur forme substantielle seroit réduite à rien, ou bien elle demeureroit suspenduë hors de son sujet : ce qui naturellement ne peut être. Elle n'est pas réduite à rien, puisque ses accidens subsistent selon eux : il faut donc que ces trois Elemens l'ayent encore. Et ainsi ces Principes ne sont pas réduits à la derniere simplicité.

Vous m'objecterez qu'une génération

ne se peut faire sans destruction de la forme ancienne, puisque la génération d'une chose est la destruction de l'autre dans les Mixtes : mais cela ne fait rien contre moi, parce que dans le même moment que la vieille forme souffre corruption, une nouvelle s'introduit, qui est en composition de même degré que le Mixte inferieur qui se produit, & non jamais plus simple ou moins composée. Le sujet de cette forme ancienne n'en est donc pas dépoüillé, & l'on ne peut pas dire qu'il y ait eu un moment où ce Mixte soit déchû de son degré de composition, & qu'il soit retourné à une forme substantielle complete, plus simple que la premiere. Condition cependant qui seroit nécessaire pour établir cette annihilation de la vieille forme, que nous nions.

J'ai dit, à une forme complete, parce qu'il y a quelques formes substantielles incompletes : comme par exemple, les ames raisonnables, lesquelles séparées de leurs sujets & de leurs matieres, perdent quelques degrez de leur composition.

Quoi que pourtant la séparation parfaite desdits Principes ne se fasse point, il ne faut pas nier qu'il n'y en ait quelqu'une d'impropre & d'imparfaite. L'expérience nous le montre tous les jours dans les distillations, dans lesquelles des substances répondantes ausdits Principes, sortent en même nombre qu'eux, mais en ordre retrogradé. Davantage même, il est nécessaire que cela arrive, puisqu'autrement ce seroit en vain qu'on chercheroit le Soûfre de l'Or & de l'Argent, nécessaire pour faire la Pierre. Adieu. A Bruxelles, ce 6e Juin 1646.

---

## LETTRE XIX.

*Origine des semences primitives, pour la production des espéces.*

MONSIEUR,

EN septiéme & dernier lieu. De ce Principe Dieu a fait immédiatement les Mixtes des trois Familles, animale, vegetale & minerale, quelque infinité qu'il puisse y avoir en chacune ; & le tout en cette maniere.

Dudit Esprit Universel, ou d'une portion d'icelui, cuite & digerée jusqu'à la tempérie du Soûfre, il a fait en chaque Famille une quantité innombrable de petites semences, ou de ferments de diverses espéces, qu'il a distribuez tant dans l'Air, que dans l'Eau & dans la Terre, à peu prés selon que le Trésor inépuisable de sa Sagesse lui en a fourni les idées. J'appelle ces semences, *Semences primitives*. De quelques-unes d'icelles, (car il y en a plusieurs comme en reserve, & qui ne travaillent point,) unies encore avec ledit Esprit Universel, mais digeré seulement, & cuit jusqu'à la tempérie du Mercure, il a formé des individus, avec une diversité de sexe, masculin & fœminin. Dans un de ces sexes, il a comme fait germer les semences secondes & particulieres, propres à multiplier son espéce : Et dans l'autre, il a mis le menstruë, ou *l'Hyle* particulier aussi, qui est comme le principe materiel & passif de son espéce. Car outre une infinité de proprietez dont il a enrichi chaque individu, il leur a sur tout donné celles de se multiplier, par l'entremise du mâle & de la femelle.

Mais afin que cela s'entende encore mieux, il faut sçavoir que Dieu a établi

qu'il

qu'il y eût deux manieres de multiplication, l'une premiere & principale, & l'autre comme par substitution. C'est dequoi je parlerai dans la Lettre suivante. Adieu. A Bruxelles, le neuviéme Juin 1646.

---

## LETTRE XX.

*Multiplication des individus de chaque espéce, par des secondes semences.*

# MONSIEUR,

LA multiplication primitive & principale, est celle qui se fait par la force & l'action des semences primitives, dont j'ai ci-dessus parlé. La multiplication seconde & subordonnée, & laquelle je preténs ici marquer, est celle qui se fait par la force & l'action des semences particulieres, procedantes immédiatement de chaque individu. L'une & l'autre a ses termes & ses fins où elle tend.

Le premier terme, c'est de multiplier

simplement la semence & le menstruë ; c'est-à-dire, que par la semence qui agit sur l'Esprit Universel, il est converti dans une autre semence pareille à celle qui convertit : Et par le menstruë, dans un autre menstruë de même nature que le premier.

Le second terme ou la seconde fin, c'est de multiplier l'espéce : c'est-à-dire, que par cette multiplication ce n'est plus dans la semence ou dans le menstruë qu'est changé l'Esprit Universel, mais dans l'individu d'une espéce, selon l'exigence de la semence particuliere ou primitive qui agit ; & par cette double action s'acheve la génération parfaite.

Outre cela, il y a encore un troisiéme terme de cette force multipliante, par lequel l'individu produit est perfectionné, nourri, augmenté, selon son état & sa nature : ce qui se fait non pas par l'action de la semence, mais par l'odeur ou la vertu active de la forme substantielle, qui agit encore sur le même Esprit Universel. Mais ce terme ne regarde pas la génération.

Ces trois termes ou ces trois modes de la multiplication, se font par mâle & femelle, mais de differente maniere ; car le premier & le troisième s'exercent disjonctivement, c'est-à-dire, sans qu'il y ait concours de deux distinguez qui agissent l'un sur l'autre : d'où vient qu'à proprement parler, on ne devroit pas dire que ce fût action de mâle & de femelle. En effet, les fonctions du mâle & de la femelle sont ou singulieres, ou communes. Les communes, sont de s'accoupler & se joindre. Les singulieres, sont du mâle, pour contenir en soi le sperme : de la femelle, pour contenir en soi le menstruë, pour recevoir le sperme & la semence du mâle ; & quand elle l'a reçû, pour lui former ledit menstruë, tant pour la conception de ce nouvel individu, que pour sa nutrition.

Maintenant pour revenir à nos deux sortes de multiplications : Elles conviennent toutes deux & leurs trois termes aussi, c'est-à-dire leurs fins, aux trois Familles des Mixtes inferieurs. Mais quoi qu'en pense la Philosophie vulgaire, il est pourtant vrai que ce n'est pas de la même maniere. Car la multiplication primitive est le propre des Mineraux, & c'est par elle qu'ils se multiplient tous les jours dans la terre : Elle se trouve encore dans les Vegetaux, puisque

H ij

c'est en cette sorte qu'il s'en produit plusieurs, mais moins & plus rarement que des Mineraux : sur tout, s'il s'agit de Vegetaux parfaits, & non de ceux qui ne sont que comme les excremens de ce genre d'Estres. Mais pour dans les Animaux, on ne l'y voit gueres, parce que les Animaux parfaits ne viennent que rarement, & presque jamais par cette voye de génération.

La seconde multiplication & subordonnée appartient proprement aux Animaux. Elle est aussi ordinaire dans les Vegetaux, mais pas tant que dans les Animaux ; & jamais sans le secours de l'Art, on ne la voit dans le genre Mineral.

De plus, il est à remarquer que ce n'est pas aux mêmes conditions & avec les mêmes circonstances, que ces deux sortes de multiplications s'exercent dans ces trois régnes ; il y a bien de la diversité, selon les differentes proprietez de chaque Famille. Ce sera le sujet de la Lettre suivante. Adieu. A Bruxelles, le 15<sup>e</sup> Juin 1646.

✤✤✤

## LETTRE XXI.

*Difference de la génération, selon les trois ordres d'Estres.*

MONSIEUR,

La premiere difference est, en ce qui concerne le mâle & la femelle, qui dans lesdites Familles ne sont pas de la même maniere. Car dans la Famille Animale Dieu ayant donné aux Animaux parfaits la faculté de se mouvoir, par laquelle ils peuvent engendrer & exercer leurs autres fonctions, il a aussi voulu donner à chacune de leurs espéces un mâle & une femelle déterminée.

Or comme dans le genre Vegetal & dans le Mineral il n'y a point de faculté motrice, & que les individus de ces deux Familles ne peuvent pour cela se mouvoir ni se joindre ensemble, Dieu ne leur a donné qu'une femelle, qui se trouve par tout, & s'appropie également à toutes les deux. Cette femelle n'est semblable en espéce ni à l'une ni à l'autre de ces Familles ; mais elle convient avec elles en genre seulement, lequel est celui qui est immédiatement au dessus d'elles, sçavoir le genre de Mixte subalterne.

Cette femelle est donc nôtre Esprit Universel. C'est pourquoi autant qu'il y a de semences primitives en chaque région des Elemens, & autant qu'il se trouve d'individus dans ces deux Familles, autant y a-t-il de mâles : au lieu que pour tous il n'y a qu'une seule femelle.

La seconde difference consiste dans la diversité des fonctions de l'un & de l'autre sexe, laquelle est grande dans ces trois Familles, principalement en ce regarde la fonction commune de la copulation. Car les Animaux de leur propre mouvement, & par là seule impulsion de l'Archée, sans l'industrie de l'Art s'approchent l'un de l'autre, lorsque certain appetit naturel qui leur a été donné pour les exciter à cela, les y porte. De là vient qu'ils ont reçû de la Nature des instrumens propres pour se joindre & pour engendrer, lesquels sont distinguez dans le mâle & dans la femelle.

Quoi que les Vegetaux semblent faire en quelque façon la même chose, lorsqu'ils

# DU COSMOPOLITE.

produisent des fruits meurs qui tombent dans la matrice de leur femelle, ils ont pourtant besoin, pour que cela se fasse seurement, du secours de l'Art.

Pour les Mineraux, il est vrai que quant à ce qui regarde la multiplication primitive, ils s'unissent sans le secours de l'Art : Mais dans la seconde multiplication, laquelle touche de plus prés les Philosophes, la main de l'Artiste y est nécessaire, & son opération doit y intervenir. De là vient que, ni les Vegetaux, ni les Mineraux, n'ont point d'instrumens destinez à la conjonction ni à la génération ; l'Eau leur sert comme de matrice à la femelle, & la Terre leur tient lieu de son ventre.

Il y a encore quelque diversité dans les offices particuliers : mais parce que cette connoissance ne sert de rien à nôtre affaire, je l'obmets pour abreger le tems, & pour passer au reste à la premiere fois. Adieu. A Bruxelles, le 21e Juin 1646.

## LETTRE XXII.

*Suite du sujet de la précédente.*

MONSIEUR,

LA troisième différence se prend du côté de l'Esprit Universel, & de la disposition ou préparation qu'il doit avoir lors de la multiplication. Pour la primitive & ses propres termes, il n'y a nulle difficulté : car on n'y requiert aucune autre disposition de l'Esprit Universel, que les degrez de digestion décrits ci-dessus ; parce que dans cette espéce de multiplication, il y a cela de commun aux trois Familles : Que si l'Esprit Universel est arrivé jusqu'à la temperie du Soûfre, lorsqu'il se joint aux semences primitives il s'assimile à elles, & se change en semence : Que s'il n'est qu'au degré du Mercure, il sert alors à multiplier l'espéce ; c'est-à-dire, qu'il se fermente, & est changé dans un individu d'une espéce, selon l'exigence de la détermination

détermination de la semence primitive qui agit sur lui.

Mais si l'on regarde la seconde multiplication, son effet & ses termes, la préparation que doit y avoir l'Esprit Universel est bien differente dans les trois Familles : Car dans les Animaux, il en requiert une autre que les précédentes, pour que les trois termes susdits de cette multiplication s'accomplissent en eux. Cette préparation, c'est d'être digeré par l'Animal même dans ses entrailles. C'est pour cette raison que Dieu a ordonné que les Animaux respirassent. Par là l'Esprit Universel est attiré de l'air, où il est en abondance dans le corps dudit Animal. Y étant, il s'y digere ; il y prend l'odeur, la teinture, & la nature de la forme substantielle : & enfin une petite portion de cét Esprit, pour accomplir l'effet du premier terme de cette multiplication, se remuë avec la semence, & se change ensuite en semence même.

Pour l'effet du second terme, il se mêle dans les entrailles de la femelle avec l'humidité du menstruë ; & à la fin, il se change en lui.

Enfin pour l'effet du troisiéme, il se mêle avec les alimens, il les dissout, il est transmué par eux ; & le tout ensemble se trouve à la fin converti en chyle, en sang, & dans la substance de l'Animal.

Dans les Vegetaux, il demande une digestion vegetable pour l'effet de l'un & de l'autre terme. Elle se fait dans le cœur du Vegetal ; & à cette fin, Dieu a créé une magnésie dans toutes les Plantes, que le vulgaire appelle, *la moëlle de la Plante*. Cette magnésie attire de la terre le susdit Esprit, où il réside en abondance : car par la continuelle agitation des vents, il est poussé dans ses pores.

Dans les Mineraux, il ne faut à cét Esprit Universel autre préparation specifique, que de le séparer de la magnésie, & le purger : car ainsi il devient propre à l'effet du premier terme ; mais par le second & le troisiéme, la digestion métallique lui suffit. Adieu. A Bruxelles, le 26<sup>e</sup> Juin 1646.

## LETTRE XXIII.

*Suite du sujet de la précédente encore.*

MONSIEUR,

La quatriéme difference se prend de l'effet du troisiéme terme, qui n'est pas le même dans toutes les trois Familles. Car dans les Animaux & les Vegetaux, s'il se rapporte au premier acte, il augmente la quantité par extraposition ; parce que ni la semence, ni le sang, ni autres choses semblables, qui sont plûtôt des instrumens des actions vitales que des parties du vivant, ou tout au plus qui n'en sont que des parties étrangeres, ne prennent pas accroissement comme celles du vivant même. S'il se rapporte au second acte, la quantité & la masse s'augmentent par intussusception ; & à même tems la qualité ou la vertu intérieure croît en intension.

Mais dans les Mineraux, s'il se rapporte au premier terme, il augmente leur volume & leur quantité ; & cependant leur vertu intérieure croît encore en intenſion : Que s'il ſe rapporte au ſecond terme, loin d'augmenter la quantité, il la diminuë ; & avec cela, il ne laiſſe pas de faire croître encore la vertu intérieure.

La cinquiéme difference ſe prend du côté de la fin de la formation, qui eſt fort diverſe dans leſdites Familles. Car dans les Animaux & les Vegetaux pour l'effet de l'une & l'autre multiplication, le premier & le dernier terme ne reçoivent qu'une ſimple perfection d'aſſimilation, parce que le ferment acquiert toutes les qualitez, & les parties même de la forme fermentante, c'eſt-à-dire de la ſemence ou du menſtruë. Le ſecond terme ne finit pas dans la ſimple aſſimilation, parce que le ferment y acquiert certaine qualité, outre la forme du levain, c'eſt-à-dire de la ſemence : marque de cela, c'eſt que l'on ne peut pas dire, par exemple, que la ſemence de l'Homme ſoit l'Homme même.

Dans les Mineraux, l'un & l'autre terme aboutit à la ſimple aſſimilation, parce que le ferment ou la ſemence a actuellement toutes les qualitez formelles qu'il imprime à la chose qui est fermentée. La raison est, que toutes les parties des substances homogénes, telles que sont presque tous les Mineraux, & particulierement les Métaux, sont de la même nature que leur Tout : mais ils produisent cette forme dans les deux premiers termes de la multiplication differemment modifiée ; & cela par accident, à cause de la differente disposition du Mercure, lequel ils s'assimilent dans differens termes.

Nous avons parlé jusqu'ici de la premiere génération ; & par ce que nous en avons dit, vous pouvez sçavoir à present ce que c'est que la Trinité Physique dans l'unité, & l'unité dans cette Trinité ; vous pouvez encore avoir remarqué la fecondité entre-deux, le Quadrangle dans le Triangle, le Centre dans la Circonference, & la Circonference dans le Centre ; la quadrature du Cercle, & le Cercle carré ; le nombre de Sept tirant son origine du Triangle & du Quarré, & une décade naissante du Triangle & du Septenaire, avec d'autres Emblêmes de la Cabale, que je n'ai que faire ni d'expliquer, ni d'appliquer ici. Passons à la seconde génération. Adieu. A Bruxelles, le 3e Juin 1646.

## LETTRE XXIV.

*Dans quel ordre les Principes dont on a montré jusqu'ici l'origine, sont mis en action pour faire les secondes générations.*

# MONSIEUR,

Toutes choses ayant été ainsi créées, & chacune douée de ses proprietez, disposées & situées en ordre & dans un lieu propre, Dieu leur imposa une Loi, que l'on appelle d'un nom barbare, *la Nature naturante.*

Cette Loi fut : Que ces choses ne demeurassent pas oisives ni inutiles ; mais qu'elles fussent en action continuelle, selon que l'exigeoit leur forme, & qu'elles souffrissent ( quand l'occasion s'en presente ) les impressions des causes étrangeres. Par là les Corps superieurs agissent sur ceux qui tiennent le milieu : ceux-ci sur les inferieurs, c'est-à-dire, sur les Mixtes des trois Familles ; & enfin les derniers fur les espéces qui se trouvent en chaque Famille. Il n'y a pas jusqu'aux individus de ces Familles qui n'ayent action les uns contre les autres, chacun à sa maniere; & tout cela se fait de la sorte, afin que parmi les Mixtes il parût toûjours de nouvelles productions jusqu'à la fin des siécles, afin que les choses produites se multipliassent, & afin que celles qui déperiroient fussent reparées.

Tel a été l'ordre de la Providence, de peur que le Monde ne vint à finir avant son moment marqué par la corruption successive de toutes choses.

Outre cette Loi universelle, il en a encore été établi une autre dans chaque espéce pour sa conservation & sa multiplication. Nous l'appellons avec l'Ecole, *la Nature naturée*. Par son aide la correspondance n'est pas seulement entretenuë entre les causes superieures & les subalternes; mais cette Nature y contribuë encore autant qu'elle le peut, selon ses forces. Celui qui la gouverne, qui est *l'Archée*, s'accommodant à l'exigence des causes universelles, qui sont le Ciel & les Astres, fait que les Elemens produisent & multiplient chaque jour le

Soûfre & le Mercure : ceux-ci le sperme & le menstruë du Monde : ceux-là l'Esprit Universel, par le moyen duquel les semences & les menstruës de chaque Famille, aussi-bien que leurs individus, sont multipliez : ce qui enfin augmente & multiplie l'espéce, mais à la reserve des Mineraux, où cela ne se peut faire sans le secours de l'Art. Voilà une briéve exposition de la seconde génération. Adieu. A Bruxelles, le troisiéme Juillet 1646.

## LETTRE XXV.

### Comment l'Art peut perfectionner la Nature.

# MONSIEUR,

Avant que de parler des regles de l'Art & de ses préceptes, il faut montrer en peu de mots ce qu'il peut faire & ce qu'il prétend, selon les Principes expliquez jusqu'ici. La fin donc de l'Art en général & son unique but, c'est de perfectionner la Nature & les productions naturelles ; & il le fait en deux manieres.

Premierement, en aidant la Nature, ou faisant qu'elle conduise jusqu'à leur perfection entiere les choses qu'elle produit, par quelque espéce de production que ce soit. L'Art lui sert d'aide en ce point, en faisant que la chose se fasse comme si l'action de la Nature n'étoit point du tout empêchée ni troublée par rien. Exemple, faute d'une Poule pour couver un œuf, le Poulet ne naîtroit pas en certains tems & en certains lieux : L'Art y supplée par une chaleur artificielle, qui fait la même chose que feroit la Poule. Il y a plusieurs autres exemples de cette sorte, où la Nature venant à défaillir, l'Art survient, qui souvent même hâte ses productions, & fait qu'elles paroissent plûtôt qu'elles n'auroient fait, si la Nature seule s'en étoit mêlée. Mais ces ingenieuses opérations de l'Art ne regardent pas quelques ouvrages sur les Métaux, parce qu'elles ont moins de lieu dans le Régne Mineral, que dans les deux autres Familles.

Secondement, en ajoûtant à ce que peut faire la Nature ; c'est-à-dire, que l'Art prend l'ouvrage de la Nature, où la Nature le laisse, & qu'il l'éleve à une bien plus haute perfection qu'il n'eût pû être porté par la Nature même : ce qui se fait derechef en deux manieres.

La premiere, sans changer l'espéce, mais seulement en augmentant la force intérieure de la chose. Car outre le degré de perfection destiné à chaque Estre, Dieu en a encore laissé de possibles une infinité d'autres, sur tout dans le genre Vegetal & Mineral ; & cependant jamais la Nature n'y pourra arriver sans le secours de l'Art, ainsi qu'il a été montré ci-dessus. Cette verité se concevra mieux par un exemple. Le pain est bien meilleur quand on y a ajoûté du levain pour le fermenter, & pour aider à ce que pouvoit la Nature : ou bien, une vigne qui a crû dans un méchant lieu & sterile, ne portera pas de bons raisins : mais il n'en sera pas de même si on la transplante, & qu'on l'expose à un bon sol ; car pour lors par quelque chose qu'elle reçoit au dedans d'elle, sa force croît avec la bonté de son fruit.

Or cette maniere de perfectionner la Nature convient sur tout aux Mineraux, & c'est le premier terme de la multiplication minerale dont je parlois tantôt :

# DU COSMOPOLITE. 107

car il s'execute par la multiplication de la semence, & jamais autrement.

Au reste, il faut bien se donner de garde de prendre l'augmentation de la vertu spécifique pour la réünion d'une vertu éparse, & répanduë en plusieurs sujets. Car, par exemple, l'Esprit de Vin (& il en faut juger de même des autres choses) se trouvant par la distillation dégagé de beaucoup de parties de Tartre & d'Eau, semble être devenu plus puissant, & avoir acquis une force toute nouvelle, quoi que pourtant la distillation n'ait point fait croître sa vertu; mais elle a seulement fait que ses parties, qui étoient fort séparées les unes des autres, sont plus unies ensemble, & plus comprimées, parce qu'on a ôté les parties hetherogénes & excrémentales qui n'étoient pas de la substance du Vin, mais qui étoient localement confonduës avec lui. J'avouë bien que par là cét Esprit de Vin produit des effets qui surpassent le terme de sa force ordinaire; mais je soûtiens qu'il n'a point acquis un degré de vertu au dessus de son espéce: comme si l'on prétendoit que la vertu de cela pût faire quelque chose au dessus de ses forces naturelles, & multiplier son espéce,

Mais plûtôt c'est faute de faire attention à ceci, que la plûpart des Philosophes tombent dans l'erreur ; car par mille opérations, ils donnent l'estrapade aux Métaux & aux Mineraux, desquels en ce point il faut en juger de même que du Vin : Ces abusez croyent par là exalter leur vertu, leur faire produire des effets surnaturels, & multiplier leur espéce ; mais jamais ils n'en viendront à bout.

Aprés tout, je ne nie pas que cette opération soit utile ; je veux bien même qu'elle soit nécessaire pour l'œuvre des Philosophes, mais seulement comme un moyen pour arriver à la fin qu'on se propose, puisque ce n'est pas là où se doit terminer l'industrie de l'Artiste. L'altération accidentelle des qualitez sensibles, ne doit pas aussi être prise pour cette augmentation de vertu dont je parle ici, parce que l'addition de choses hetherogénes change seulement la face, & non l'intérieur de la forme substantielle, son activité ou son état : en quoi se trompent fort encore tous les faux Philosophes.

La seconde maniere par laquelle l'Art ajoûte à la Nature, c'est en changeant une espéce basse en une superieure : ce qui se fait en deux façons.

Premierement, par le moyen d'un A-
gent univerſel ; c'eſt-à-dire, de quelque
Mineral multiplié, ſelon le premier terme de multiplication ci-deſſus expliqué.
Car par là cét Agent a acquis tant de force, qu'il peut convertir en ſa propre ſubſtance pluſieurs eſpéces, & même toutes
celles qui lui ſont ſubalternes. Outre
cette multiplication en qualité, il a encore la force de multiplier en quantité,
puiſqu'une tres-petite partie de lui-même
va changer en un moment de tems, une
groſſe maſſe d'un autre Corps de même
eſpéce que lui. Cét effet n'appartient
qu'à la ſeule Pierre des Philoſophes ; &
c'eſt juſqu'où peut aller la multiplication
minerale.

Secondement, par le moyen d'un A-
gent particulier, dont l'activité ne s'étend
que ſur une ou deux eſpéces de celles qui
lui ſont ſubordonnées, en les changeant
en quelque choſe de meilleur qu'elles
n'étoient. Mais nous parlerons plus au
long dans la ſuite de cét effet de la ſimple tranſmutation.

De tout ce qui a été dit juſques ici,
on peut tirer la diviſion de la Chryſopée,
ou de l'Art de faire de l'Or, qui a deux
parties, ſçavoir la Chryſopée univerſelle, & la particuliere.

L'univerſelle s'applique à préparer cét Agent univerſel, ou à multiplier la ſemence de l'Or & de l'Argent ; & enſuite à s'en ſervir. La particuliere ne tend qu'à préparer des Agents particuliers, & les faire tenir à ce à quoi ils ſont propres. Nous ſuivrons dans la ſuite cette diviſion. Adieu. A Bruxelles, le dixiéme Juillet 1646.

## LETTRE XXVI.

*Définition de la Chryſopée.*

# MONSIEUR,

L'OBJET de la Chryſopée eſt cét Agent univerſel que nous avons dit ci-deſſus, qu'il faut préparer. Mais avant que d'y penſer, il faut s'appliquer à connoître ſon eſſence. Voici ſa définition.

L'Agent univerſel eſt celui dont ſe ſert le Philoſophe pour la tranſmutation générale des Métaux en Or & en Argent. Il doit être multiplié, non pas ſelon ſa qualité, mais ſelon ſa ſemence, & par la vertu intérieure & l'activité de sa forme substantielle, élevé à une grande force. La Nature en est la base ; l'Art y vient au secours : Une tres-petite partie de cét Agent, à cause de l'abondance de sa teinture, communique à une grande quantité de quelque métal que ce soit la forme substantielle d'Or ou d'Argent, & se la rend semblable par une action tres-prompte.

Cette définition est reguliere : car elle contient premierement le genre prochain, sçavoir la matiere qui est l'Or ou l'Argent ; & en second lieu, les prochaines differences, qui sont 1°. la multiplication de la semence & de la vertu, & non de la quantité, par laquelle cét Or & cét Argent sont distinguez, soit de l'Or & de l'Argent naturel, ou tel qu'il est dans sa constitution minerale, soit de toutes autres sortes de choses animales, vegetales ou minerales, multipliées en quantité : 2°. la force de changer une tres-grande quantité de métal en sa substance ; en quoi il est different des Agents particuliers, qui n'ont la force de changer que peu d'espéces, & peu de parties de chacune.

Que le Soleil & la Lune soient le genre

de la Pierre ou de l'Agent universel, cela paroît, parce que cét Agent doit changer les Métaux imparfaits en Or ou en Argent. Car pour faire cela, il faut qu'il ait en lui la veritable forme de l'Or ou de l'Argent ; & qu'ainsi il soit veritablement Or & Argent ; rien ne donnant ce qu'il n'a pas.

On n'a que faire de m'objecter, que selon la doctrine du premier Chapitre, la Pierre est la semence de l'Or & de l'Argent ; & par conséquent qu'elle n'est pas la substance propre de l'Or ou de l'Argent. Car j'ai déja répondu par avance à cette difficulté, en disant que toutes les parties des Corps homogénes, ont la même Nature que leur Tout : Par là la semence de l'Or est Or formellement ; comme le Vitriol que l'on tire de tous les autres Métaux, & qui en est le sperme, ne differe qu'accidentellement des Métaux mêmes ; c'est-à-dire, parce qu'il est dépoüillé de quelques qualitez qui ne leur sont pas essentielles, telles que seroient de se fondre & de s'étendre sous le marteau : & au contraire, parce qu'il a accrut dans l'intension des qualitez essentielles, & particulierement de son activité.

Remarquez

Remarquez que j'ai dit avec disjonction que la Pierre est Or ou Argent; p c qu'il y a de deux sortes de Pierre; l'une pour le rouge, qui est l'Or; l'autre pour le blanc, qui est l'Argent, quoique (comme nous le montrerons ailleurs) on puisse faire de l'Argent par l'agent préparé pour faire de l'Or. Si donc l'Artiste a en veuë de faire de l'Or, le sujet de son opération doit être de l'Or, afin que sa Pierre ait la force de produire la forme de l'Or; & s'il n'a en veuë que l'Argent, il doit choisir la Lune, afin que sa Pierre devienne capable de produire la forme d'Argent: selon l'axiome, rien ne donne ce qu'il n'a pas.

Vous me direz, qu'il est certaines causes qui produisent des effets qui ne leur sont pas semblables; & qu'ainsi l'Or n'est pas nécessaire pour faire l'Or, ni l'Argent pour faire l'Argent. Je réponds, que cela n'a lieu que dans les causes universelles & équivoques, qui sont destinées pour differens effets: tels sont le Ciel & les Astres. Mais il n'en va de même des causes univoques & singulieres, qui agissent par la force d'une semence specifiée, comme il se trouve dans nôtre œuvre.

Or que cette Pierre doive être l'Or & l'Argent, non simplement tels qu'ils se trouvent dans la Nature, mais multipliez selon la vertu intérieure de la forme de leur semence, c'est ce qui s'infere de ce qu'elle ne pourroit se rendre semblable les autres Métaux imparfaits, quand leur quantité surpasseroit la sienne, si en vertu au moins elle ne surpassoit toute leur résistance : Car toute assimilation & transmutation, au sentiment même d'Aristote, se fait selon la proportion de la plus grande inégalité. Or l'Argent & l'Or simples ne possedent pas assez cette proportion à l'égard des autres Métaux imparfaits, parce que la résistance de quelques-uns, & même de la plûpart, surpasse de beaucoup l'activité de l'Or ou de l'Argent.

Que si vous m'objectez que l'Or & l'Argent, & sur tout l'Or, peut du moins changer quelques Métaux inférieurs, parce que son activité surpasse leur résistance, comme on ne le peut nier. Je réponds en distinguant : S'il s'agit d'une transmutation particuliere, je l'accorde, & il n'y a point d'inconvenient de l'admettre, puisque ce n'est rien autre chose que la conversion de l'aliment en la substance de la chose alimentée, dans les Familles des Végetaux ou Animaux.

En cela les Mineraux aussi ne sont pas de pire condition : Il s'y fait une veritable transmutation, mais particuliere ; & elle ne se fait point par génération, & par la force de la semence, ni ne se fait point non plus sur une grande quantité de matiére.

Que si donc il s'agit d'une transmutation générale, je nie absolument ce que l'on prétend : La raison est, que cette sorte de transmutation exige absolument trois choses.

Premierement, d'avoir la force d'agir sur tous les Métaux, quoi que si vous voulez, elle ne puisse changer une aussi grande quantité des uns que des autres.

Secondement, qu'une tres-petite quantité de l'agent agisse sur une masse immense d'un autre métal.

Troisiémement, de faire cette conversion en tres-peu d'heures ; & cela par sa simple application ou projection.

Or ces trois choses, & sur tout la disproportion en quantité, dépriment & abaissent la proportion de la superiorité, ou la force que l'Or simple peut avoir en qualité pardessus les autres Métaux;

& au contraire, augmentent la résistance de tout autre métal : Car l'excés en quantité a cét effet, quoi que la quantité ne soit pas active, d'augmenter ou de diminuer l'activité, ou la résistance des choses passives ou actives d'autant de degrez qu'elle en a de plus, ou d'autant qu'il lui en manque ; & elle fait cela non pas intérieurement, par intension ou remission de qualitez, mais exterieurement, en s'opposant par un plus grand nombre de parties : quoi que d'ailleurs, si les choses étoient égales en poids, nombre & mesure, l'activité ou la résistance de l'un, pût surpasser l'activité ou la résistance de l'autre.

En effet, personne ne dira jamais qu'une once de Fer, par exemple, échauffé jusqu'au huitiéme degré, puisse échauffer aussi-tôt & aussi fort cent onces d'eau, quoi qu'elle n'ait que six degrez de froid, qu'elle en échauffera dix : ou qu'au contraire, ces dix ayent autant de force pour résister à ces cent de Fer, qu'en auroient cent ou mille. Adieu. A Bruxelles, le seiziéme Juillet 1646.

# LETTRE XXVII.

*Causes efficientes de la Pierre.*

MONSIEUR,

APRÈS avoir expliqué l'essence de la Pierre, il faut en peu de mots en expliquer les causes, parce que quoi que les termes de la définition susdite semblent faciles à être expliquez, il y reste pourtant quelque chose d'obscur qui a besoin d'éclaircissement : Et dautant que tout ouvrage suppose un ouvrier, nous traiterons d'abord de la cause efficiente.

Il faut donc sçavoir qu'il y en a de deux sortes, l'une principale, & l'autre qui ne sert que d'aide, & s'appelle *ministrante*. La principale, c'est la Nature même, sans laquelle rien ne se produit qui ait des proprietez naturelles : car les machines artificielles ne sont pas des productions de la Nature. La cause servante c'est l'Art, qui ne produit pas tant qu'elle aide la Nature à produire, mais en sorte qu'elle la fait aller au delà des termes de son pouvoir ordinaire, comme on a dit ci-dessus. La suivante Lettre vous apprendra de quelle maniere cela se fait. Adieu.

## LETTRE XXVIII.

*Cause finale & exemplaire.*

MONSIEUR,

La cause finale tient le second rang. C'est par elle que tout agent agit pour une fin. Ainsi comme il ne peut agir pour cette fin qu'il ne la connoisse, laissant donc l'Art pour une autre Lettre, nous parlerons ici de la cause finale.

Il y a de deux sortes de fins, l'une prochaine, & l'autre éloignée. La prochaine, c'est le premier terme susdit de la multiplication minerale, sçavoir la préparation de l'agent universel transmutatif, ou la multiplication de la semence de l'Or & de l'Argent. La fin éloignée, c'est la transmutation même, où se rapporte ladite multiplication.

La cause exemplaire suit après, parce que l'Art n'ayant point de maniere d'agir déterminée, il faut que dans ses opérations il suive la Nature ; & c'est ce qu'il fait en voulant venir à bout de la multiplication susdite.

Il faut donc bien prendre garde à ce que nous avons dit dans la premiere Partie, sur la maniere dont travaille la Nature ; qui ne fait autre chose que de dissoudre & de coaguler. Or cette dissolution se fait non point par l'entremise du feu actuel & violent, parce qu'il détruit plûtôt qu'il ne dissout, mais par l'action du Sel de la Nature ; c'est-à-dire, par le moyen de nôtre Mercure vif, qui aidé du Sel qui est mêlé avec lui, pénétre les Sels des autres Corps ; & en rompant leur union, écarte ainsi les parties de ces Corps.

Cela fait, ce Mercure à son tour reçoit l'action d'un autre agent ; c'est du Soûfre ou de la semence qui se rencontre dans ce Corps qui a été dissout. Ce Soûfre n'est pas le commun, ou de même nature avec lui ; mais c'est un Corps animé, non du feu commun & élémentaire, mais du feu central, qui réside dans l'intérieur même de ce Soûfre. Ce Soûfre est celui qui a la force de coaguler ledit Mercure ; & il faut qu'il soit pour celà un peu excité par les feux extérieurs du Soleil & des Astres, ou même par le feu élémentaire. Adieu, ce 27ᵉ Juillet 1646.

## LETTRE XXIX.

### De la matiére de la Pierre.

MONSIEUR,

La cause materielle se presente aprés l'exemplaire. En effet, quand une fois l'Artiste s'est formé l'idée de son ouvrage, & qu'il a la méthode qui le regle, il choisit la matiére sur laquelle il veut travailler.

J'ai déja assez prouvé que l'Or & l'Argent étoient la matiére de la Pierre, & j'ai montré qu'ils étoient le genre de sa définition, & le sujet qui en devoit recevoir la forme : mais je n'ai pas assez expliqué

expliqué si ces Métaux sont matiere totale ou partielle seulement de cét ouvrage.

Je soûtiens donc ici qu'ils n'en sont pas la matiére entiere, mais seulement en partie : La raison, c'est que (comme j'ai dit ci-dessus) la composition de la Pierre est le premier terme de la multiplication minerale, qui a pour fin l'assimilation de quelque substance avec la semence de l'Or & de l'Argent : donc il faut assigner, outre l'Or & l'Argent, quelque matiére particuliere de la Pierre. Or cette chose n'est & ne peut être autre que nôtre Esprit universel, tiré de nôtre magnésie, parce que la matiére de laquelle se peut engendrer & multiplier l'Or ou sa substance, doit nécessairement lui être homogéne, une chose ne pouvant être produite par une autre chose de differente nature qu'elle est : par exemple, d'un Homme & d'un Chien, d'une plante & d'une pierre, il ne s'en fait ni l'un ni l'autre ; & ainsi des autres.

Que si l'on m'objecte que nous avons admis ailleurs quelque transmutation particuliere, à sçavoir de l'aliment de quelque Animal que ce soit en la substance d'un autre Animal different, ou vegetal ; & si l'on veut conclure de là qu'il se peut faire la même chose dans les Mineraux : A cela on répond, que cette transmutation n'est pas une génération ou multiplication exacte, parce qu'elle ne se fait pas par la vertu & action de la semence, mais par le troisiéme terme, ou par le complément de la multiplication de la chose engendrée, comme je l'ai expliqué ci-dessus : En un mot, parce que cela se fait par l'odeur de la forme substantielle, tant dans les Mineraux, que dans les Vegetaux & les Animaux.

Mais vous me direz en insistant de nouveau, qu'il se fait des productions d'Animaux de differentes espéces, comme quand d'un Cheval & d'un Asne il naît un Mulet : A quoi je répondrai, qu'il n'en va pas ici de même, parce que ces sortes de productions, loin de tendre à quelque chose de plus parfait, dégenerent, & jamais ce qui est engendré n'est aussi parfait que ce qui engendre ; & ainsi l'espéce ne reçoit pas par là une multiplication, ni un nouveau degré de perfection.

Vous insisterez encore peut-être, &

direz, que supposé que cette matiére seconde doive être homogéne avec l'Or ou l'Argent, il ne s'enfuit pas pour cela que nôtre Mercure doive être pris pour cette seconde matiére, parce qu'il y a beaucoup d'autres choses qui ont égalité de nature, & sont plus homogénes que ledit Mercure : tels que sont, par exemple, l'Or & l'Argent même, rien ne leur ressemblant mieux que l'Or & l'Argent, ou leurs principes & parties.

Mais la solution est aisée & facile à trouver, par ce qui a été dit en examinant l'ouvrage du Pagesien. Car on en conclura qu'il y a deux sortes d'homogénéïtez ; l'une de principe, par laquelle une chose a la même nature que la matiére, de laquelle elle a été prochainement faite, & même ayant aptitude pour recevoir quelque jour la même forme : Ainsi la semence du Chien est-elle homogéne avec le Chien même, parce qu'elle a la même nature avec la semence de laquelle le Chien est fait, & même l'aptitude à recevoir un jour la forme d'un Chien. C'est-là l'espéce d'homogénéïté qui doit être dans nôtre seconde matiére avec l'Or & l'Argent, & on ne la trouve nulle part que dans nôtre Mercure.

L'autre maniere d'homogénéïté est l'homogéneïté d'un principié, par laquelle quelque chose convient avec une autre, selon la forme & toutes les conditions de sa nature : Ainsi l'Or est homogéne à l'Or ; & cette homogéneïté n'est pas requise à la seconde matiére de la Pierre, au contraire elle est opposée à sa composition, parce que le levain ou ferment auroient la même forme, & au même degré, sans aucune distinction en ce point : ce qui cependant ne peut pas être ; car la chose qui doit être fermentée, doit recevoir quelque chose qu'elle n'avoit pas.

Vous me presserez, & me direz que cela est vrai de l'Or pris totalement & dans l'integrité de sa substance, & non pas de ses principes séparez.

Mais je réponds, que le tout & les parties, ou les principes séparez, & la chose principiée un peu détruite, sont en ce point de même nature. La raison de cela, c'est que lesdits principes ne peuvent pas être tellement séparez, qu'ils reçoivent leur premiere simplicité, & perdent entierement la forme du principié, ou celles qu'ils avoient unies ensemble : Et partant le même inconvenient revient, toûjours.

Et quand même ils pourroient recevoir cette premiere simplicité, cela ne feroit rien contre moi, parce qu'en ce cas ils acquierroient l'homogéneité de principes que nous demandons. De plus, ces principes séparez de quelque maniere que ce soit, devroient être de nouveau réduits dans leurs premiers Corps, & dans le même individu, ou du moins de la même espéce : ce qui naturellement est impossible, puisque par là il se feroit un retour de la privation à l'habitude. Et personne ne dira jamais que les parties d'une substance, ayant été une fois séparées, se puissent tellement réünir, qu'elles fassent la même substance numerique ; excepté dans l'Homme, la forme duquel n'est pas du genre des formes materielles. Adieu. Ce trentiéme Juillet 1646.

## LETTRE XXX.

*La cause instrumentale.*

MONSIEUR,

Enfin la derniere des causes, c'est l'instrumentale ; car la cause formelle a été assez expliquée dans la définition, & dans son application. La cause instrumentale est double, aussi-bien que l'efficiente ; car il y a les instrumens de la Nature & ceux de l'Art.

Les instrumens de la Nature sont encore de deux sortes. Le premier, c'est l'Eau qui sert à la solution ; & cette Eau n'est pas l'Eau élémentale, mais le même Mercure en espéce, qui a été assigné pour matiére particlle de la Pierre. Il y a seulement cette difference, que lorsqu'il est dissolvant, il doit avoir été lavé de toute onctuosité, & dépoüillé de la terrestreité, qui émoussent la pointe du Sel volatile, dans lequel réside la force de dissoudre ; & cela se fait par plusieurs

# DU COSMOPOLITE.

rectifications : aprés lesquelles ce Sel entrant dans les pores de l'Or, va se mêler avec le Sel ou le Vitriol de l'Or ; & à l'aide de l'humidité qui est unie à ce dissolvant, (humidité homogéne à l'Or & à l'Argent) il écarte & résout les parties de ces Métaux, à peu prés comme l'eau fond la glace. Mais quand ce Mercure est pris pour une des matiéres de la Pierre, il n'a pas besoin de tant de rectifications.

Le second instrument naturel, c'est le Feu. Il y en a de deux sortes : 1°. Le central, qui n'est autre que la chaleur primitive, qui meut & excite la force des ferments, qui digere & coagule le Mercure ; & ce Feu central reçoit quatre degrez de chaleur, selon que son activité vient à surmonter les autres qualitez. Ces quatre degrez sont marquez par les quatre couleurs principales, sçavoir le noir, le verd, le blanc & le rouge.

2°. Le Feu actuel & élémentaire, qui excite le central, & qui dans la préparation demande d'être employé avec differens degrez ; mais qui dans le régime de la coagulation n'en veut qu'un seul. Car ce que quelques Auteurs disent des quatre degrez du Feu, doit s'entendre du Feu central.

Or ces inſtrumens ſont appellez *les inſtrumens naturels*, dautant que l'Art ne s'en ſert pas proprement ; mais il y met ſeulement les diſpoſition néceſſaires, à ce que la Nature s'en ſerve. Parlons des inſtrumens artificiels. Adieu. A Bruxelle, le ſecond d'Aouſt 1646.

## LETTRE XXXI.

*Suite de la même matière.*

# MONSIEUR,

Les inſtrumens de l'Art ſont les Vaſes, le Fourneau, & autres de cette nature, &c. qui ſe diviſent en deux ordres. Entre leſquels ceux du premier ordre ſervent à la préparation ; & il y en a de deux ſortes.

Ceux de la première claſſe ſont utiles à la préparation du Diſſolvant, & ſont de trois manières. Les premiers ſont les vaiſſeaux, à ſçavoir la Cornuë, dans laquelle on doit diſtiller nôtre magnéſie pour en tirer l'Argent-vif, & ſon Recipient qui doit lui être adapté. Ces deux vaisseaux servent aux rectifications.

Les seconds c'est le Fourneau à distiller, dans lequel on se sert du feu de cendres ou de sable.

Les troisièmes sont les matières qui aident à la distillation, comme le Cotton ou la Pierre de Ponce, pour empêcher que la magnésie qui flotte, ne s'éleve.

Les instrumens de la seconde classe sont ceux qui sont nécessaires pour calciner & préparer l'Or & l'Argent. Il y en a aussi de trois sortes. Les premiers sont les Vaisseaux & les Creusets; des Phioles à long col, ou Matras, & des Coûpelles pour purifier.

Les seconds sont le Fourneau à calciner, ou de feu ouvert.

Les troisièmes sont les matières, qui aident l'attenuation ou calcination de l'Or ou de l'Argent avec le feu actuel. Tels sont les Eaux-fortes, le Mercure commun, l'Antimoine: car il n'importe point duquel se serve l'Artiste, pourveu qu'il fasse une parfaite attenuation, & que les chaux soient dépoüillées de toute l'impression des Corrosifs, par diverses lotions & reverberations.

Ces calcinations & ces lotions sont tout-à-fait nécessaires : car autrement nôtre Mercure vif ne pourroit ouvrir les prisons dans lesquelles est enfermé le Sel ou le Vitriol, ou la semence de l'Or & de l'Argent. Adieu. A Bruxelles, ce huitiéme d'Aoust 1646.

## LETTRE XXXII.

*Suite de la même matiére.*

MONSIEUR,

Les instrumens du second & principal ordre, sont ceux qui font la coction & la coagulation de la Pierre. Il y en a de trois sortes.

Le premier, c'est un certain Vase qui a la figure d'un œuf, dans lequel on doit renfermer l'une & l'autre matiére de la Pierre, sçavoir le Mercure vif, & le Vitriol de l'Or ou de l'Argent, en proportion requise, que je décrirai ci-après.

Il faut observer que la concavité de cét œuf ne doit être remplie que jusqu'à une troisiéme partie, & qu'il faut sceller hermetiquement l'orifice.

Le second, c'est le Cendrier dans lequel l'œuf Philosophique est enseveli, & entouré de cendres fines, au moins de la largeur d'un travers de doigt, avec son trépied en l'air.

Le troisiéme, c'est le Fourneau ou Athanor, avec toutes ses ustenciles : car il n'importe quel soit ce Fourneau, pourveu qu'on y puisse entretenir une chaleur continuelle, tres-lente, égale, & qui entoure de toutes parts également l'œuf. Adieu. A Bruxelles, le 13ᵉ d'Aoust 1646.

## LETTRE XXXIII.

*Dénombrement des parties de la Pratique.*

# MONSIEUR,

APRE's avoir expliqué les Causes, suit leur application, & la méthode de s'en servir. Ce qui comprend deux parties : L'une, consiste dans le dénombrement & l'explication des Opérations : L'autre, dans la pratique même.

Mais quoi qu'on puisse recüeillir des deux précédentes Lettres toutes les Opérations ; cependant parce qu'il y manque quelques circonstances, j'en vas parler plus à fond.

Il y en a deux principales, comme il paroît par l'article sur la forme exemplaire ; à sçavoir, la solution & la coagulation. Celles-ci en admettent d'autres moyennes ; c'est à-dire, des préparations, qui leur sont subordonnées comme des moyens à leur fin : Et on les peut réduire à deux cathégories.

Les premieres, sont celles qu'on prescrit pour faire la solution, qui sont trois. 1°. La préparation du Dissolvant, ou de nôtre Magnésie, qui consiste dans sa distillation & rectification. Je ne dis seulement que *distillation & rectification*, parce que cette séparation des Principes principiez, Soûfre, Sel & Mercure, qu'admettent certains Empyriques, & ensuite leur réünion, est inutile & pernicieuse. En effet, pour la solution de l'Or & de l'Argent, le seul Sel volatile (quant à sa partie Mercurielle) est nécessaire. Que si le Sel fixe y étoit, aussi-bien que le Soûfre de la Magnésie, il nuiroit à la solution, à cause de l'onctuosité de l'un, & de la fixation de l'autre.

2°. La purgation & calcination de l'Or & l'Argent, dont je vous ai parlé ci-dessus, comme des instrumens propres à cela. Cette préparation est nécessaire, afin que le Corps de l'Or étant par ce moyen réduit en petites parties, soit plus aisément pénétré par l'eau ; & aussi afin que son Vitriol laisse plus aisément aller hors de lui sa semence.

3°. L'application du Dissolvant sur l'Or & l'Argent préparez, & leur union ensemble réiterée par dix fois, afin que par onze degrez on puisse avoir onze grains de semence d'Or ou d'Argent.

Les préparations de la seconde cathégorie, sont celles qui disposent la coction & la coagulation. Il y en a deux.

La premiere desquelles demande beaucoup d'industrie, soit par la composition de l'œuf Philosophique, en proportion decuple, ou dix de la Liqueur Mercurialle qui tient lieu du blanc de l'œuf, pour un de l'Or qui tient la place du jaune. Cela, dis-je, est requis, si vôtre œuvre est pour l'Or : mais si c'est pour l'Argent, il en faut quatre de Mercure, & une de semence d'Argent. Cette proportion est nécessaire ; car en elle consiste le poids, le nombre & la mesure de la Nature, soit enfin pour placer l'œuf dans le fourneau, & pour bien disposer le feu actuel.

La seconde condition, sont les choses qui se font naturellement dans l'œuf, disposé comme nous l'avons marqué ci-dessus, sans la main de l'Artiste : sçavoir, la corruption physique, le mélange, la confusion, l'inceration, l'imbibition, & plusieurs autres décrites par les Auteurs, qui sont d'ordinaire mal enenduës par les Apprentifs, qui croyent qu'elles signifient quelques Opérations de l'Artiste.

Enfin la derniere de toutes, c'est la fixation ; & toutes ensemble achevent la Pierre en dix mois ou environ. Il faut presentement parler de la multiplication. Adieu. A Bruxelles, le 20ᵉ d'Aoust 1646.

# LETTRE XXXIV.

*Multiplication en qualité.*

## MONSIEUR,

La Pierre étant faite, il ne nous reste plus que sa multiplication. Elle se fait presque de la même maniere & par les mêmes opérations que la Pierre, excepté qu'au lieu d'Or ou d'Argent dissout, vous mettrez autant de la Pierre parfaite que vous aviez mis dudit Or ou Argent pour la faire. Pour le Mercure, il ne doit pas être autre que le susdit : mais pour sa quantité, on la prend en deux manieres dans la multiplication.

Premierement, on peut en prendre dix parties, & une partie de la Pierre faite ; & alors la cuisson en est faite en dix fois moins de tems, qu'elle n'avoit été la premiere fois, sçavoir en trente ou quarante jours. Et si après cette premiere multiplication on en veut une seconde, en gardant la même proportion de matiére, elle s'achevera cette seconde fois en dix fois moins de tems, sçavoir en trois ou quatre jours : Et c'est par là que s'entend ce mot, *que l'ouvrage n'est que de trois à quatre jours.*

Secondement, la quantité du Mercure est augmentée en proportion decuple : C'est-à-dire, que n'ayant mis d'abord dans la premiere composition de la Pierre, ou dans sa premiere multiplication, que dix parties de Mercure ; selon cette seconde maniere de multiplier, on en met d'abord cent : & si l'on recommence la multiplication, on en mettra mil ; & ainsi de suite. Mais en ce cas la perfection de l'ouvrage de la multiplication, demande autant de tems que la premiere composition.

Or de quelqu'une de ces deux manieres qu'on veüille se servir pour la multiplication de la Pierre, on augmente non seulement la masse & le volume de la matiére, mais encore sa vertu ; & cela en proportion decuple.

Ainsi chaque partie de la Pierre ne surpassant aprés la premiere multiplication, que de dix fois chaque partie de la semence de l'Or ou de l'Argent ; aprés la seconde multiplication, elle les sur-passera

passera en activité de cent fois, à la troisiéme de mille ; & ainsi de suite.

La raison de cela, c'est que lorsque la
Nature agit dans le même sujet pour la
production d'une même substance, elle
ajoûte dix degrez de perfection à chaque production, outre les degrez précédens, soit qu'elle produise une nouvelle
espéce, soit qu'elle perfectionne celle
qui est déja produite. Ce que nous pourrions prouver par beaucoup d'exemples
naturels. Mais vous-même en y faisant
réfléxion, vous les pourrez découvrir.
Reste à parler de l'usage. Adieu. A
Bruxelles, le vingt-cinquiéme d'Aoust
1646.

---

## LETTRE XXXV.

*Multiplication en quantité.*

# Monsieur,

Voici à present quel est l'usage
de cette Pierre. Il faut la dégrader ou
l'abaisser de vertu : ce qui se fait par

M

plusieurs imbibitions qu'il en faut faire avec ledit Mercure, ou le commun, jusqu'à ce qu'elle ait atteint un juste tempérament, & une proportion de force requise, soit qu'on l'employe pour la Medecine dans les Animaux, soit qu'on s'en serve dans la métallique. Ce qui est sur tout nécessaire, si la Pierre a été déja multipliée en qualité ; car alors elle se multipliera en quantité : autrement il arriveroit que par sa trop grande chaleur & sécheresse, elle opprimeroit la chaleur naturelle des Animaux, & dessécheroit leur humide radical ; au lieu de leur être utile. De même elle convertiroit les Métaux inférieurs en poudre, qui lui seroit semblable, informe, & non fusible ; au lieu de les changer en or & argent.

Ainsi donc si vous voulez vous en servir dans les maladies des Animaux, dilayez un grain de la Pierre simple dans cent grains du Mercure duquel elle a été faite, & dans quelqu'autre Liqueur spécifique pour le mal dont on est atteint ; & donnez à boire de cette Liqueur au Malade, reglant la quantité sur ses forces & sur son tempérament.

Que si la Pierre a été multipliée une fois, il faut mêler le susdit grain avec mille grains de la Liqueur : si elle a été multipliée deux fois, avec dix mille, &c.

Pour la transmutation des Métaux : prenez une partie de la Pierre toute simple & sans multiplication, dix parties de nôtre Mercure vif, & qui n'est pas le vulgaire : ou bien si la Pierre a été multipliée, prenez-en une partie, & cent dudit Mercure : si elle a été multipliée deux fois, qu'il y ait sur un grain de la Pierre mille grains de Mercure : Faites dessécher le tout ensemble sur un feu doux au commencement, & ensuite plus fort, afin que toute la matiére reçoive la consistance de la Pierre ; & repetez ces imbitions & dessiccations autant de fois, & jusqu'à ce qu'une partie de ce que vous aurez fait, convertisse en Or parfait mille parties de Mercure commun, vingt de Plomb, trente d'Estain, cinquante de Cuivre, & cent d'Argent. Ce qui arrive, si vous avez pris de la Pierre au rouge : mais si c'est de la Pierre au blanc, il faut qu'elle agisse sur la moitié desdits Métaux, ou environ.

Que si vous n'avez pas assez de nôtre Mercure, vous pourrez avec le Mercure commun dégrader la Pierre, comme il suit. Projettez une partie de vôtre Pierre simple ou multipliée sur dix parties de vif Argent commun un peu échauffé; il s'en fera une poussiere qui sera de même nature que la Pierre même, un peu cependant de moindre vertu : Ensuite mettez toute cette poussiere sur cent parties de Mercure commun, il se fera encore une poudre de même nature qu'auparavant ; & il la faut projetter toute entiere sur mille parties de ce même Mercure : Et si cette poudre vous paroît encore humide, faites-là sécher au feu. Il vous restera enfin une poudre de projection, qui aura lieu sur les susdits Métaux, en gardant les proportions marquées.

Voilà ce qui appartient à la Theorie & à la Pratique de l'Art général de transmuer tous les Métaux en Or & en Argent : il est tems presentement de parler de la Chrysopée particuliere. Adieu, ce vingtiéme Septembre 1646.

## SECOND TRAITÉ

*Des Secrets particuliers de changer les Métaux en Or.*

## LETTRE XXXVI.

*Fondement des Particuliers.*

MONSIEUR,

LA Chryſopée particuliere a pour fin, comme je l'ai déja inſinué, de changer un Métal particulier imparfait, dans un parfait; c'eſt-à-dire, dans l'Or ou l'Argent : de le changer, dis-je, ou tout entier, ou en partie. Et c'eſt de là que je vas prendre occaſion de diviſer ce Traité en deux ſections. La premiere, parlera de la tranſmutation du Métal tout entier. La ſeconde, de la tranſmutation d'une partie de ce Métal.

Or la transmutation d'un Métal tout entier se fait en deux manieres. La premiere, en proportion d'une tres-grande inégalité de l'Argent transmutatif; c'est-à-dire, en sorte qu'une seule partie de cét agent change en Or ou Argent, selon son levain, plusieurs parties du Métal imparfait. Car il y a dans cét œuvre un ferment spécifique, comme dans la composition de la Pierre, lequel il faut nécessairement mettre en usage, & qui agit de la même maniere : ce ferment, c'est l'Or ou l'Argent dissout dans nôtre Mercure : mais la chose dans laquelle on met ce levain, est differente. Car dans le grand œuvre on fait la fermentation dans nôtre Mercure même, parce que l'on n'a pas pour but de faire immédiatement du Métal, mais une semence de Métal. Mais ici la matiére qu'on fermente c'est un Métal, parce qu'on se propose de faire un Métal en particulier.

Vous demanderez quel Métal on peut prendre pour cela. A quoi je réponds, qu'il n'importe, parce que celui dont on se servira sympatise en ses principales qualitez avec le ferment : mais il faut remarquer qu'on ne pourra pas prendre de tout le même poids, parce que leur cuisson & leur perfection n'est pas égale; & que même la force & la vertu des ferments ne se ressemble pas toûjours. Il faut donc, selon la nature du ferment & de la chose qu'on fermente, proportionner différemment les doses; & c'est sur quoi je ne puis donner de regles, parce que possedant la Pierre générale, & un trésor infiniment plus grand, je ne me suis gueres appliqué à ces bagatelles.

La maniere de préparer le Métal qu'on veut fermenter, c'est de le réduire dans son Vitriol, comme l'on a fait le ferment même, & par un pareil agent, à sçavoir nôtre Mercure: le tout afin que comme l'agent aprés sa solution agit plus efficacement, ainsi le patient dissout reçoive mieux & plus facilement son action.

Le régime du feu n'est pas comme dans le grand œuvre, puisqu'il ne doit pas avoir toûjours le même degré, mais se changer selon l'apparition des couleurs. La raison, c'est qu'il n'y a point ici à craindre, comme en faisant la Pierre, que tout vienne à se brûler par une trop subite dessiccation.

La seconde espéce de transmutation d'un Métal tout entier, est celle qui se fait en proportion d'une plus petite inégalité de l'agent transmutatif, par rapport à celui qui est transmué ; c'est-à-dire, qu'un poids, par exemple, de l'agent n'ait la force que de convertir un poids égal de Métal. Et cette sorte de transmutation tombe plûtôt sur le Mercure commun, ou sur quelqu'autre, que sur les Métaux solides : aussi n'y est-il pas requis de travailler à dissoudre ce qu'on veut fermenter, comme dans l'espéce de transmutation differente. Mais je ne dis pas le même de la préparation du ferment, qu'il faut avoir toûjours dissout, comme je l'ai dit, afin que l'activité de sa forme substantielle qui étoit comme liée, étant dégagée par là de ses embarras, agisse plus efficacement. Si donc vous ne faites pas cela, vous ne viendrez presque jamais à bout d'une veritable transmutation. Voilà ce qui regarde la transmutation d'un Métal tout entier.

La transmutation d'un Métal en partie, n'est pas à proprement parler une transmutation, parce qu'elle ne change
rien

rien substantiellement. Il y en a deux espéces.

L'une se fait en tirant un Métal parfait d'un imparfait : par exemple, l'Or de l'Argent, du Fer & du Cuivre : l'Argent, de l'Estain & du Plomb. Car dans les trois premiers Métaux, il y a beaucoup de veritable Or préparé par la Nature ; & dans les deux autres, beaucoup d'Argent. En effet, dans les Mines de chaque Métal, il s'y rencontre beaucoup de ferments des autres Métaux : comme dans celles d'Argent, de Fer & de Cuivre, il y a des ferments d'Or ; & dans celles d'Estain & de Plomb, il y a des ferments d'Argent. Et ces ferments venans à rencontrer le Mercure, le déterminent, selon leur nature, à devenir Or ou Argent. Mais parce que dans ces mêmes Mines, il y a une plus grande quantité de ferments du métal imparfait mêlez avec les ferments du parfait, & que la Nature n'a pû separer ces ferments parfaits ; il est arrivé de là qu'il s'est fait plus de ce métal imparfait dans cette Mine ; & que le parfait se trouvant mêlé avec lui, le secours de l'Art est necessaire pour l'en separer.

Pour ce qui est de la methode de faire

cette extraction, je ne m'en souviens pas presentement, quoi que je l'aye souvent éprouvée plusieurs fois. Il me suffira de dire là-dessus que la chose se fait par l'aide des Agents repercussifs, comme sont le Tartre, la Chaux vive, le Bol d'Armenie, & autres semblables, aussibien qu'avec les Sels mordans, parce que ces Sels rongeans la partie volatile du métal, abaissent la partie fixe : de sorte que ces parties fixes unies alors, ne cedent plus aux eaux de départ, ou à la coûpelle, comme elles étoient obligées de faire, lorsqu'elles étoient répandues dans une plus grande quantité du métal volatil. Il s'ensuit de là qu'il y a dans ces operations de la réalité, mais tres-peu de profit, si on compare ce qui en revient avec la dépense qu'on a faite.

Mais il est à remarquer qu'un métal parfait tiré de cette sorte, porte avec lui sa teinture naturelle, ou son ferment qui est actif. L'Or, par exemple, produiroit l'Or ; l'Argent produiroit l'Argent, parce que la teinture fixe est une condition, ou une proprieté inseparable du métal fixe.

L'autre transmutation d'un métal en partie, se fait par la condensation ou fixation ( comme on dit ) des Métaux, laquelle proprement n'est qu'une sophistication, quoi qu'il puisse arriver que ces Métaux durent à quelques épreuves. Il y a deux façons à la faire.

Premierement, par voye d'obstruction, laquelle se fait par des sels, par des excremens métalliques, par des mineraux ; le tout en cementant.

Et il ne faut pas s'arrêter à ce que l'on objecte communément, que les esprits des Métaux volatiles ne peuvent fixer, en donnant ce qu'ils n'ont pas, parce que ces matiéres métalliques jettent leurs esprits d'abord dans les pores du Métal qu'on veut fixer ou condenser par ces sels cementez & aidez de quelques degrez de feu ; & enfin à l'aide de ces mêmes sels, dont le propre effet est de vitrifier ou de disposer à vitrification les Métaux calcinez : tels que sont les excremens métalliques, lesquels se trouvent vitrifiez aprés la cementation ; & par là les Métaux eux-mêmes sont rendus friables : ce qui est une marque infaillible de leur vitrification. Aprés quoi il ne faut pas s'étonner s'ils soûtiennent les Eaux-fortes.

Secondement, par exsiccation, qui est

de deux sortes. La premiere, se fait par une espéce d'amalgame de l'Antimoine ou du Mercure commun, avec un métal. On brûle ensuite l'amalgame : puis l'humidité & la crudité du métal se mêlant avec celle du Mercure & de l'Antimoine, s'envole avec lui au premier feu. Et ainsi le métal peut ensuite souffrir un grand feu.

La seconde, se fait par corrosion ; & l'on y employe des Sels corrosifs, ou des Métaux fixes, comme le Fer, & quelques Mineraux arides. Mais les Métaux condensez & retrécis par cette voye, n'ont point d'ordinaire de teinture, par la raison que j'ai apportée ci-dessus, parce qu'une teinture fixe métallique étant une proprieté d'un métal fixe, elle ne se trouve pas naturellement avec un métal qui n'est pas fixe : On ne peut donc la donner artificiellement, sur tout pour le rouge, si l'on n'ajoûte de veritable Or à ces Métaux condensez ; & si aprés les avoir mêlez, on n'y ajoûte encore par fusion une grande quantité de Métaux rouges, qu'on fasse ensuite sortir par érosion. Si on le fait pourtant, peut-être trouvera-t-on quelque chose, parce que (comme je l'ai déja dit) il y a dans ces

Métaux des parties de veritable Or, qui se joignent avec celui qu'on a mis ; & la teinture par là se trouvera augmentée par l'addition des parties teintes, quoique cependant elle sera toûjours tres-foible. Par le blanc, il n'y a point de bonne teinture. Adieu. A Bruxelles, le 6e Octobre 1646.

---

## LETTRE XXXVII.

*Manieres d'éprouver les Métaux.*

# MONSIEUR,

DANS ma derniere Lettre j'ai expliqué avec autant de clarté que de briéveté, tout ce qui regarde les particuliers. Il ne manque plus à la Science métallique, qu'un petit abregé sur la maniere d'éprouver les Métaux, & ensuite une autre matiére qui terminera toutes nos Lettres. Je commence par le premier.

Il faut donc sçavoir qu'il n'y a que deux Métaux fixes, qui sont l'Or & l'Argent : que leur fixité même est differente, & qu'elle a plusieurs degrez. Mais pour que ces Métaux soient au souverain degré de perfection, il leur faut trois qualitez, le poids, la teinture & la fixation. Il y a deux manieres d'examiner ces trois choses ; les unes communes, pour l'Or & l'Argent ; les autres particulieres, pour l'un d'eux.

Les examens communs sont l'œil, l'ignition, ou de le faire rougir, l'extension le burin, la fusion, le ciment.

L'œil connoît à quel titre est la teinture sur la Pierre-de-Touche. L'ignition n'est pas moins seure : car si en mettant la matiere au feu, il reste une tache noire sur la surface, c'est signe qu'il y a de l'alliage.

Le burin montre le même, si lorsqu'on le passe dessus le métal on le trouve trop dur, & que le fer n'y morde pas aisément : car alors il y a du mélange de quelqu'autre matiere.

Si la fusion est trop facile, c'est signe qu'il y a beaucoup d'autre métal imparfait : car de là s'est fait une espece de soûdure. Si au contraire elle est plus difficile que ne le requiert la nature du métal qu'on examine, cela signifie un assemblage de Mineraux vitrifiez. Si la teinture & la substance se diminuent, c'est une marque d'un œuvre sophistiqué.

L'extension sert encore à en juger. Si elle ne se peut faire, ou si en la faisant il se trouve quelque fente ou crevasse dans le métal, cela marque l'addition de quelque chose d'hetherogene, à sçavoir de Sels & de Mineraux friables, comme de l'Estain.

Enfin la coûpelle, si elle affoiblit le poids ou la teinture, c'est encore signe d'alteration, & d'alliage avec d'autres Métaux.

Les examens particuliers sur l'Or sont la Cementation Royale, la separation par les Eaux corrosives, l'épreuve par l'Antimoine, la solution par l'Eau regale, & la réduction en Corps aprés la solution.

Par la Cementation Royale on connoît s'il y a du verre, si aprés la Cementation plusieurs fois réiterée, il se trouve une notable diminution de la substance.

Par separation & par inquart, le défaut s'apperçoit, si la partie qui doit être fixe, se dissout avec l'Argent ; ou quand même elle ne se dissoudroit pas, s'il s'en sépare quelque chose en maniere d'Or ; ou si une couleur grise reste sur la partie d'Or ; ou qu'enfin tout ce qui n'est point dissout, soit gris & non noir, & que par ignition il ne prenne point la couleur jaune, qui est celle d'Or ; ou si les chaux réduites en Corps, ne peuvent souffrir sur la Pierre-de-Touche les Eaux corrosives.

Par purgation d'Antimoine, si après que tout l'Antimoine s'est exhalé à force de feu, il s'est fait perte ou diminution de substance ou de teinture.

Par solution, si elle est trop difficile. Car c'est chose merveilleuse que l'Eauforte, qui dissout l'Argent & non l'Or : quand on l'a faite Eau-regale, elle dissout alors l'Or & non l'Argent. Si donc l'Eau-regale a peine à venir à bout de dissoudre l'Or, c'est marque qu'il y a mixtion d'Argent qui n'a pas été converti en Or, ou du moins c'est signe de Corps vitrifiez. Enfin si les Eaux ne sont pas jaunes après la dissolution, c'est un méchant indice.

Par réduction de la chaux d'Or en Corps : car si elle ne s'y peut réduire, ou qu'une grande partie se vitrifie, c'est marque qu'il y a beaucoup de Sels & de

Minéraux hetherogenes qui se sont conservez : dites le même, si la teinture souffre quelque déchet en cette opération. Voilà par où l'on peut éprouver l'Or.

Pour l'Argent, voici quelles sont ses épreuves. Aprés la coûpelle, il y a l'aspect de sa chaux, aprés qu'il a été dissout par l'Eau-forte ; la separation de cette chaux par des lames de Cuivre ; & enfin la réduction de cette chaux en Corps.

Par solution, on connoît qu'il y a des matieres vitrifiées, si aprés la dissolution l'Eau ne prend pas la couleur céleste ; ou bien qu'il y a mélange d'autres Métaux, si la solution s'en fait trop aisément.

Par separation de la chaux, & son extraction de l'Eau-forte, en y mettant des lames de Cuivre. Car si les parties dissoutes s'attachent à ces lames, il y a de la sophistication, parce que l'Argent veritable ne le fait pas.

Or toutes ces épreuves & tous ces examens, c'est-à-dire, la résolution en chaux, la separation & la réduction, tant de l'Or, que de l'Argent, sont particulierement necessaires à sçavoir ; & cependant ignorez par la plûpart des Examinateurs, & ne sont point en usage. Disons un mot de l'ordre qu'on y doit garder.

L'ordre des examens est de trois sortes, à sçavoir le direct, le retrograde, & l'oblique.

Le direct suit exactement l'arrangement des opérations que nous avons gardé, en faisant ci-dessus le Catalogue des épreuves, tant dans les examens communs, que dans les particuliers. Et si le métal les endure toutes, sans doute il sera bon, & rien n'y manquera. Que s'il n'en souffre pas quelques-unes, ce sera ou des premieres épreuves, ou de celles du milieu, ou des dernieres.

Si le métal refuse quelques-unes de ses premieres épreuves, ou de celles du milieu, que j'ai nommé *communes* ; c'est une marque infaillible de sophistication. S'il s'affoiblit dans les dernieres, il ne laissera pas pour cela d'avoir quelque fixation, & autant qu'il en faut pour les ouvrages d'Orfévrerie.

Je dis ces choses, supposé néanmoins qu'on ne se soit pas contenté d'avoir fait une fois ces épreuves, mais qu'on les ait repetées trois ou quatre fois, & dans le même ordre : parce que (comme je l'ai déja marqué) les Corps vitrifiez mêlez dans les Métaux, les peuvent défendre dans les premiers examens : mais si on les réitere, à la fin ils s'en vont, & laissent le métal pur tel qu'il est. Que s'ils ne s'exhalent pas, alors ce métal sera suffisamment fixé pour plusieurs ouvrages. Mais aprés tout, cette fixation ne sera ni naturelle, ni parfaite : d'où vient que ces Métaux ne vaudront rien pour la Medecine, n'ayans pas la veritable essence d'Or ou d'Argent.

L'ordre retrograde va plus viste que celui-ci. Il commence par les dernieres épreuves, sçavoir par la dissolution, la separation des chaux, & leur réduction en Corps : & si cela se fait bien, on n'a que faire de passer outre. Quand ces examens réüssissent, il faut assurément que le métal soit réel, parce qu'ils marquent qu'il en a les proprietez essentielles : mais s'ils ne réüssissent pas, il faut continuer les épreuves en remontant, selon le Catalogue allegué ci-dessus ; & si quelqu'une manque, c'est un méchant signe. Si toutes sont heureusement terminées, il y a assez de fixation, du moins pour en fabriquer les choses ordinaires : sur tout si aprés avoir épuisé cét ordre rétrograde, on reprend le direct, & qu'il réüssisse.

L'ordre oblique commence par les épreuves mises dans mon Catalogue au milieu : & il procede, ou bien en descendant jusqu'aux dernieres, ou bien en remontant aux premieres. Si aprés les avoir enduré toutes & plus d'une fois, rien ne se dément, tout va bien : mais si la chose ne réüssit qu'à demi, sur tout en retrogradant, il ne faut pas trop s'assurer sur ces examens ; car plusieurs sophistications endurent toutes les épreuves, quand on ne les fait pas d'ordre : ce qui ne seroit pas, si on y procedoit directement. Adieu. A Bruxelles, le le 12e Octobre 1646.

---

## LETTRE XXXVIII.

*Précautions qu'il faut observer en purifiant l'Or.*

M ONSIEUR,

Je viens de vous expliquer toutes les

manieres d'examiner les Métaux ; mais j'y vais cependant encore ajoûter quelque chose, de peur que vous ne vous y trompiez, & que vous ne rejettiez de l'Or qui sera bon, lorsque vous verrez quelquefois qu'en passant par l'Antimoine, il perd un peu de son poids.

Vous sçaurez donc que le meilleur Or examiné par l'Antimoine, se diminuë un peu : mais cela ne vient pas de ce qu'il se volatise avec le Mercure d'Antimoine, mais plûtôt parce qu'il s'en mêle toûjours tant soit peu avec les feces de ce Mineral, & qu'il n'est pas si facile de l'en separer.

En effet, si l'on s'y prend par le feu, il faut sublimer à force de soufflets tout l'Antimoine, & le faire passer par divers creusets; ce qui n'est pas fort aisé. Mais si lorsque d'abord vous broyez vôtre Antimoine à dessein d'en purger l'Or, vous y joignez la huitiéme partie de Tartre crud, & que vous le mêliez bien avec vôtre Antimoine, il n'y aura aucun déchet dans l'Or & l'opération même en deviendra beaucoup plus aisée : Car le Tartre precipite toute la substance de l'Or ; de sorte qu'il n'en demeure pas la moindre petite partie dans l'Antimoine.

Or quant à ce qui regarde la manipulation, ou la methode particuliere de faire ces examens sur l'Or, vous la trouverez dans tous les Livres ; & si quelque chose y manque, les Orfévres vous l'apprendront. En effet, la connoissance de ces choses dépend plus d'une longue habitude, que de beaucoup de préceptes : outre que la gravité Philosophique ne permet pas de descendre à ces sortes de détails, & que même la brieveté de mes Lettres ne me donne pas aussi le loisir de le faire.

Voilà donc un abregé fidele & exact que nous vous avons promis de toute la Science Hermetique, à l'aide duquel, quand il vous plaira, vous pourrez avec succés mettre la main à l'œuvre.

Mais si en travaillant, selon nos instructions, tout ne réüssit pas d'abord ; ne vous désistez pas de vôtre entreprise, & ne dites pas que la Science est fausse: mais ayez recours à la Theorie ; relisez les Lettres qui expliquent toute la Genese ; & tâchez par elles d'entendre tout ce que vous n'entendez pas dans la Pratique, ayant toûjours dans l'esprit cette verité que souvent je vous ai repetée, sçavoir que l'Art en perfectionnant la

Nature, doit l'imiter; & que la Nature elle-même a pour modele la Creation: Et qu'ainsi il y a autant d'actions dans l'un que dans l'autre, à la reserve de quelques-unes, dont j'ai fait mention au même endroit.

Que si vous n'entendez pas toute la suite de ces actions, lisez le Texte-même de Moïse, & la maniere dont il explique la Creation du Monde; relisez-la, & meditez dessus: enfin appliquez-vous tous les jours de la premiere semaine à nôtre œuvre. Car vous y trouverez nôtre Pratique entierement décrite, le Saint Esprit ayant ainsi tout dicté en nombre, ordre & maniere, conformes au nombre, ordre & maniere de nos operations, & comme par un miracle rien n'y ayant été obmis, rien ne s'y trouvant de transposé ou de confondu. J'ai bien voulu vous confier ce secret, & vous donner ce conseil, qui est le meilleur qu'on vous puisse donner sur ce sujet. Adieu. A Bruxelles, ce dix-huitiéme Octobre 1646.

## LETTRE XXXIX.

*Qu'il faut appliquer les Sentences des Philosophes à toute cette doctrine.*

MONSIEUR,

J'AVOIS dessein de m'arrêter un peu à vous expliquer les Philosophes, sur ce qui regarde la pratique de la Pierre, & d'appliquer tout ce qu'ils disent à nôtre procedé, afin qu'étant penetré déja de nos Principes par la lecture de nos Lettres, vous eussiez le plaisir d'en voir la conformité avec tous les bons Auteurs, en les lisant vous-même. Car je m'assure qu'ils ne different de nous que dans les mots, & dans la maniere de s'exprimer.

Mais parce que vous me marquez être occupé par beaucoup d'affaires, tant publiques, que particulieres, & que cette Etude demande un esprit dégagé de tout embarras ; je me contenterai de
vous

vous prescrire certaines regles courtes, & en petit nombre, qui vous serviront pour entendre tous les Livres, & même le nôtre de *la nouvelle Lumiere Chymique*. Mais il faut auparavant vous donner un petit avis, sans lequel l'interpretation des Allegories ne vous paroîtroit pas veritable, quoi qu'elle le fût en effet.

Il faut donc remarquer en premier lieu, que tous les Auteurs fideles, quoi qu'ils ayent vêcu dans des siécles fort éloignez les uns des autres, ont pourtant tous conspiré en ce point, qui a été d'insinuer à ceux qui liroient leurs ouvrages, que la parfaite connoissance de la Science Chymique dont ils apprenoient la methode à la posterité, ne se pouvoit obtenir sans le secours du Ciel, & qu'il la faloit demander à Dieu par d'ardentes prieres. Car sans une grace particuliere on ne la peut posseder : Et quand on l'auroit même acquise, on ne l'exercera jamais avec succés, quelque adroit & habile que l'on soit, si Dieu ne nous aide.

Voilà ce que les Philosophes ont eu en but de faire connoître. Et ainsi pour ne faire point tomber en des mains avares, ou à des personnes capables d'en mal user la connoissance d'un si bel Art, ils ont pris la resolution de le cacher en mille manieres, par des Enigmes & des Allegories ; afin que ceux pour qui il n'étoit pas destiné, en fussent détournez par la difficulté d'y arriver.

Dans cette veuë les premiers Auteurs, en laissant quelque chose à la posterité, en ont passé beaucoup d'autres sous silence. Ceux qui sont venus aprés, ont suppléé ce qui manquoit : mais exprés, ils n'ont pas mis ce qui avoit déja été expliqué par les autres. Loin de donner cette clarté à la matiere, ils ont imaginé des fables ; ont fait des emblêmes : en un mot, ils ont tendu mille pieges. Mais comme ils n'avoient tous qu'un même but & une même fin en se cachant & déguisant de la sorte ; aussi les moyens generaux qu'ils ont employé, ont été uniformes, & se rapportent à trois chefs, dont je parlerai dans la suite. Adieu. A Bruxelles, le 24e Octobre 1646.

# LETTRE XL.

*Avis generaux sur la maniere avec laquelle les Philosophes ont déguisé leur Science.*

MONSIEUR,

La premiere maniere par laquelle les Philosophes se sont déguisez, ç'a été non seulement de diviser une même chose en plusieurs lieux de leurs Ecrits, mais même de les remplir d'oppositions apparentes, pour ne pas dire de formelles contradictions : de sorte qu'un endroit nie ce que l'autre affirme. Ce n'est pas qu'ils n'ayent laissé entrevoir le secret de les concilier, & avec eux-mêmes, & avec les autres : mais c'est chose néanmoins si difficile à appercevoir, qu'on diroit qu'une mer entiere de confusion & d'obscurité nous la couvre.

La seconde, souvent dans un même lieu ils expriment une ou plusieurs choses : ou s'ils les distinguent en differens endroits, ils les confondent par des termes signifians le même : principalement quand ils traitent de la preparation du Mercure ou du Magistere, ou de sa fermentation, ou de sa détermination specifique pour la Nature métallique. Car quoi que les choses different entierement, ils les font pourtant si semblables que des propositions unies, & qui semblent dans cette union faire un bon sens, doivent neanmoins être entenduës separément, & ne signifient rien de vrai que lorsqu'ils les joignent ou par l'affinité des matieres, ou par l'analogie, & autres rapports de nom & de signification.

La troisiéme, c'est en affectant de renverser & transposer l'ordre, sur tout quand ils parlent de leur sujet & de sa preparation. Car ce qu'on traiteroit par un ordre suivi, quoi qu'avec obscurité, seroit pourtant à la fin dévelopé par des Esprits subtils, quand même les plus grossiers n'y comprendroient rien : Ce qui leur a fait juger à propos de commencer quelquefois par la fin, autrefois par le milieu, & d'autrefois renversant tout à dessein.

Ces trois choses ont été observées tres-exactement par les Auteurs, & par nous-mêmes dans nôtre nouvelle Lumiere Chymique, & dans les Traitez qui y sont joints ; à sçavoir, dans les Dialogues du Soûfre & du Mercure. Mais je n'en ai pas usé de même dans ces Lettres, dans lesquelles quoi que touchant la preparation du Mercure j'aye mis en racourci quelques operations sous des termes generiques, de peur que ces Lettres ne vinssent à être interceptées, je les avois pourtant décrites assez amplement dans nos Lettres sur la Theorie : & d'ailleurs, je n'ai rien obmis ni transposé.

C'est pourquoi si vous voulez comprendre entierement ma pensée & celle des Auteurs, dévelloper sans erreur les lieux obscurs, éviter les écueils, concilier les passages qui semblent se contredire, & enfin distinguer les choses confuses ; il est necessaire que vous vous mettiez fortement dans l'esprit les choses susdites. Concevez de plus cette verité, qu'on n'a pas encore enseignée nettement & sans voile, qu'il y a deux parties generales de la Pierre : La premiere, c'est l'exaltation du Mercure des Philosophes ; & la seconde, sa fermentation minerale, ou sa specification.

Cette distinction est la clef du temple de la Sagesse Chymique, & des mysteres de l'Art. Enfin il faut se souvenir de comparer un lieu avec un autre, les sujets avec les sujets, les sentences avec les sentences ; & d'en conclure ce que l'on pourra. Adieu. A Bruxelles, le 30e Octobre 1646.

## LETTRE XLI.

*Diversité de sentimens des Auteurs touchant la matiere de la Pierre.*

MONSIEUR,

APRE´S l'avertissement general touchant la lecture & l'intelligence des Auteurs, il en faut venir au particulier : non que je pretende ici parcourir tous les lieux, & concilier toutes les oppositions qui se trouvent dans la seconde partie, sur tout de la Chrysopée particuliere, sur laquelle vous me questionnez. Mais au moins j'en épuiserai quelques-uns, & ceux ausquels, tant dans nos Ecrits, que dans ceux des autres, le reste se rapporte.

Toutes les contradictions apparentes de nos Ecrits & des Auteurs, se rapportent ou bien aux choses signifiées par les termes, ou aux termes signifians les choses.

Ce qui concerne les choses, se réduit à deux chefs, à la nature, & à la maniere d'agir. Le premier se peut subdiviser en deux articles, selon les deux difficultez qui s'y rencontrent : l'un, demande combien il entre de matiere dans la Pierre : l'autre, quelle est la matiere qui y entre.

Quant au premier article, les uns disent que cette matiere n'est qu'une unique chose : ou bien s'il y en a plusieurs, qu'elles ne sont que comme les parties d'un même suppost, d'un même mixte, entant que mixte ; & que ces parties sont trois, le Sel, le Soûfre & le Mercure, qui tous trois ne font qu'un Tout physique, en quelque Corps qu'on les considere.

Le fondement de cette assertion, est ce que nous avons dit quelque part dans nos Ouvrages, aprés plusieurs Maîtres, qu'une seule chose suffit pour accomplir le Magistere ; & que cependant pour abreger, on en peut employer deux d'une même racine. Laquelle maniere d'abreger les Modernes pretendent être une nouvelle invention, qui passe l'experience des Anciens, & qui n'est pas necessaire pour la confection de la Pierre.

Les autres au contraire veulent des choses diverses, & des matieres partielles, que les Philosophes Naturalistes désignent sous le nom & description de *Soûfre vif*, & de *Mercure vif* ; & autres noms encore, comme de *Soleil vif*, de *Lune vive*, de *mâle* & de *femelle*, de *Gabricius* & de *Beya*, qui signifient quelque diversité de nature & difference de proprietez, & à même tems distinction de supposts : & par consequent pluralité de choses, qui s'arrête cependant dans le nombre binaire, quoi que quelquesuns des plus nouveaux ajoûtent un troisiéme, qui est le *Sel*.

Enfin d'autres ne se contentent pas de deux choses, mais ils admettent tous les sept Métaux : parce que, disent-ils, la Pierre est un genre universel. Or une nature universelle est telle, qu'elle doit renfermer en soi toutes les especes qui lui sont soûmises.

Nous

Nous avons parû être de ce sentiment dans nôtre *nouvelle Lumiere Chymique*, en parlant de l'Harmonie des sept Planettes & des Métaux. Et à cette opinion s'en peut joindre une autre qui lui est assez semblable, qui demande trois substances, de diverse forme substantielle & de differente famille des Mixtes, pour la même raison que celle qu'on apporte pour les sept Métaux. Ajoûtez que la Pierre convient également aux trois familles des Mixtes inferieurs, tant en leurs especes, qu'en leurs individus, & qu'elle s'y joint avec une espece d'amitié, comme leur étant utile, pour leur production, conservation & reparation : ce qui ne semble se pouvoir faire, si la Pierre n'est faite de ces trois natures. Ce sont là les objections touchant la matiere de la Pierre, qui faisoit le premier Chapitre. La Lettre suivante en donnera l'éclaircissement. Adieu. A Bruxelles, le sixiéme Novembre 1646.

## LETTRE XLII.

*En quel sens les Philosophes ont dit, que leur matiere n'étoit composée que d'une chose, & qu'elle l'étoit aussi de plusieurs.*

MONSIEUR,

L'UNE & l'autre opinion rapportée dans la Lettre precedente, est veritable, chacune a sa maniere, & si on les entend avec distinction.

La premiere est vraye, si nous la rapportons à la production primitive ; c'est-à-dire, à la fermentation de nôtre Mercure vif, & sa conversion en semence de nature primitive, par l'action de la semence primitive même, selon les manieres que nous avons amplement déduites ailleurs : Laquelle production se peut faire non seulement dans les entrailles de la Terre, mais aussi dans un Vase artificiel ; & il n'y est pas besoin d'autre chose, que de l'Esprit Universel susdit, ou nôtre Mercure vif.

Car il n'est pas possible que ce Mercure par tant d'ascensions & de descensions, par lesquelles il est meu & agité par l'Archée, depuis les choses plus basses jusqu'aux superieures, & depuis les superieures jusqu'aux inferieures, comme par autant de distillations, rectifications & sublimations, ne se soit preparé, & ne soit devenu assez puissant pour tirer par la vertu magnetique du fonds des semences primitives, celles d'Or ou d'Argent, avec lesquelles ensuite il peut s'assimiler, & devenir métallique.

En effet, cette Pierre métallique n'est rien autre chose que la semence de l'Or ou de l'Argent, dans l'espece desquels elle a été réduite par cette assimilation: mais cela n'arrive qu'en un tres-long tems, tant à cause de la foiblesse de l'action de l'Archée, qui est le premier moteur de tout, qu'à cause de celle de la faculté fermentative qu'ont les semences primitives. Voilà donc un premier sens dans lequel la premiere opinion se trouve vraye.

Que si on la rapporte à cette production qui est l'ouvrage de l'Art, & qui se fait par la vertu des semences particulieres, ( production au reste beaucoup plus prompte & efficace que la precedente ) en ce cas elle sera fausse, parce que les semences de l'Or ou de l'Argent se doivent prendre de l'Or ou de l'Argent, & il les faut imprimer dans le susdit Mercure, comme je ne l'ai déja que trop prouvé. Or cela supposé, il faut pour faire l'œuvre deux substances, sçavoir le sperme ou le Vitriol de l'Or, qui contient les semences particulieres de ce métal ; & de plus, nôtre Esprit Universel, qui doit être assimilé & converti en semence particuliere d'Or ou d'Argent pour la composition de la Pierre métallique, ou pour être specifié dans l'ordre métallique, selon la fin & le terme premier de la multiplication expliqué ailleurs.

Ces deux substances n'ont qu'une même racine : ce qui ne se doit pas entendre, en disant que c'est qu'elles n'ont que le rapport de substances incomplettes à un Tout Physique, dont elles sont parties, comme l'expliquent sottement ceux qui pour avoir une pluralité de choses, ont recours à la distinction & separation du Mercure, du Sel, & du

Soûfre dans un seul Corps & une substance complette ; par exemple, dans l'Or ou l'Argent. Car ce rapport ne marqueroit que l'état d'un Corps tronqué & divisé, & non pas l'identité de deux diverses choses. Mais on doit faire entendre comme cela est, en disant que nos deux substances sont bien à la verité substances complettes, distinctes, & indépendantes l'une de l'autre ; mais pourtant qu'elles conviennent en l'homogeneïté de Principe expliqué ci-dessus : laquelle homogeneïté compose avec elle unité d'origine & de racine, mais non pas unité ou identité de racine ou de tronc.

Et c'est ici une distinction à laquelle on doit bien prendre garde ; car ces deux unitez ou identitez sont entierement differentes, comme on le voit dans l'Arbre & dans son fruit, & dans l'écorce du tronc de cét Arbre & la moëlle de ce tronc. Dans ces deux exemples il y a identité d'origine, mais non pas ressemblance d'identité : Car les deux premiers ont un être complet, distingué & different ; cependant le tronc de cét Arbre & son fruit n'ont qu'une même racine, ou qu'un même Principe, tant actif, que paſſif, qui eſt la ſemence capable de produire telle eſpete. Au contraire les deux ſeconds, ſçavoir l'écorce & la moëlle de ce même tronc, quoi qu'ils ayent un être diſtingué, il n'eſt pas cependant complet, mais incomplet, parce qu'ils ſont les parties d'un être qui ne paroît qu'un Tout, & qui n'a qu'une ſubſiſtance, à ſçavoir du tronc. Tout ceci eſt un peu obſcur, donnons-y quelque éclairciſſement.

La premiere ſentence donc ſe peut entendre de la premiere partie de la Pierre, ou du Magiſtere; ou bien de la ſeconde partie, ou de la ſpecification. Si elle s'entend du Magiſtere, elle eſt fauſſe, parce que dans cette premiere partie de la Pierre, il n'eſt requis autre choſe que nôtre Eſprit Univerſel. Et effet, le Magiſtere n'eſt rien qu'une juſte cuiſſon de la ſubſtance dudit Eſprit Univerſel, ſelon trois differens degrez de temperie, la mercuriale, la ſulfurée, & la ſaline. Et dans ce ſel, ſe termine l'exaltation du Mercure univerſel à ſon ſouverain degré: Elle eſt l'accompliſſement du Magiſtere, à l'imitation de la cuiſſon du même Mercure, avant que dans le fonds de la Terre il eût été déterminé à l'eſpece métallique, par exemple, par les semences primitives.

Mais si cette premiere sentence s'entend de la seconde partie de la Pierre, ou de la détermination specifique dudit Magistere à la Nature, par exemple, du Soleil ou de la Lune ; alors il faut subdistinguer. Car ou bien il sera question de celle qui demande un tres-long espace de tems, & qui n'arrive même que rarement, sans aucun secours ni union de matiere exterieure, mais par la seule énergie des semences primitives, & en petite quantité, lesquelles ledit Esprit Universel renferme en soi : ce qui fait sa Nature hermaphrodite. Dans cette specification ces semences font la fonction du mâle, & l'Esprit Universel fait celle de la femelle.

Ou bien il sera question de cette specification qui se fait par l'union intrinseque & l'adjonction des semences, soit primitives dans les entrailles de la Terre, soit particulieres dans le Vase de l'Artiste. Dans l'un & l'autre sens l'opinion susdite est fausse : car la semence qui détermine à une espece, & la matiere qui est déterminée à cette espece, sont deux choses distinguées réellement. Je dis plus même, elles sont deux substances complettes & homogenes, mais d'une homogeneïté de Principe principiant ; & par consequent d'une seule racine. Ce qui est la même chose chez les veritables Philosophes.

Mais direz-vous en vous-même, tous les Mixtes, quelque diversité d'espece & de nature qu'ils ayent entr'eux, ont cette homogeneïté de Principe, parce que la matiere qui sert de sujet à leur forme, est (selon la doctrine precedente) homogene avec ledit Esprit Universel : donc ils sont d'une seule & même racine. Et par consequent la matiere du premier venu, peut être prise sans choix pour la matiere de l'autre.

Que si cela a lieu dans les Mixtes differens en espece & en nombre, à plus forte raison l'aura-t-il dans les parties naturelles d'un même Mixte, composé de Mercure, Soûfre & Sel, parce que ces trois parties n'ont qu'un même Principe naturel en nombre & en espece avec leur Tout. Et certes, cette objection est si pressante, qu'à peine en trouverez-vous la solution en aucun endroit : puisqu'elle est ici nettement exprimée, je vas y répondre.

Pour décider donc là-dessus, il faut remarquer que trois conditions sont requises, afin que dans la pensée des Philosophes, une chose soit dite homogene à une autre d'une homogeneïté de Principe.

La premiere condition, c'est que l'une & l'autre de ces choses soit complette en son être : de sorte que l'une ne soit pas avec l'autre comme partie d'un même Tout.

La seconde, que de ces substances l'une so t en qualité de Mixte plus simple, & l'autre plus composée d'un degré au moins que sa compagne. Nous avons parlé de ces choses dans nôtre Theorie.

La troisiéme, que celle qui est la moins composée, soit indifferente à recevoir toutes les formes, & qu'elle puisse même outre la forme qu'elle a, prendre en elle la forme qu'a cette autre partie plus composée qu'elle.

Outre cela, il faut encore remarquer que le nom de Racine est équivoque, & qu'il se prend en trois manieres. En premier lieu, proprement, pour le Principe materiel de toutes choses : non pas que j'entende par là cette matiere chimerique & inconcevable que l'Ecole a faussement imaginée, mais nôtre Esprit Universel, qui n'est point encore déterminé à une espece particuliere de Mixtes inferieurs, & qui a pour lors toute la nature de substance complette. Ou si vous l'agréez mieux, j'entendrai par là les Principes principiez, mais alors fort peu composez, en remontant jusqu'aux plus simples Elemens, & même jusqu'à l'Eau primitive tirée du Cahos.

En second lieu, improprement, & seulement par analogie au sens precedent; & alors le mot de Racine se prend pour la partie principale d'un être vivant, laquelle reçoit d'abord la nourriture, & qui ensuite la communique & la distribuë aux autres parties en gros ou en détail.

Enfin, plus improprement encore. Ce mot se prend pour le tronc, par rapport aux parties qu'on en auroit coûpées & separées; c'est-à-dire, pour quelque suppost total que ce soit, & pour quelque substance complette, à l'égard de ses parties substantielles incomplettes.

Ces choses ainsi supposées, la réponse à l'objection est aisée. Car tous les Mixtes des trois Familles, de quelque espece qu'ils soient composez entr'eux, ont bien la premiere des susdites conditions, sçavoir d'être des substances complettes; mais les deux autres leur manquent: car ils sont dans le même degré de composition les uns que les autres dans la classe des Mixtes de l'ordre inferieur; c'est-à-dire, sous chaque espece particuliere de l'une ou l'autre des trois Familles. Et partant, quoi que les uns se pûssent changer dans les autres, comme il a été dit ailleurs, par l'odeur de la forme substantielle; cependant ils ne peuvent acquerir une forme nouvelle plus simple, & superieure d'un degré. Que si le Sel, le Soûfre & le Mercure d'un Mixte se pouvoient separer, (ce que je nie) ils ne seroient pas alors substances complettes, parce que ce ne seroit toûjours au plus que des parties à l'égard de leur Tout.

Tous ces Mixtes donc de differente espece, ne sont pas d'une même racine, parce qu'ils ne sont pas homogenes de l'homogeneïté de Principe, les conditions essentielles leur manquant pour cela. Les trois Principes non plus d'un même Mixte, Sel, Soûfre & Mercure, ne sont pas d'une même racine pour la même raison, quoi qu'ils soient d'un même tronc; & tout ceci quadre avec les axiomes Philosophiques.

Pour la seconde des trois opinions que nous avons rapportée, sur le nombre des matieres de l'œuvre, on la peut entendre, & en voir le vrai & le faux par l'explication de la premiere. Il nous reste à parler de la troisiéme. Si on la rapporte à la prochaine capacité qu'a nôtre Esprit Universel de recevoir toutes les formes, & à la disposition qu'il a en soi pour chacune d'elles, elle est tres-vraye : mais si on l'entend de leurs effets, je la soûtiens fausse.

La preuve dont on l'appuye, est mal prise de l'état metaphysique & des compositions mentales, pour l'appliquer aux productions physiques. Car aprés tout, ce n'est pas une suite que parce qu'il y a sept Métaux qui répondent aux sept Planettes, & ausquels la Cabale en a donné les noms, que ces sept Métaux entrent en la composition réelle de la Pierre, & en fassent la matiere : mais par là on veut exprimer, tantôt que les vertus & influences de ces sept Planettes ont été imprimées & exaltées même dans nôtre Esprit Universel, & tantôt qu'il y a divers degrez de cuisson, qui se succedent dans l'œuf Physique, & qui répondent aux qualitez & au temperament des sept Planettes, ou des sept Métaux. Adieu. A Bruxelles, le douziéme Novembre 1646.

## LETTRE XLIII.

*Differentes Opinions des Philosophes, touchant la partie active de la matiere.*

# Monsieur,

Le second article concerne la qualité de la matiere, & se divise en deux sections, selon la methode de l'article precedent, qui distribuë les expressions des Philosophes sur la matiere de la Pierre en deux classes.

Dans la premiere section nous parlerons des doutes qui naissent sur la matiere premiere, qui est l'active, ou celle qui a la force de s'assimiler le Mercure. Et dans la seconde, nous éclaircirons ce qui regarde la matiere seconde, qui est la passive, ou celle qui doit être renduë semblable. L'un & l'autre article comprendront derechef plusieurs petites parties. Les premieres, éclairciront ce qui regarde l'essence & la nature de la matiere ; & les secondes, ce qui regarde leurs proprietez.

Touchant donc la matiere premiere de la Pierre, sa nature & son essence, les uns asseurent que c'est l'Or ou la Lune vulgaires, tels qu'ils sortent de la Mine, & non sous une autre forme : En effet, plusieurs passages des Philosophes semblent prouver cette proposition.

Les autres demeurent d'accord qu'il y a quelqu'autre chose que l'Or ou l'Argent. Ils veulent bien à la verité que cette chose en ait la nature, mais virtuellement, & non pas réellement : ou du moins ce sera, disent-ils, quelque chose qui leur ressemblera, dont la Nature sera en partie la même avec l'Or & l'Argent, & en partie differente : comme par exemple, seroit l'Antimoine, le Vitriol, le Soûfre vulgaire, ou celui de quelque métal inferieur. Et cette opinion est fondée sur plusieurs authoritez formelles des Philosophes.

Enfin les autres prenans un milieu, asseurent que l'Or ou l'Argent, non pas virtuel & par analogie, mais mineral, vrai & propre, est la matiere de la Pierre, mais sous certaine forme physique & preparation non ordinaire, en vertu de laquelle il est appellé *l'Or vif*, ou *Lune vive*. Si bien qu'alors il n'est plus Or commun ou vulgaire, mais il paroît sous la forme de Mercure, de Sel ou de Soûfre, tiré de l'Or ou de l'Argent, ou de tous deux ensemble, ou même de quelqu'autre sujet.

Au reste, cette opinion ne manque pas d'authoritez des Philosophes qui la confirment ; & il y a même plusieurs Sentences prononcées par eux, & qui passent pour des Decrets des Sages, comme l'on verra dans la Lettre suivante. Adieu. A Bruxelles, le treiziéme Novembre 1646.

## LETTRE XLIV.

*Que ce n'est que l'Or & l'Argent du vulgaire, mais non dans l'état du vulgaire.*

MONSIEUR,

LA premiere & la derniere opinion sont veritables. Car comme je l'ai prouvé ailleurs assez au long, le ferment ou la matiere premiere de la Pierre ne peut être autre chose que le Vitriol, ou le sperme du Soleil & de la Lune. En effet, la semence particuliere de ces Métaux, se tire d'eux ; c'est une verité incontestable par tout ce que nous avons dit ci-dessus : mais pour la donner, ils doivent être réduits en sperme ; & ainsi ne plus paroître sous leur forme vulgaire, mais sous une artificielle, amie cependant de la Nature, & non violente. Or ils sont faits tels par le moyen d'un Dissolvant naturel, dans lequel l'Or & l'Argent se fondent comme la glace dans l'eau, qui lui est semblable en nature. Voilà ce que c'est que réduire le Soleil & la Lune à leur Principe & à leur matière premiere ; c'est-à-dire, les résoudre dans cette même Eau de laquelle ils ont été faits.

En effet, l'Or a été fait de cette Eau, par le moyen de laquelle il se dissout, & par laquelle on tire son Vitriol : mais étant en cét état, il ne peut retourner en Corps métallique ; c'est-à-dire, redevenir vulgaire qu'aprés l'accomplissement de l'ouvrage.

L'une & l'autre Sentence est donc vraye dans le sens qu'on la propose, sans distinction ni autre explication des passages des Auteurs ; car en ce point ils parlent tous clairement.

Pour l'autre opinion, elle est absolument fausse, si on l'entend de la premiere matiere active, ou du ferment ; & il ne faut pas avoir égard au textes des Philosophes que l'on cite là-dessus : car ils se doivent tous entendre de la seconde matiere, à sçavoir de l'Esprit Universel, ou de nôtre Mercure vif, qui à cause de l'homogeneïté de premier Principe qu'il a avec l'Or & l'Argent, est dit avec raison Or & Argent virtuel, & analogue.

Q

Que si les Philosophes dans ces endroits n'expriment pas bien juste ce qu'ils pensent touchant la seconde matiere, il ne faut pas blâmer pour cela nôtre solution : parce que, comme je l'ai remarqué ci-devant, les Philosophes exprés & à dessein, ont divisé une seule verité en plusieurs, & qui paroissent désunies, les ayant même répanduës dans des propositions mises en differens lieux. Et vous verrez qu'il n'y en a presqu'aucun d'eux qui parlant de la matiere analogue, n'infere à même tems des propositions obscures qui tombent sur l'Or mineral, ou qui n'en rappelle des descriptions faites ailleurs. Adieu. A Bruxelles, le 24ᵉ Novembre 1646.

## LETTRE XLV.

*Diversité de sentimens touchant la matiere seconde, & les moyens pour les concilier tous.*

# MONSIEUR,

IL n'y a que peu ou point du tout de diversité de sentimens dans les Auteurs, touchant les proprietez de la matiere premiere ; & s'il s'en trouve quelques-uns differens, la doctrine des Lettres precedentes les fait assez entendre. Parlons donc de la matiere seconde.

On ne trouve pas tant d'oppositions dans ce poinct que dans l'autre. Les uns sont pour le Mercure commun, ou vulgaire ; & cette opinion suivie de presque tous les Philosophes de ce siécle, est appuyée sur des argumens assez vraissemblables, & sur les aphorismes des Anciens. D'autres n'appróuvent pas le Mercure vulgaire ; mais ils veulent un Mercure métallique, ou de la même substance de laquelle est sortie la matiere premiere de l'Or ou de l'Argent : ou en un mot, celui de quelque substance métallique, comme du Plomb, & autres semblables.

Quelques-uns moins scrupuleux pretendent que tout Mercure est également bon, soit qu'il soit tiré des Mineraux, des Vegetaux, ou des Animaux, & que l'on peut employer ces Mercures dans l'œuvre, ou conjointement, ou l'un d'eux en particulier : parce qu'ils se fondent sur ce qu'on dit, que le Mercure des Philosophes est en toutes choses & en tous lieux. Enfin il s'en trouve qui ayant lû que la matiere est vile, connuë à tout le Monde, qu'elle se trouve par tout, qu'elle est commune à tous les Hommes, & que tout le Monde l'a devant les yeux, donnent un suffrage de mauvaise odeur, à des ordures & à des excremens.

Pour bien concilier toutes ces oppositions, il faut ici reveler un secret au sujet de la matiere seconde, lequel a été pardessus tous les autres caché & déguisé par les Philosophes. On sçaura donc que tous les bons Auteurs considerent & décrivent trois choses dans cette matiere.

Premierement, ils décrivent la seconde matiere même, ou la substance qui est la vraye matiere seconde de la Pierre, à sçavoir nôtre Esprit Universel, ou nôtre Mercure vif.

Secondement, ils décrivent le sujet dans lequel se trouve cette seconde matiere, ou le Corps d'où on la tire. Ce sujet est une certaine terre veritable & naturelle, qui ne differe point essentiellement de la terre élementaire, mais seulement accidentellement, à cause qu'elle a été un peu plus subtilisée & purifiée par l'Archée ; & cette terre s'appelle, *la Magnésie.*

Troisiémement, ils décrivent la maniere selon laquelle nôtre seconde matiere est dans sa terre. Elle y est ( disent-ils ) non comme une partie d'un Tout substantiel, ou comme étant une portion d'un Corps physique ; mais comme la chose contenuë dans celle qui la contient, ou comme une partie accidentelle d'un Tout par accident ; c'est-à-dire, d'un Tout composé de parties complettes chacune en elles-mêmes, dans lequel elles sont amassées les unes avec les autres, & confuses seulement localement. Ainsi, par exemple, l'eau qui est dans une éponge mouillée, n'est pas une partie substantielle de l'éponge, mais elle est une autre substance qui penetre l'éponge, & qui la remplit.

Or cette nature du sujet de la matiere seconde, & la façon dont elle existe dans lui, se prouve par cette experience que vous pouvez faire. Aprés la séparation qu'on a faite de cette matiere, la tête-morte est noire, qui est la couleur naturelle de la terre : outre cela, elle est seche & insipide, & il ne lui reste aucun sel. C'est-là une marque évidente que ce n'est pas un Mixte d'aucune des trois Familles : En effet, il n'y en a aucun qui aprés qu'on l'a distillé, ne laisse dans la tête-morte un sel.

Parce que les faux Philosophes ont ignoré ce secret, ils ont donné dans cent chimeres, ce qu'ils n'auroient pas fait s'ils n'avoient confondu ces trois choses, & s'ils n'avoient appliqué à une même chose ces descriptions qui tombent sur trois. Au contraire, si l'on s'efforce de penetrer ce mystere, toutes les oppositions même les plus fortes, s'accorderont aisément entr'elles, & la verité paroîtra aussi claire que la lumiere en plein midi, comme on le verra par la suivante.

Adieu. A Bruxelles, le trentiéme Novembre 1646.

---

## LETTRE XLVI.

*Que ce n'est pas le Mercure vulgaire.*

MONSIEUR,

LE secret contenu dans la Lettre precedente étant supposé, les oppositions qui se troûvent touchant la seconde matiere, peuvent être aisément dévelopées.

Pour donner donc à la premiere opinion un bon sens, il y a deux distinctions à faire. La premiere tombera sur le mot de *commun* : parce que si on l'applique à la substance même de la seconde matiere, à sçavoir nôtre Esprit Universel, & qu'on pretende alors le faire signifier ce qu'il signifie quand on le prend improprement, à sçavoir le Mercure vulgaire, & non pas quelque chose de rare; en ce sens tout est faux. Mais au contraire, si ce même mot se prend dans son sens naturel, entant qu'il signifie un rapport à diverses choses ; alors pourveu qu'on le fasse tomber sur le sujet même de la seconde matiere, tout est vrai.

En effet, nôtre Mercure ou l'Esprit Universel, est le commun Principe de toutes choses, puisque l'on ne peut montrer aucun Mixte des trois Familles auquel il n'ait cette espece de rapport : Et d'ailleurs, il n'y a point autre chose dans la Nature qui ait ce rapport aux Mixtes, comme étant un de leurs Principes, que celui-ci.

Que si le même mot pris ou proprement, ou improprement, s'entend du sujet dans lequel est la seconde matiere, & de la maniere dont elle y est ; il est constant que la proposition sera fausse : car le Mercure vulgaire n'a pas précisément l'essence que doit avoir ledit sujet; & il n'y a rien dans ce Mercure qui ne soit une de ses parties substantielles. Car le Sel, Soûfre & Mercure, qui sont dans lui, (s'il y en a encore) y ont perdu leur totalité, & l'être complet qu'ils avoient; & ils ne peuvent remonter à cette simplicité, comme on l'a assez prouvé en traitant de la *Ressimplification des choses*, que

que nous avons montrée impossible, & de laquelle il faut raisonner de la même maniere, que de la restitution des parties du Composé à leur premiere totalité, & à la formation d'un être complet.

On peut en second lieu distinguer la même opinion par la distinction expliquée ci-dessus, sçavoir de puissance passive & d'acte, dont nous avons parlé dans les articles precedens à l'occasion d'une autre matiere. Car si alors on entend parler du Mercure vulgaire en puissance; c'est-à-dire, si l'on prétend que nôtre matiere est le Mercure vulgaire en puissance, comme ayant des dispositions qui ne sont pas trop éloignées pour recevoir & la forme & la vertu du Mercure vulgaire; alors on dit vrai, quand on asseure que nôtre matiere est le Mercure vulgaire: Et cette maniere de parler n'est pas extraordinaire. Car c'est ainsi qu'on dit tous les jours, que le froment est la nourriture de l'Homme, quoi que pourtant l'Homme n'en vive pas, mais bien du pain qui se fait de la semence de cette herbe; & ainsi des autres choses. Mais si l'on prétend que ce sujet soit le Mercure vulgaire même, on se trompe: Et si l'on prétend aussi désigner le sujet

R.

de ladite matiere seconde, ou bien le Corps d'où il est tiré, ou la maniere dont elle est dans ce sujet ; cette opinion ne peut encore être vraye, par les mêmes raisons apportées ci-dessus. Adieu. A Bruxelles, le sixiéme Decembre 1646.

---

## LETTRE XLVII.

*Suite du même Sujet.*

MONSIEUR,

Pour la seconde opinion, soit qu'on l'entende de la matiere seconde même, ou de son sujet, ou de la maniere dont elle y est, elle est fausse. Les authoritez qu'on cite se doivent expliquer de la matiere premiere, sçavoir du Vitriol de l'Or & de l'Argent. Ce Vitriol est veritablement un Mercure métallique, mais cuit en métal : d'où il ne peut retourner à sa premiere simplicité, comme il a été dit tant de fois : Et cette maniere de parler n'est pas encore extraordinaire. Car le pain de froment s'appelle quelquefois du froment : & en effet c'est du froment, mais sous une forme nouvelle, & cuit ; de sorte qu'il ne peut redevenir ce qu'il étoit auparavant, & servir aux mêmes usages auxquels il servoit. Le pain pour peu qu'il soit alteré, ne peut derechef reprendre les qualitez du froment ou de la farine dont il a été fait, pour de nouveau en faire du pain ; c'est-à-dire, pour en refaire du pain. Cependant du froment qui n'est pas encore tout-à-fait devenu pain, mais qui est seulement pâte & levain, peut servir à fermenter du froment qui n'est pas encore levain, mais seulement pâte. Le même se trouve à proportion dans les Métaux, pour la même cause & raison que dessus, quoi qu'avec un peu de diversité quant à l'acte de la fermentation.

La troisiéme opinion qui soûtient que la partie mercurielle de quelque Mixte que ce soit est nôtre Mercure, est évidemment fausse, si on l'entend ou de la substance de la matiere seconde, ou de son sujet, ou de la maniere dont elle se trouve dans ce sujet : Et la raison de cette opinion se doit distinguer. Car s'il s'agit du lieu où se trouve le Mercure ou Esprit Universel, il est certain qu'il est par tout, mais principalement avec l'Air, lequel remplit toutes les parties du Monde ; & qui non seulement résiste par tout au vuide, mais qui pénétre même les autres Elemens, & les Corps qui y entre par leurs pores : Ainsi cette raison loin de faire contre nous, établit nôtre opinion par un argument invincible ; car cette qualité est une espece d'immensité, qui ne peut convenir à aucune autre chose dans le Monde materiel, qu'à nôtre Mercure & à nôtre Esprit Universel. Mais s'il s'agit de son existence propre & substantielle dans tous les Mixtes, comme si l'on prétendoit qu'il y fût en forme de partie substantielle, je subdistingue encore. Car si c'est à dire qu'il soit actué en chaque chose, & qu'il soit réduit à un nouveau degré de composition de sa forme substantielle, outre celui qu'il avoit auparavant, cela est vrai ; mais en cét état il ne peut être d'aucun usage pour faire la Pierre, ni être mis pour la matiere seconde, comme nous l'avons assez prouvé ci-dessus, puisqu'il faudroit pour cela qu'il fût *ressimplifié*. Ce qui est impossible & contre sa nature. D'ailleurs, il est absolument faux qu'il soit dans les choses susdites assez simple pour être la matiere seconde de la Pierre, autrement la partie seroit plus grande & plus étendue que son Tout.

Si les Auteurs semblent insinuer cela par des paroles expresses, il ne faut pas interpreter leur pensée à la lettre, mais selon la susdite exposition. Car jamais ils n'ont voulu enseigner que la seconde matiere de la Pierre fût tellement en toutes choses, qu'on l'en pût tirer : mais seulement ils ont prétendu que cette même chose qui est actuée & déterminée en toutes choses, devoit être cherchée dans l'état de simplicité qu'elle avoit, avant qu'elle reçût cette détermination en chaque Mixte, & qu'elle a encore tous les jours, avant qu'elle ait été coagulée en un Mixte, par l'action des semences primitives ou particulieres. Adieu. A Bruxelles, le 12e Decembre 1646.

## LETTRE XLVIII.

*Qualitez de la matière seconde.*

MONSIEUR,

Il y a bien des oppositions touchant les proprietez de la matiere seconde, & les qualitez qui suivent de son essence. Car les uns veulent qu'elle soit d'une consistence tout-à-fait liquide & fluide ; les autres n'y demandent pas tant de liquidité, mais un peu de solidité. Il y en a qui disent qu'elle est diaphane : d'autres au contraire la disent opaque. Ceux-ci la font d'une couleur celeste ; & ceux-là d'une couleur blanche. Les uns recommandent qu'elle ait de la saveur & un goût aigu ; les autres qu'elle soit douce & agreable : D'autres lui attribuent l'humidité ; d'autres la sécheresse. Les uns asseurent qu'elle a une teinture dorée & rouge interieurement; & d'autres le nient. Enfin il y en a qui choisissent la plus vieille ; & d'autres au contraire préférent la nouvelle.

Toutes ces diversitez sont aisées à concilier par tout ce que nous avons dit ailleurs. Car s'il est question de la substance même de la matiere seconde, elle est liquide & fluide, lorsqu'elle commence un peu à se condenser : Elle est diaphane & de couleur céleste, non pas bleuë pourtant, mais fort claire. On y voit mille couleurs, comme celles de l'Arc-en-Ciel. Elle est humide au souverain degré ; parce qu'elle est pleine d'air congelé, & qu'elle est par tout répanduë dans le sphére de l'Air. D'où vient que tandis qu'elle demeure dans son état de rarefaction, elle ne moüille point les mains. Elle a une teinture abondante, laquelle peu de jours aprés qu'on l'a séparée de son sujet, prend la couleur jaune, comme d'un Or dissout : mais cette teinture-là s'exalte, & devient tres-rouge en passant par les autres couleurs moyennes. On doit choisir la plus vieille, c'est-à-dire qui soit tirée de cette substance mercurielle ou Esprit Universel, lequel aprés plusieurs distillations & cohobations naturelles, a changé les qualitez d'humidité & de froideur, en celles d'humidité & de chaleur : & on ne la trouve telle nulle part que dans nôtre sujet, duquel quand elle a été séparée, elle devient très-amere : signe indubitable de sa chaleur.

Mais si presentement on parle du sujet de la seconde matiere, les qualitez qu'il a, sont contraires à celles que je viens de rapporter : Car il est épais, opaque, un peu dur, blanc, doux, d'odeur agreable, & très-sec, parce qu'essentiellement c'est une terre. Le nouveau est préférable au vieux, parce que la matiere, à la longueur du tems, perd son Esprit Universel.

Il reste encore quelques qualitez qui semblent contraires, & qui ont été attribuées par les Auteurs à nôtre seconde matiére. Mais j'aurai lieu d'en parler, en traitant des Termes, où l'on expliquera les descriptions rapportées sur ce sujet. Adieu. A Bruxelles, le dix-huitiéme Decembre 1646.

## LETTRE XLIX.

*Source des contrarietez qui se trouvent dans les Auteurs, touchant la Pratique.*

MONSIEUR,

EN second lieu, nous traiterons de la maniere d'operer. En quoi j'aurai égard, premierement, à concilier plusieurs contrarietez apparentes qui s'y trouvent, & lesquelles se peuvent rapporter aux parties utiles & inutiles de la matiere. Secondement, à conduire l'ouvrage jusqu'à la fin desirée. Il est vrai que j'ai déja fort parlé de cela dans les Lettres précédentes : mais à cause des difficultez qui s'y trouvent, je ne laisserai pas d'en repeter ici quelque chose en peu de mots, avec ordre & plus de netteté.

A l'égard donc des parties utiles, quelques-uns soûtiennent qu'il ne faut que le Mercure seulement, ou que la partie mercurielle de nôtre matiere est seule utile : D'autres veulent le Soûfre seulement, d'autres le Sel ; & d'autres veulent l'un & l'autre ensemble séparez de son corps ou substance totale ; & enfin de nouveau remis sur son corps & substance, & réüni : ne séparant & ne rejettant que le flegme & la tête-morte.

Pour concilier ces contradictions, il faut distinguer deux sortes de parties de la substance corporelle complette, ou de tout le sujet physique, comme doit être nôtre matiere ; sçavoir, des naturelles, & de celles qui tiennent lieu d'excremens, & qui sont superfluës.

De ces dernieres parties superfluës, & qui sont excremens, il y en a de trois sortes, sçavoir le flegme, ou la portion d'acquosité mercurielle, laquelle dans la production a excedé le poids de la Nature ; ou la proportion répondante aux vertus des semences primitives ou particulieres. Cette portion excedente, à cause de la foiblesse de nature, c'est-à-dire de la faculté expultrice des semences, ou de l'Archée qui meut ces mêmes semences, demeure confuse & mêlée localement avec la partie substantielle du Mixte : mais elle n'est pas partie substantielle pour cela, ce n'est qu'un corps étranger, & un amas de parties hetherogénes qui s'y sont unies par hazard, & qui y demeurent jusqu'à ce que l'Archée les puisse enfin chasser dehors.

Secondement, la tête-morte, c'est-à-dire cette portion superfluë de la corporeité terrestre, que la Nature semblablement ne peut chasser, & qu'elle retient pour la conservation du Mixte, comme une écorce.

Troisiémement, il y a une certaine graisse composée de l'une & de l'autre de ces deux parties, laquelle ressemble à une huile fœtide & veneneuse, ou à un soûfre malin.

Or toutes ces parties excrementales ne se trouvent pas universellement dans tous les Mixtes. Car les Mixtes de la premiere classe, dont nous avons parlé ailleurs, n'en ont point, sçavoir les Principes principiez, & principalement nôtre Esprit universel consideré selon soi. La raison de ceci est, parce que leurs Principes materiels sont tres-simples, & qu'ils obéïssent à l'Archée volontiers, qui les a fabriqué & qui les meut : de maniere qu'ils n'excedent ou ne défaillent jamais dans les premiers Mixtes, parce que l'Archée chasse facilement ce qui pourroit exceder ou surabonder à la matiere ; & que si quelque chose manque, il l'attire facilement à soi. Mais il n'en va pas de même dans les Mixtes de la seconde classe, c'est-à-dire dans ceux des trois Familles, desquelles les Principes materiels qui sont déja trop composez, & par là ( pour ainsi dire ) comme trop appesantis, résistent à l'action & au mouvement du même Archée : d'où vient l'intemperie des Mixtes, par l'excés ou le défaut d'une qualité ou d'une autre.

Tout ce qui se rencontre donc d'acquosité dans lesdits Principes, est tout mercuriel, & partant utile, & même nécessaire à toute production ; parce que dans cette acquosité réside la racine de la fermentabilité & de la puissance à être fait Corps.

Quant aux Mixtes inférieurs, ils ont en eux telles parties superfluës & inutiles ; mais ils ne les ont pas toutes, & tous les Mixtes n'en ont pas toûjours, ni également. Car dans les uns il y a du flegme sans feces, ou tête-morte : dans les autres il y a des feces sans flegme, comme dans l'Or tres-parfait ; & dans les Diamans. D'où il arrive quelquefois que nostre Dissolvant dissout toute la substance de l'Or : ce qui est tres-rare : mais cela n'est point de consequence ; c'est-à-dire, qu'il n'est pas absolument nécessaire de chercher un Or qui soit si pur, parce que ce qui est pur se dissout & rien de plus, la solution ne se faisant pas par la force des Sels corrosifs, mais par l'union des choses homogénes d'homogéneïté de Principes : si bien que les hetherogénes ou differentes Natures ne pouvant être unies, ne peuvent être dissoutes.

Les parties naturelles sont de deux manieres, à sçavoir nécessaires & contingentes. Les nécessaires sont celles qui constituent essentiellement un Tout nécessaire ou physique, la séparation desquelles parties détruit entierement le Mixte ; & étant une fois séparées, elles ne se peuvent jamais rejoindre dans le même corps ou individu particulier, ni même dans la même espéce, comme nous l'avons prouvé & justifié ailleurs par des exemples.

Or ces parties sont matiere & forme, avec les choses qui lui sont naturelles & éminemment comprises avec les parties, qui sont quant à la forme, tous les degrez que les Scolastiques appellent *conditions*, qui accompagnent nécessairement la forme substantielle : par exemple, dans chaque Animal l'animalité, la corporeïté, la substantialité, jusqu'au souverain degré ou transcendant de l'entité.

Quant à la matiere, ce sont les Principes principiez qui la déterminent à une certaine espéce de Mixte, comme sont le Sel, le Soûfre & le Mercure, qui sont proprement les parties du Mixte, comme nous l'avons touché ailleurs.

Les parties contingentes sont celles dont la séparation diminuë la substance du Mixte, mais qui ne détruit pas le Mixte ; & elles sont derechef de deux ordres, à sçavoir homogénes, ou hetherogénes. Il faut entendre ici l'homogéneïté dans le sens vulgaire de l'Ecole. Les parties homogénes, ou simplement *quantitatives*, sont celles desquelles l'essence est de semblable nature que le Tout, & la division desquelles diminuë seulement la quantité de la substance : comme si par exemple, d'une livre d'Or ou d'Argent, on ôtoit quelque once.

Les parties hetherogénes ou integrantes de la substance, entant qu'elle est telle substance, sont celles qui sont differentes à l'égard les unes des autres, & à l'égard de leur Tout, & desquelles la totale séparation détruit toute la substance ; de maniere qu'elle ne peut jamais être réparée : mais la destruction de quelques-unes ne détruit pas, mais estropie le sujet.

Toutes ces sortes de parties conviennent à tous les Mixtes, tant inférieurs des trois Familles, que supérieurs & moyens, qui sont les Principes principiez qui ne sont pas encore réduits à certaine espéce. Mais elles ne leur conviennent pas également : car dans les uns il y a plus grande quantité de Soûfre, lesquels à cause de cela sont appellez *Soûfre* par les Philosophes, prenans cette signification au large, parce qu'ils donnent le nom selon la plus grande partie : Et c'est ainsi que l'on appelle l'Or *Soûfre*, & qu'il est entendu sous la signification du Soûfre. Dans d'autres, le Mercure prédominant donne le nom aussi de *Mercure* : & de même dans ceux où il y a plus de Sel, on les connoît sous le nom de *Sel*. Cependant dans les Mixtes solides & tres-cuits, le Sel & le

Soûfre passent pour la même chose, ou du moins sont tellement joints ensemble, qu'à peine peuvent-ils être séparez. D'où vient que les Anciens ne parlent jamais, ou rarement du Sel. Mais lorsqu'ils sont réduits en Vitriol, c'est pour lors que la faculté du Sel leur convient aussi-bien que le nom : Et pourtant il faut remarquer, que selon leurs differens effets, on les appelle tantôt Sels, & tantôt Soûfres. Adieu. A Bruxelles, le 24e Decembre 1646.

## LETTRE L.

*Conciliation des contrarietez qui se trouvent dans les Auteurs, touchant la Pratique.*

MONSIEUR,

POUR concilier les oppositions susdites, il faut remarquer d'abord que l'on y donnera un sens, ou bien par rapport à la substance même de l'une ou l'autre de nos matieres, qui sont le Vitriol

triol du Soleil & nôtre Esprit Universel; ou bien on l'y donnera par rapport au sujet d'où elles se tirent, qui est d'un côté le Soleil mineral, & de l'autre nôtre Magnésie.

Si les propositions s'entendent de la propre substance, ou nous en appliquons le sens aux parties superfluës, ou aux naturelles. Si c'est aux parties superfluës, il n'y en a point à tirer, parce qu'il n'y a point d'excremens, à cause de la parfaite contemperation de l'un, à sçavoir de nôtre Vitriol Solaire; & la simplicité de l'autre; à sçavoir de nôtre Esprit Universel.

Que si nous entendons parler des parties naturelles, il n'y a pas lieu d'ententer la séparation, parce qu'il est impossible de la faire sans la destruction du Mixte; & quand bien même elle seroit possible, elle seroit inutile & superfluë: parce que (comme nous l'avons déja prouvé) elle seroit contre nature, ne pouvant rentrer ni dans l'individu, ni dans l'espéce du Corps dont elle est tirée.

Que si on entend parler du sujet de l'un & de l'autre, & qu'il s'agisse des parties superfluës, il en faut tirer la partie terrestre & la terre inutile, laquelle dans la production du Soleil se trouve confuse avec sa substance, & dans nôtre Magnésie conjointe à l'Esprit Universel, comme son vaisseau contenant & conservatif pour l'utilité Philosophique : Laquelle partie, (parce qu'elle n'est pas nécessaire) quoi que partie naturelle dudit Esprit Universel, est pourtant en quelque façon excrement. Mais si nous prétendons parler des parties naturelles, en vain, comme nous avons dit ci-devant, nous tenterions leurs séparations.

Aprés la recherche & l'élection des parties utiles, la conduite & le régime de l'Art & de l'ouvrage doivent suivre pour obtenir la fin derniere desirée, avec les signes des changemens qui arrivent, ou des couleurs differentes ; en quoi, comme dans beaucoup d'autres choses, les Auteurs ne sont pas d'accord : les uns soûtenans qu'il n'y a qu'un unique Régime, les autres trois, les autres quatres à sçavoir, la solution, l'ablution, la réduction & la fixation. Les uns n'usent que d'une sorte de Feu, & continuel : les autres se servent d'un Feu de plusieurs degrez, & de differente maniere de chaleur. Les uns n'ont qu'un Vase : les autres plusieurs. Les uns veulent plusieurs distillations & imbibitions ; & les autres une seule & unique coction. Les uns reconnoissent deux couleurs principales, la blanche & la rouge: les autres y ajoûtent la noire; & d'autres encore admettent la verte, avec d'autres couleurs moyennes. Les uns prétendent que la premiere couleur est la rouge : d'autres la noire. Toutes lesquelles choses se pourroient verifier par ce que nous avons dit ci-devant. Mais parce que nous ferions trop longs, & que l'on trouve suffisamment l'explication de tout ceci dans les Auteurs ; il suffit à present d'expliquer la Pratique qui est contenuë dans le premier Chapitre de la Genese, que nous avons pris ci-devant pour Directoire dans nôtre Lettre trente-huitiéme.

Contemple donc comme le texte dudit Chapitre premier de la Genese par quelques lignes préliminaires, touchant legerement les parties corporelles générales du Monde, à sçavoir le Ciel & la Terre, enseigne en même tems les parties & les opérations qui se trouvent dans nôtre Magistere. Car ne montre-t-il pas comment du Cahos est fait le Ciel & la Terre des Philosophes, laquelle en

S iij

cét état est vuide & sans action ? Elle s'amasse & se coagule comme feroit du limon dans une Fontaine, ou le Sel dans la Mer, attendant que par l'action de l'Esprit Azotique mêlé artificiellement d'un Feu extérieur, il lui vienne des semences qui la rendent feconde. C'est du Cahos, dis-je, que se fait ce Ciel & cette Terre, non pas du Cahos primitif qui n'est le sujet que du seul Créateur quand il a voulu produire, mais du second Cahos & naturel ; c'est-à-dire, de nôtre Eau ou Esprit Universel, qui est en confusion & comme envelopé de ténébres dans le corps de la Magnésie, sur laquelle l'Esprit Azotique, figure créée & corporelle de l'Esprit incréé, est porté.

Ensuite aprés que le précédent Texte a parlé en général, il descend au particulier ; & gardant le nombre, l'ordre & la quantité de toutes & chacunes opérations de l'Art, il traite de même en nombre, ordre & quantité des ouvrages faits miraculeusement dans la semaine de la Création.

Premierement, que la Lumiere soit faite, & qu'elle soit divisée des Ténébres qui sont sur la face de l'abîme Philosophique ; & que le Jour soit séparé de la Nuit, afin qu'ils se succedent l'un après l'autre par toutes les autres opérations. Car dans tout l'ouvrage, la Lumiere & les Ténébres doivent nécessairement se suivre alternativement.

Secondement, que le Firmament soit fait au milieu des Eaux, & que les Eaux soient divisées des Eaux : A sçavoir, celles qui sont sous le Firmament de celles qui sont sur le Firmament ; c'est-à-dire, les épaisses & grossieres séparées des subtiles ; & qu'elles soient ramassées en un lieu, afin que la Terre paroisse aride & séche.

Troisiémement, que la Terre germe & produise de l'herbe verte, faisant sa semence selon son genre ; c'est-à-dire, des semences non des trois familles, car il ne s'agit pas de cela ici, mais des propres familles de son genre : Qu'elle soit semée, & qu'elle soit renduë feconde, par des frequens arrosemens d'une rosée de même nature & homogéne.

Quatriémement, que les deux grands Luminaires soient faits ; c'est-à-dire, le moindre Luminaire, ou l'Elixir au blanc, & le grand Luminaire, ou l'Elixir au rouge ; & qu'ils luisent dans le Firmament du Ciel Philosophique, & qu'ils illuminent la Terre, soit métallique, soit vegetale, soit animale; & qu'ils servent de signe, de jour, de tems & d'années; c'est-à-dire, qu'ils marquent telle perfection de temperature, que l'on voye des marques & signes extérieurs, selon la diversité des tems & des âges; & enfin l'incorruptibilité selon la capacité de la masse corporelle.

Cinquiémement, que les susdits Elixirs soient multipliez en vertu & volume, par la même Eau dont ils ont été coagulez, par autant d'opérations en ordre, & par le même régime qu'elles ont été faites : Ensuite, qu'elles soient fermentées & spécifiées par des semences spécifiques de quelque famille de Mixtes inférieurs, selon la nature d'un chacun.

En sixiéme lieu, que lesdits Elixirs soient multipliez & changez aux Animaux, par adroites & artificieuses exhibitions, pour la propagation des Vegetaux par conjonction des Sels; & enfin pour la transmutation des Métaux & des Mineraux par projection & conjonction des Soûfres. Et ceci suffit pour ce qui regarde la Matiere & la Pratique. Nous allons finir par l'explication des Termes.

Adieu. A Bruxelles, le 30e Decembre 1646.

---

## LETTRE LI.

*Contrariété de Termes dans les Auteurs.*

MONSIEUR,

Tout ce qui concerne les Termes se peut réduire à deux chefs, sçavoir aux Termes composez, & aux simples. Les composez sont des descriptions dont les Philosophes se servent pour indiquer la matiére, lesquels se divisent en deux articles. Le premier est, de ces descriptions qui concernent la seconde matiére, lesquelles sont univoques ou analogues. Les analogues sont celles par lesquelles le Soleil est désigné par les Philosophes, avec les conditions requises, pour qu'il soit la premiere matiére de la Pierre : car alors elle est dépeinte sous des noms de divers Corps, qui ont une nature en partie semblable, & en partie différente de celle de l'Or. Ainsi le Soûfre vif est appellé *Vitriol*. Et c'est en ce sens que l'on doit entendre cét axiome célébre ; *que le Vitriol est nôtre Or dissout*, ou que la Terre Solaire est un Vitriol métallique, parce qu'elle convient par analogie & proportion avec tous les autres Vitriols. Au reste il y a mille sortes de ces descriptions, quelquefois par similitude de causes, quelquefois par identité de proprietez, quelquefois par conformité d'effets & d'actions ; d'autrefois par égalité d'accidens. Ainsi l'on trouve chez les Philosophes, que le Soleil est appellé *pressure, levain, le jaune de l'Oeuf Philosophique, le mâle*, &c.

Les descriptions univoques sont celles qui désignent le Soleil nommément, ou par des qualitez & attributs qui lui sont entierement propres, & qui expliquent précisément son essence. Ce que vous trouverez ordinairement dans nos Ecrits, & dans les Livres des autres Philosophes : c'est pourquoi nous ne les rapporterons pas. Adieu. A Bruxelles, le 16e Janvier 1647.

LETTRE LII.

# LETTRE LII.

*Description du Sujet de la Pierre.*

MONSIEUR,

Le second article est, des descriptions de la seconde matiére. Il se subdivise en trois parties, dont la premiere est des descriptions qui appartiennent à la matiére même : la seconde, des descriptions du sujet dans lequel elle se trouve : la troisiéme contient les descriptions qui appartiennent à l'une & à l'autre en commun, sçavoir à la propre substance de la matiére seconde, & à son sujet.

Les descriptions de la premiere subdivision, comme premieres sont univoques ou analogues, & sont de plusieurs manieres, & se connoissent facilement, en considérant si elles décrivent la Nature de nôtre matiére en gros ou en détail. Nous avons rapporté quelques-unes de ces descriptions en parlant des Termes simples : j'obmets les autres, de peur d'être trop long.

Les univoques sont diverses aussi, comme est celle, par exemple, par laquelle on affirme que nôtre matiére se trouve en tous lieux, dans tous les Estres; qu'elle est par tout devant les yeux d'un chacun, & pourtant qu'on ne la voit point; qu'elle se trouve dans les fumiers, & cependant qu'elle est la viande qui nous fait vivre : Toutes lesquelles choses s'entendent suffisamment par les Lettres précédentes, ne pouvoir appartenir qu'à nôtre seul Esprit Universel.

Les descriptions de la seconde subdivision sont pareillement, ou analogues ou univoques. Les analogues sont celles dont on nomme le sujet de la matiére seconde, comme Terre-feüillée, Miel, Rosée, Mercure des Philosophes, leur Fontaine, & autres noms. Les univoques sont rares; & entre six cens Volumes, nous n'en avons trouvé que trois ou quatre qui ayent dit la chose clairement & nettement : de maniere pourtant que de prime-abord on ne s'en peut appercevoir.

La premiere est celle par laquelle il est dit, que le nom de nôtre Sujet dans toutes nos Régions & Langues, tant vivantes, que mortes, est d'un même son ou peu changé, pource que la premiere syllabe a par tout le même son ou le même effet des Estres.

La seconde est, par laquelle il est dit que le nom de nôtre Sujet est composé de trois lettres, & de cinq caractéres en Latin ; & en Grec & en Hebreu, il n'en a que trois seulement de différente espéce, & deux de même espéce, avec deux des précédentes.

La troisiéme est, par laquelle il est dit que nôtre Sujet est écrit ou figuré par un seul caractére mystique, auquel les cinq lettres qui expriment son nom, sont rapportées, soit que sa totalité soit divisée en parties semblables ausdits caractéres, soit que ces lettres demeurent réünies, & que les cinq caractéres susdits soient ramassez ensemble.

Tu pourras facilement verifier les descriptions susdites, puisque le nom t'en est connu : mais le plus considerable est de t'attacher à connoître les qualitez de ce Sujet, & de la liqueur qui en est tirée, afin que tu te mettes fortement dans l'esprit l'opinion que nous t'avons décrite, & que tu te confirme dans cette verité.

La quatriéme est des descriptions mêlées, qui renferment & la substance de la matiére & son sujet, desquelles on pourroit en remarquer plusieurs : d'où vient que beaucoup de Philosophes disent que le Sujet dont ils se servent, n'est ni vegetable, ni mineral, ni animal, & qu'il n'est tiré ni produit d'aucune de ces choses. Mais ce discours passeroit les bornes d'une Epître, si je m'étendois davantage : ajoûtez que ce n'est pas ici nôtre intention de ramasser toutes les descriptions qui ont été faites sur ce Sujet, mais seulement de leur donner quelque lumiere.

Nous ne disons rien ici de la Pratique, quoi qu'il semble que nôtre division exigeât cela de nous : mais nous y avons satisfait dans nôtre derniere Partie, au Chapitre de la maniere d'opérer. Adieu, &c. A Bruxelles, le vingt-deuxiéme Janvier 1647.

## LETTRE LIII.

*Explication des Termes.*

MONSIEUR,

IL ne s'agit plus que d'expliquer les Termes simples. Toute leur ambiguité ne consiste que dans la ressemblance du même nom de diverses choses & opérations ; c'est-à-dire, en differentes applications du même nom à diverses choses, ou de plusieurs noms à une même chose prise ou considerée de differente maniere.

Selon la ressemblance du nom, nôtre Esprit Universel avant que d'être reçû dans nôtre Magnésie, que nous appellons *nôtre Sujet*, est appellé *Mercure des Philosophes*, mais non pas simplement, mais par proportion & par analogie avec Mercure Planette du Ciel, lequel prend facilement les qualitez & la nature de tous & un chacun des Planettes auquel il est joint : ce que fait nôtre Mercure avec les Planettes inférieures ; c'est-à-dire, les Métaux, ou la semence des Métaux ou des autres Mixtes. Ce qui ne convient pas au Mercure vulgaire : car quoi qu'amalgamé & mêlé avec la semence des Métaux, il ne peut pourtant jamais recevoir la premiere qualité, ni être élevé par aucun artifice à la multiplication de leur semence.

On l'appelle de même nom lorsqu'il est dans nôtre Magnésie, ou aussi-tôt qu'il en est tiré, ou lorsque dans l'œuf des Philosophes par corruption, il est revivifié & intimement conjoint avec l'Or, & identifié avec lui. Toutes lesquelles choses qui se trouvent souvent chez les Auteurs sous ces Termes, se doivent entendre par rapport à la Partie de Theorie ou de Pratique dont il s'agit. De même en faut-il penser de l'Or, qui est appellé *Levain* dans l'œuf Philosophique, ou du même nom dans l'état de la Pierre parfaite, & dans l'action de la projection. Dans ce sens & differens noms, le susdit Mercure est appellé, selon differens états & opérations, *Antimoine*, lorsque dans ladite opération il purge l'Or, & le rend très-propre, comme fait l'Antimoine vulgaire, mais beaucoup plus noblement & efficacement. Quelquefois dans l'œuf Philosophique, selon les degrez de la forme métallique, ou plûtôt selon son temperament, par rapport à Saturne, il est appellé *Saturne*. D'autrefois il est nommé *femelle*, lorsqu'il reçoit sa semence de l'Or : d'autrefois *Aymant*, parce que par une certaine vertu magnétique, il attire la semence spécifique de l'Or : tantôt *Acier*, parce que comme l'Aymant attire l'Acier, ainsi la semence de l'Or attire ledit Mercure : De même il prend le nom de *Soûfre*, de *Sel*, de *Levain*, soit dans la composition du Magistere, soit dans la multiplication à divers tems & differentes opérations : A sçavoir, il est appellé Soûfre, lorsque le Feu central change sa temperature froide dans son centre même, & que la chaleur y prend son empire. On l'appelle Sel, quand la fixité du Feu & de la Terre étant en équilibre avec l'humidité, se soûmet à la victoire, & devient en une telle consistance de substance, qu'elle peut également & sans dommage être dissoute dans le Feu & dans l'Eau : & au contraire dans l'Air serain & dans la Terre, s'endurcit comme le Sel. Enfin nôtre

Mercure est dit Levain, lorsqu'il est congelé & épaissi, & qu'il coagule son semblable, autant dans la composition du Magistere, que dans sa multiplication.

La même chose se doit entendre de l'Or par proportion, lequel après la solution, est appellé *Vitriol*, & dans sa corruption, *la Tête du Corbeau*, &c.

Que toutes ces instructions nous suffisent, jusqu'à ce qu'il plaise à Dieu de nous faire naître l'occasion, & qu'il veüille nous conduire comme par la main à la confection de l'ouvrage que je vous souhaite.

*Fin des Lettres du Cosmopolite.*

## SOMMAIRE ABREGE'

*De tout ce qui est contenu dans ces Lettres, renfermé dans un Sceau ou Hieroglife de la Societé des Philosophes inconnus.*

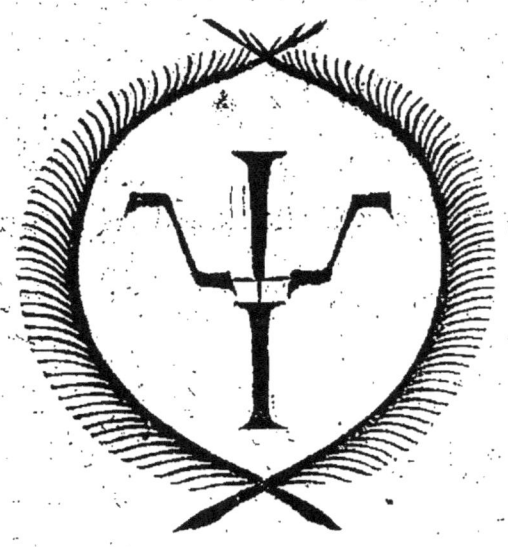

CE caractére n'a pas été inventé & choisi au hazard & sans dessein : Car le Trident est le Neptune de nôtre parabole, lequel contient en abregé toute la Theorie & la pratique de la Science Hermetique.

Or afin que ces myſtéres particuliers ſoient entendus, nous les expliquerons par deux ordres Geometriques ; à ſçavoir, par analyſe ou décompoſition, & par ſyntheſe ou compoſition.

Par analyſe, on conſidere premierement, l'unité de toute la figure. Secondement, le binaire ou dualité des Cônes, ou pyramide droite. Troiſiémement, la triplicité des vuides ou angles. Quatriémement, le quarternaire des Lignes ; & enfin, les points des extrémitez, la dimenſion ou étenduë de toute la figure, & la latitude des Lignes : car chacune de ces choſes a ſa ſignification Cabaliſtique.

Par ſyntheſe, on conſidere le retour du quarternaire des Lignes dans la triplicité des vuides ou ſinuoſitez. Secondement, de la triplicité au binaire des Cônes. Troiſiémement, du binaire en l'unité.

Faiſons l'application de cette double conſideration. Il faut donc ſçavoir que l'une & l'autre repréſentent en énigme, 1°. la premiere génération ou création

## DU HIEROGLIFE. 227

des choses corporelles : 2°. les productions & multiplications des mêmes choses par la Nature ; & en troisiéme lieu, les productions qui se font par l'Art qui imite l'un & l'autre.

Pour ce qui regarde la premiere génération, l'unité du caractére de toute la figure difforme, & comme sans forme à cause de son vuide qui n'est point terminé, qui ne tend point ni à un Triangle, ni à un Quadrangle, ni à un Cercle, ni à aucune autre figure parfaite ; cela, dis-je, dénote ou signifie *l'Eau Catholique*, ou premier Estre des Corps, revêtuë d'une forme informe, & indifferente à toutes les formes parfaites.

La dualité ou binaire des Pyramides droites, ou de la concurrence des Cônes ou pointes de Pyramides, montre l'une & l'autre puissance éloignée, soit active ou passive dudit premier Estre. La triplicité des vuides ou sinuositez, lesquels se trouvent tournez en trois sens, & semblent regarder vers trois côtez opposez, sçavoir celui du bas intérieur du Trident regarde le haut, le vuide du bas extérieur regarde en bas, & celui des points des extrémitez des Signes regarde comme la diagonale, ou le milieu entre le haut & le bas : cette triple sinuosité, dis-je, disposée de maniere, que chaque partie laterale fasse une partie du vuide voisin auquel elle est jointe, signifie *l'Hyle, l'Archée & l'Azoth*, lesquels ont même rapport entr'eux. Le quaternaire des Lignes droites de diverse largeur ou latitude, position & termination, jointes pourtant d'un lien commun ensemble, désigne la distinction des quatre Elemens, & la distribution des quatre premieres qualitez, tant simboliques, que dissimboliques. Puis en retrogradant par synthese, la triple conjonction des Lignes dans les angles contreposez ou mis proche l'un de l'autre, montre la composition des trois Principes principiez du premier ordre, *Sel, Soûfre & Mercure*, par le mélange & la combinaison des Elemens, & par les communications des qualitez dissimboliques.

Par les simboliques, le binaire des Cônes ou Pyramides de divers côtez s'unissant à la base, démontre les Principes principiez du second ordre, à sçavoir *le Mercure & le Soûfre, le mâle & la femelle, l'humidité radicale & la chaleur primitive*. Enfin l'unité de tout le caractére résultant des Cônes conjoints, montre *le*

*Mercure des Philosophes, l'Eau Catholique seconde,* ou *nôtre Esprit Universel.* Pour les points des extrémitez des Cônes, ils signifient la semence masculine & feminine du même genre ou espéce : & pour les points dans lesquels les Lignes se touchent mutuellement, & font angle, ils representent les trois Familles du Mixte inférieur, avec les differentes espéces formées des susdites semences. Voilà de quelle maniere ce Hierogliphe explique mystérieusement ce qui s'est fait dans la premiere Création. Il n'explique pas moins bien ce qui s'est fait dans la seconde par la Nature. Car l'unité de tout le caractére signifie la premiere matiére, ( non feinte & imaginée à plaisir, comme la fausse doctrine des Ecoles le prétend, ) mais corporelle & sensible, & déja revêtuë de quelque forme primitive, à sçavoir de celle des Elemens simples ou Principes principians, ou de celle des Principes principiez. Le binaire des Cônes represente le mouvement réel & actuel de l'action & passion de tous les Estres corporels, comme cause prochaine de la perpetuelle corruption & génération.

La triplicité des trois espéces de sinuofitez ou vuides, nous figure les influences des Corps supérieurs, à sçavoir des Astres & Estoiles, & la réfléxion des inférieurs, avec la confluence & concours de ce qui est entre les deux. Ce qui se fait sans discontinuer du centre du Monde à la circonference de toute la Machine corporelle. Le quartenaire des Lignes marque l'écoulement des Elemens, & l'émission de leur quinte-essence.

Par synthese en retrogradant, la triplicité des vuides ou sinuositez, démontre la multiplication des Principes principiez du premier ordre, *Sel, Soûfre & Mercure*. Le binaire des Cônes represente la multiplication des Principes principiez du second ordre, par le mélange des précédens, en *mâle & femelle*.

Enfin, l'unité sinueuse du Hieroglife est l'image de la multiplication de l'Esprit Universel. Pour les points des Lignes disjointes, aussi-bien que les angles, ils signifient la multiplication, tant des semences primitives, que des espéces de l'une & l'autre Famille des Mixtes inférieurs, par la triple digestion & coction du Magistere, & par la spécification de l'Esprit Universel.

Ce même symbole appliqué à ce que

fait l'Art en imitant la Nature & la Création, exprime fort bien toutes ces opérations. Car par l'analyse & synthese, l'unité du caractére est le modéle de *l'Eau Catholique seconde*, qui doit sortir de l'assemblage confus des choses de differente nature, par le benefice de l'Art. Le binaire des Cônes signifie des substances de deux consistances differentes, tirées du propre Corps de l'Esprit Universel, par la solution de la coagulation, non par la division de la mixtion. La triplicité des sinuositez est la figure de la contemperation, ou mélange égal que doit acquerir l'Esprit Universel ; à sçavoir, mercuriel, sulfuré & salin. Enfin, le quarternaire des Lignes dénote l'harmonie des quatre Elemens.

De plus, par l'ordre renversé, ou par la synthese, la triplicité des sinuositez décrit les trois parties principales du Magistere ; sçavoir, la solution du corps, la coagulation de l'esprit, l'union du corps, de l'ame & de l'esprit, par digestion, ablution & fixation.

Le binaire des Pyramides conjointes dépeint la purification du Magistere, par solution & coagulation, tant au rouge, qu'au blanc.

L'unité enfin, déclare la vertu de l'Elixir. La situation & la position des points des extrémitez, signifient la projection de l'Elixir sur une plus grande quantité de quelque Corps que ce soit, & une transmutation actuelle des formes imparfaite en une tres-parfaite d'une espéce plus noble, ou enfin, d'une substance seminale.

**FIN.**

TABLE

# TABLE
## DES MATIERES
### Contenuës en ces Lettres.

Quels sont les Auteurs qu'on doit lire entre tous les Philosophes Hermetiques. LETTRE II. Pag. 46. & suivantes.

Comment se fait la préparation du Mercure de la Magnésie. LETT. IV. p. 55.

Quel doit être le Soûfre des Philosophes, & à quel Mercure on le doit joindre. LETT. VII. p. 57.

L'Eau est la matiére & le principe primitif de toutes choses; mais toutefois aprés avoir esté informée des quatre premieres qualitez, desquelles procede toute action & passion. LETT. XII. p. 68.

Du conflit de ces quatre premieres qualitez, qui se fait dans l'Eau informée de la sorte; Dieu a tiré les Elemens, qui sont plûtôt les matiéres de l'Eau ou ses parties primitives, que des Elemens veritables. LETT. XIII. p. 69.

De ces Elemens, agissans ainsi entr'eux, se sont faites diverses substances moyen-

V

nes dans la seconde génération, lesquels on appelle les Elemens élementez, & les Principes principians de tous les Corps. A la même Lett. XIII. p. 70.

De la quinte-essence, c'est-à-dire, de la partie la plus pure de ces Elemens, par une espéce de condensation les Cieux ont esté faits, lesquels sont provenus de la plus pure partie condensée de l'Eau : Ensuite les Astres, dont les uns viennent de la plus pure partie de la Terre ; telle est la Lune, à cause de son opacité : Les autres de la plus pure partie de l'Air ; telles sont les Estoiles, qui comme un verre transparent empruntent leur lumiere du Soleil : Les autres de la partie la plus rayonnante du Feu, comme est le Soleil. Ce qui se prouve par leurs diverses influences. Lett. XIV. p. 71. & 72.

De l'action de ces Elemens, sont provenus le Soûfre, le Sel & le Mercure, dont les proprietez sont tres-bien expliquées. Lett. XV. p. 75. & Lett. XVI. p. 77. & 78.

De ces trois Principes, il en provient deux autres, appellez Principes Principiez ; (savoir, le Sperme & le Menstruë, qui acquierent de nouvelles proprietez du Soûfre & du Mercure, que l'on explique. Lett. XVII. p. 79. & suiv.

## DES MATIERES.

*De ces deux derniers, il s'en fait un seul Principe, qu'on appelle du nom de Mercure, lequel a une nature d'Hermaphrodite; & c'est l'Esprit Universel, dont on exprime les proprietez.* LETT. XVIII. p. 82. & 83.

*De ce dernier Principe, c'est-à-dire de cet Esprit Universel disposé à la nature du Soûfre, Dieu a fait prochainement & immédiatement tous les Mixtes qui se trouvent dans les trois Regnes, Vegetable, Animal & Mineral.* LETT. XIX. p. 87. & 88.

*En combien de manieres se fait la multiplication par le moyen de l'Esprit Universel. C'est ce qu'on explique.* LETT. XX. p. 89. & suiv.

*Les differences du mâle & de la femelle dans les Familles des Vegetaux, Animaux & Mineraux.* LETT. XXI. p. 93. & 94.

*De quelle maniere se prepare l'Esprit Universel; comment il se digere & s'assimile dans les Animaux.* LETT. XXII. & XXIII. p. 96.

*Ce que c'est que la Nature naturante, & la Nature naturée.* LETT. XXIV. p. 102. & 103.

*En combien de manieres l'Art aide & perfectionne la Nature.* LETT. XXV. p. 104. & suiv.

V ij

## TABLE

L'objet de la Chryſopée, & ſa définition.
LETT. XXVI. p. 110. & ſuiv.

Les cauſes de la Pierre ſont expliquées.
LETT. XXVII. & XXVIII. p. 117. & ſuiv.

La Pierre ſe fait de l'Or & de l'Argent, & de l'Eſprit Univerſel tiré de la Magnéſie : car la Pierre eſt homogéne, & de même nature que l'Or & l'Argent.
LETT. XXIX. p. 121. & LETT. XLIV. p. 185.

Le Diſſolvant doit être dépoüillé de ſa terreſtreité, par diverſes rectifications.
LETT. XXX. p. 126.

Les quatre degrez du Feu qui produiſent dans l'œuvre Philoſophique les couleurs noire, verte, blanche & rouge, viennent du Feu central, & non pas de l'élementaire qui eſt unique, & qui ne ſert qu'à exciter la chaleur centrale. A la même
LETT. XXX. p. 127. & LETT. IX. p. 61.

Inſtrumens néceſſaires à la préparation de la Magnéſie. LETT. XXXI. p. 128. & ſuiv.

Dans ladite Magnéſie il n'eſt pas beſoin de ſéparer les Principes, Soûfre, Sel & Mercure ; & ſi le Sel s'y trouve, il doit être volatile, pour être propre à la diſſolution de l'Or. LETT. XLV. p. 189.

Dans la Tête-morte de ladite Magnéſie, il n'y a aucun Sel aprés la diſtillation. Là même, p. 190.

L'Or & l'Argent ſe doivent réduire en

Vitriol, pour pouvoir mieux souffrir la solution ; & leur union se doit réïterer avec ladite Eau. LETT. XXXIII. p. 133.

Dans l'œuf on doit mettre dix fois autant de Liqueur Mercurielle, avec une once d'Or pour l'Or ; & quatre parties de Mercure, avec une once d'Argent pour l'Argent. La même.

Toutes les differentes manieres de multiplier la Pierre. LETT. XXXIV. p. 135.

Son usage & sa projection. LETT. XXXV. p. 138. & suiv.

Diverses manieres particulieres de la Chrysopée particuliere. LETT. XXXVI. p. 141. & suiv.

Les differentes methodes d'éprouver les Métaux. LETT. XXXVII. p. 149. & suiv.

Si l'on mêle la huitiéme partie de Tartre crud avec de l'Antimoine, lorsqu'on s'en sert pour épurer l'Or, il ne se perd presque rien de l'Or ; & de plus, l'examen s'en fait plus aisément. LETT. XXXVIII. p. 157.

Toutes les contradictions qui se trouvent répanduës dans les Livres des Philosophes, à l'occasion de la matière de la Pierre, sont expliquées. LETT. XLI. p. 166. & LETT. XLII. p. 171.

On donne les differens sentimens des Auteurs, touchant la premiere matiére de la Pierre. LETT. XLIII. p. 181.

Et on les explique. LETT. XLV. p. 187. & LETT. XLVII. p. 194.

Diverses Opinions sur la figure de la seconde matiére des Philosophes, avec sa veritable description. LETT. XLVIII. p. 198. & suiv.

L'application du Texte du premier Chapitre de la Genese, aux opérations de la Pierre dans l'œuf des Philosophes. LETT. L. p. 211.

Diverses descriptions & noms de la seconde matiére de la Pierre : par exemple, de l'Or & de l'Esprit Universel. LETT. LI. p. 215.

Trois descriptions veritables & univoques de la Magnésie des Philosophes. LETT. LII. p. 217

Explication de la seconde matiére, par les differens noms qu'on lui donne. LETT. LIII. p. 221

Fin de la Table des Matieres.

www.ingramcontent.com/pod-product-compliance
Lightning Source LLC
Chambersburg PA
CBHW070405230426
43665CB00012B/1248